游戏开发
实战教程

（Unity+C#）

+ 李满 钟百胜◎主编
+ 唐超 刘丽娜 洪晓彬 万梅 陈展鹏 冯宝祥◎副主编

人民邮电出版社
北　京

图书在版编目（CIP）数据

游戏开发实战教程：Unity+C# / 李满，钟百胜主编
. —— 北京：人民邮电出版社，2021.8
（软件开发人才培养系列丛书）
ISBN 978-7-115-56020-9

Ⅰ．①游… Ⅱ．①李… ②钟… Ⅲ．①游戏程序—程序设计—教材 Ⅳ．①TP317.6

中国版本图书馆CIP数据核字(2021)第030592号

内 容 提 要

本书以游戏开发案例为主线，把 C#语言和游戏引擎相结合，系统讲解 C#语言、Unity 游戏引擎及 C#语言在游戏开发中的应用。本书分为上下两篇，上篇全面系统地讲解 Visual Studio 2019 开发环境下 C#程序设计的基础知识，内容包括 C#程序设计基础，数据类型，流程控制，类与对象，接口、委托与事件，目录与文件管理，WinForm 应用程序开发；下篇讲解 C#在 Unity 游戏引擎中的应用，包括认识 Unity 游戏引擎、C#脚本语言、交互和物理引擎、动画与 UGUI、Unity 游戏开发综合案例、Unity 游戏开发中常见的设计模式等。本书内容与实例紧密结合，便于读者在应用中理解知识，达到学以致用的目的。本书提供完整的课程资源包，包括案例源代码、课件 PPT、实验手册、教学视频等。

本书可作为本科和高职高专院校计算机相关专业、数字媒体相关专业及游戏开发专业（或方向）的教材，也可作为程序员和编程爱好者、游戏开发爱好者的参考用书。

◆ 主　　编 李　满　钟百胜
　　副 主 编 唐　超　刘丽娜　洪晓彬　万　梅　陈展鹏　冯宝祥
　　责任编辑 张　斌
　　责任印制 王　郁　马振武
◆ 人民邮电出版社出版发行　　北京市丰台区成寿寺路 11 号
　　邮编　100164　　电子邮件　315@ptpress.com.cn
　　网址　https://www.ptpress.com.cn
　　固安县铭成印刷有限公司印刷
◆ 开本：787×1092　1/16
　　印张：17.5　　　　　　　　　2021 年 8 月第 1 版
　　字数：483 千字　　　　　　　2025 年 2 月河北第 6 次印刷
　　　　　　　　　定价：59.80 元
读者服务热线：(010)81055256　印装质量热线：(010)81055316
反盗版热线：(010)81055315

近年来，全球游戏开发行业发展迅速，专业游戏引擎 Unity 的应用也越来越广泛，需要大量的 C#编程技术人才。但在这方面相关的实用教材较少，多数教材只讲解 C#语言而不讲解 Unity 游戏引擎，学生毕业后若要从事游戏开发工作还需要再参加 Unity 相关的培训。本书的选题思路就是从实际出发，用游戏开发案例来讲解 C#语言和 Unity 游戏引擎，为学生在游戏开发领域就业打下良好的基础。

本书分为上下两篇，共 13 章，上篇主要以游戏案例为主线，讲解 C#语言的基础知识，下篇主要以游戏开发案例为主线，讲解 C#语言在 Unity 游戏引擎中的应用。本书理论联系实际，知识讲解与实验紧密结合，书中穿插 20 多个实验，其中 14 个实验是常见的游戏程序的实用性扩展。

本书的主要特点如下。

（1）本书将 C#程序设计语言与 Unity 游戏引擎充分结合，系统讲解 C#语言、Unity 游戏引擎的基础知识和实践应用。

（2）本书的编写团队由高校教师和企业工程师组成，充分利用了教育部产学合作协同育人项目 "C#面向对象程序设计实践教学改革" 的研究成果。编写团队在编写过程中深入企业调研，把企业案例精心加工之后写入本书。本书既可以培养学生游戏开发的能力，又能为有兴趣从事游戏开发的学生提供启发性教学资源，有很强的针对性和实用性。

（3）本书的案例以有趣的游戏案例为主，并充分利用新兴的多媒体技术，图文并茂，不但可以激发读者的兴趣，还可以帮助教师提高课堂教学质量。

（4）为了便于教师教学和学生学习，本书提供了丰富的配套资源。本书配有部分实践案例的教学视频，读者可以扫描书中对应的二维码查看。本书还配有课程资源包，包括案例源代码、课件 PPT、实验手册等，读者可登录人邮教育社区（www.ryjiaoyu.com）下载。

本书为广州工商学院 "十三五" 教材建设经费资助项目，由广州工商学院联合校企合作单位广州粤嵌通信科技股份有限公司共同编写而成。本书的编者经过大量的教学改革与尝试，积累了丰富的教学和实践经验，并把这些经验充分体现到本书的内容中，力求将知识点融入游戏案例中，使本书既内容丰富，又通俗易懂。

本书的编写分工如下：第 1 章、第 7 章由钟百胜编写，第 2 章由刘丽娜编写，第 3 章由万梅编写，第 4 章由洪晓彬编写，第 5 章、第 6 章由唐超编写，第 8 章～第 10 章由李满编写，第

11 章、第 13 章由陈展鹏编写，第 12 章由李满和陈展鹏共同编写。广州粤嵌通信科技股份有限公司冯宝祥为下篇的编写提供了技术指导。全书由李满、钟百胜统稿和审核。

由于编者水平有限，书中难免存在不足之处，恳请广大读者批评指正。

编者

2021 年 2 月

目 录 CONTENTS

上篇

C#程序设计语言

本篇主要讲解 C#程序设计语言的基础知识，包括 C#程序设计基础，数据类型，流程控制，类与对象，接口、委托与事件，目录与文件管理，WinForm 应用程序开发等，让读者逐步掌握 C#应用程序开发技术。

第 1 章，C#程序设计基础。从 Visual Studio 2019 的安装开始讲述，以屏幕显示游戏信息为案例，让读者认识和掌握 Visual Studio 编写控制命令的程序开发流程。

第 2 章，数据类型。通过控制台应用程序实现数字加密游戏和推箱子游戏，介绍 C#数据类型的基本用法。

第 3 章，流程控制。在 C#语句中，除了声明语句和表达式语句外，还有一些控制程序流程的语句，如分支语句、循环语句、异常处理语句等。本章通过彩虹圆饼程序及简单客车售票系统程序介绍流程控制语句。

第 4 章，类与对象。在面向对象编程中，可用类来描述某种事物的共同特征，用类的实例来创建具体的实体。本章通过对一系列实例的讲解，帮助读者掌握类与对象编程的方法。

第 5 章，接口、委托与事件。除了基本的数据类型以及自定义结构体外，接口、委托与事件也是面向对象编程常用的基本技术。本章通过实例讲述接口、委托与事件的使用方法。

第 6 章，目录与文件管理。目录和文件是操作系统的重要组成部分，常用于各种类型的应用程序。本章简单介绍目录和文件管理以及文件读写的基本知识。

第 7 章，WinForm 应用程序开发。Visual Studio 提供了很多开发 Windows 窗体（Windows Form）和 Web 应用程序的控件，本章通过基于 XML（EXtensible Markup Language，可扩展标记语言）文件的游戏登录窗体等程序案例，介绍常用控件的属性、方法、事件及其具体应用。

01 第1章 C#程序设计基础

【学习目的】

- 理解.NET 平台、C#语言、Visual Studio 2019 开发环境和常用应用程序的分类。
- 理解 C#基本编程特点和基本结构。
- 理解实现数据的输入与输出方法。
- 熟悉 C#程序创建、编译和运行过程。

C#是微软（Microsoft）公司推出的一种编程语言。它是由 C 和 C++衍生而来的一种简洁的、面向对象的编程语言，并且能够与.NET Framework 完美结合，主要用于开发运行在.NET Framework 上的各种安全可靠的应用程序。

1.1 C#语言概述

1.1.1 .NET 概述

.NET 是 XML Web Services（XML Web 服务）平台。XML Web Services 允许应用程序通过 Internet 进行通信和共享数据，而不管采用的是哪种操作系统、设备或编程语言。.NET 平台提供创建 XML Web Services 并将这些服务集成在一起，可让用户无缝使用这些服务。

.NET 是微软公司用来实现 XML Web Services、SOA（Service Oriented Architecture，面向服务的体系结构）和敏捷性的技术。从技术的角度讲，一个.NET 应用是一个运行于.NET Framework 的应用程序。更准确地说，一个.NET 应用是一个使用.NET Framework 类库来编写，并运行于 CLR（Common Language Runtime，公共语言运行库）的应用程序。

1.1.2 .NET Framework

.NET Framework 又称为.NET 框架（也可简称为.NET），它是完全面向对象编程的软件开发和运行平台。.NET Framework 由 CLR、BCL（Base Class Library，基本类库）及 ASP.NET（ASP.NET 是基于组件的动态服务器页面）组成，具体介绍如下。

1. CLR

CLR 是整个.NET Framework 构建的基础，是实现.NET 跨平台、跨语言、代码安全等核心特性的关键。

CLR 可以为一些任务提供服务、集成由不同语言开发的组件、处理跨语言错误、处理安全问题、管理对象的存储和释放等。

2. BCL

BCL 作为.NET Framework 的一部分，其所有类和接口都保存在.NET Framework 中。它提供了开发程序时所需要使用的对象，所有的.NET 语言都使用同一组 BCL，程序员编写的代码可以与用其他编程语言编写的托管代码中的类和方法进行集合。CLR 定义了数据类型标准，从而可将类的实例传递给用不同语言编写的方法。

.NET Framework 类库由许多命名空间组成。每个命名空间都包含类、结构体、枚举、委托和接口，这些组成部分可以在程序中被使用。

BCL 中的类遵循已发布的 CLS（Common Language Specification，公共语言规范）标准。该标准规定了与 CLR 进行交互的语言行为。

3. ASP.NET

ASP.NET 是一种 Web 开发环境。它可以支持包括 Visual Basic 在内的任意一种.NET 语言编写的应用程序。ASP.NET 使 Web 开发变得更为容易，因为它可以为 Web 窗体和 Web 服务提供同 Windows 应用程序一样的调试支持。

1.1.3　C#语言

C#语言是微软公司发布的一种面向对象编程的、运行于.NET Framework 的高级程序设计语言，由 C 和 C++衍生而来。C#看起来与 Java 非常相似，它包括单一继承、接口以及与 Java 几乎同样的语法和编译成中间代码再运行的过程。但是 C#与 Java 又有明显的不同，C#借鉴了 Delphi 的一个特点，即与 COM（Component Object Model，组件对象模型）是直接集成的，而且它是微软公司.NET Windows 网络框架的"主角"。C#语言具有以下特点。

（1）C#是一种语法简洁、运行稳定的高级语言，不允许直接操作内存，去掉了指针操作。

（2）C#是彻底的面向对象编程的语言，具有面向对象编程语言所应有的一切特性：封装、继承和多态。

（3）C#与 Web 紧密结合，支持绝大多数的 Web 标准。例如 XML、HTML（HyperText Markup Language，超文本标记语言）、SOAP（Simple Object Access Protocol，简单对象访问协议）等。

（4）C#有强大的安全机制，可以消除软件开发中的常见错误（如语法错误），.NET 提供的垃圾回收器功能能够帮助开发者有效地管理内存资源。

（5）C#具有良好的兼容性，因为 C#遵循.NET 的 CLS，从而能够保证兼容其他语言开发的组件。

（6）C#提供了完善的错误和异常处理机制。

C#与 C/C++非常相似，使程序员可以高效地开发程序，且因 C#可调用由 C/C++编写的本机原生函数，所以不会损失 C/C++原有的强大功能。因此熟悉 C/C++等类似语言的开发者可以很快地转向 C#。

1.1.4　编译与运行 C#应用程序

C#命令行编译器是编译与运行控制实例程序最简单的方法。虽然 Visual Studio IDE（Integrated Development Environment，集成开发环境）可以用于商业应用，但也可能会生成一些用不到的文件，用 C#命令行编译器来创建和运行程序可以避免这一情况的发生。通过 C#命令行编译器创建、运行程序的步骤如下。

1. 使用文本编辑器输入程序

用记事本作为文本编辑器，在记事本中输入如下内容：

```
1  using System;
```

```
2      class hello
3      {
4          static void Main(string[] args)
5          {
6              Console.WriteLine("Hello,world!");
7          }
8      }
```

此处创建的一定是纯文本文件，而不是格式文件，因为文件中的格式信息会干扰 C#编译器。输入程序后，将其命名为 Ex1_1.cs（.cs 为 C#程序文件扩展名）并保存到 D 盘中。

2. 编译程序

要编译程序，建议使用 SDK（Software Development Kit，软件开发工具包）命令行编译器。方法为：选择"开始"→"Visual Studio 2019"→"Visual Studio Tools"→"Developer Command Prompt for VS 2019"命令。将当前目录更改为 CSC 工具（csc.exe）所有的目录（如 d:\），输入带扩展名的要编译的程序名，如图 1.1 所示。

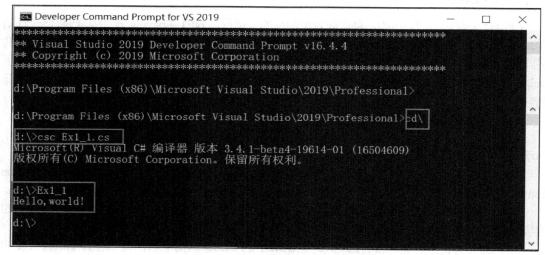

图 1.1　命令行编译、运行程序

此时，编译器将在 D 盘中创建一个名为 Ex1_1.exe 的可执行文件，该文件包含 MSIL（Microsoft Intermediate Language，微软中间语言）版本。虽然 MSIL 不是执行代码，但是它仍然包含在 EXE 文件类型的文件中。

3. 运行程序

在 DOC 窗口中，进入 D 盘，并输入 Ex1_1，系统会自动执行 Ex1_1.exe，执行时 CLR 会自动调用 JIT（Just In Time，准时制）编译器。注意：只需要直接在命令行输入程序名（不用输入扩展名）后按 Enter 键，在控制台中即会直接显示程序的运行结果，如图 1.1 所示。

1.1.5　Visual Studio 2019 简介

1. Visual Studio 2019 新功能

微软公司在 Visual Studio 官网上称 Visual Studio 是"面向任何开发者的同类最佳工具"，具有功能完备的 IDE，可用于编码、调试、测试和部署到任何平台。Visual Studio 2019 是目前主流的版本，使用它可以更快地进行代码编写，更智能地执行操作。

（1）Visual Studio 2019 具有以下特性。

① 改进了 C++文件的 IntelliSense（智能提示）的性能。

② 可使用多个常用仿真程序进行本地开发。

③ 简化了解决方案资源管理器中的测试访问。

④ 可用于 IDE 中的 Git 管理和存储库创建。

（2）Visual Studio 2019 与之前版本相比主要更新了以下内容。

① 新容器工具窗口，可用于列出、检查、停止、启动和删除 Docker 映像和容器，查看文件夹和文件，以及打开终端窗口。

② 适用于 Xamarin.Forms 的 XAML（eXtensible Application Markup Language，可扩展应用程序标记语言）热重载，可对 XAML UI 进行更改并将其显示为活动状态，而无须进行其他生成和部署。

③ 一个新的可固定属性工具，可使"监视""自动""局部变量"窗口中的属性放置在显示器的顶部。

④ XAML 工具增强功能，例如在 IntelliSense 中显示代码片段、显示引用程序集资源以及在实时可视化树中仅显示 My XAML。

（3）bug 修补程序如下。

① 按分号键将不再关闭 IntelliSense 窗口。

② 解决了多个 Visual Studio 反馈问题，如不再强制收集日志、已解决登录相关问题、不存在的屏幕截图崩溃以及高对比度主题应用程序问题。

③ Visual Studio 2019 使 Azure 开发变得更简单；使开发者借助新功能快速编写没什么错误的代码，可以协作解决问题，在调试时通过精准定位瞄准目标，快速找到并修复 bug。

（4）Visual Studio 2019 16.4.4 版本于 2020 年 1 月发布，该版本主要修复了以下一些问题。

① 找不到自定义项目模板。

② 在本机 C++代码中命中断点时，msvsmon.exe 崩溃。

③ 在解决方案资源管理器中搜索文件夹时，可单击主页或搜索框中的"X"按钮，视图将会重置。

④ 外部工具参数当前行始终为 0。

⑤ 无法创建 v3 Function 项目。

⑥ 访问冲突，在更新到 Visual Studio 2019 的 16.4.3 版本后读取位置 0xFFFFFFFFFFFFFFFF。

⑦ 无法在 16.4 版本下创建函数应用。

⑧ 在 AVX/AVX2 模式下生成 AVX-512 指令。

⑨ rsqrtss 生成错误代码（寄存器强制改写）。

⑩ 查看 FastLink 调用堆栈时，Visual Studio 2019 调试程序崩溃。

⑪ 用特性构造函数修饰其本身并启用"可为 null 的引用类型"时出现的故障。

⑫ 优化-分析的 bug：当展开循环时，将无法跟踪不确定长度的数组（声明为 extern int a []）的别名信息，导致可能删除不正确的无用存储区。

2. Visual Studio 2019 的版本

Visual Studio 2019 包括 3 个版本：Visual Studio Community（社区版）、Visual Studio Professional（专业版）、Visual Studio Enterprise（企业版）。3 个版本的功能比较如表 1.1 所示。

表 1.1　　　　　　　　　　　　3 个版本的功能比较

支持的功能	Visual Studio Community（免费）	Visual Studio Professional（付费）	Visual Studio Enterprise（付费）
支持的使用方案	不支持企业	全部支持	全部支持
开发平台支持	全部支持	全部支持	全部支持
集成式开发环境	部分支持	部分支持	全部支持
高级调试与诊断	部分支持	部分支持	全部支持
测试工具	只支持单元测试	只支持单元测试	全部支持
跨平台开发	部分支持	部分支持	全部支持
协作工具和功能	全部支持	全部支持	全部支持

（1）Community：适合学生、开放源代码参与者和个人开发人员使用的功能完备的免费 IDE。

（2）Professional：面向小型团队的功能完备的 IDE。

（3）Enterprise：适用于任何规模的团队解决端到端的问题。

1.1.6　Visual Studio 2019 系统要求

下面介绍 Visual Studio 2019 的系统要求。

1. 支持的操作系统

Visual Studio 2019 可在以下操作系统中使用（建议使用 64 位系统，不支持 ARM 平台）。

（1）Windows 10：家庭版、专业版、教育版和企业版（不支持 Windows 10 LTSC 和 Windows 10 S）。

（2）Windows Server 2019：标准版和数据中心版。

（3）Windows Server 2016：S 标准版和数据中心版。

（4）Windows 8.1（带有更新 2919355）：核心版、专业版和企业版。

（5）Windows Server 2012 R2（带有更新 2919355）：基础版、标准版和数据中心版。

（6）Windows 7 SP1：家庭高级版、专业版、企业版、旗舰版。

2. 硬件

（1）1.8GHz 或频率更高的处理器。推荐使用四核或性能更好的处理器。

（2）2GB RAM；建议 8GB RAM（如果在虚拟机上运行，则最低需要 2.5GB RAM）。

（3）硬盘空间：800MB～210GB 可用空间，具体取决于安装的功能；典型安装需要 20GB～50GB 的可用空间。

（4）硬盘速度：如果要提高性能，可在固态硬盘上安装 Windows 和 Visual Studio。

（5）视频卡支持最低显示分辨率为 720P（1280×720）；Visual Studio 较适宜的分辨率为 WXGA（宽版扩展图形阵列，Wide eXtended Graphics Array）（1366×768）或更高。

3. 支持的语言

安装过程中可选择 Visual Studio 支持的语言。Visual Studio 支持多种语言，Visual Studio 安装程序也提供同样的语言版本，且可与 Windows 的语言匹配。

注意

Visual Studio Team Foundation Server Office Integration 2019 提供 Visual Studio Team Foundation Server 2019 支持的 10 种语言版本。

4．其他要求

（1）安装 Visual Studio 需要管理员权限。

（2）需要.NET Framework 4.5.2 或更高版本才能安装 Visual Studio。

（3）对于 Windows 8.1 及更早版本，需要.NET Core 支持的操作系统版本。

（4）不支持使用 Windows 10 LTSC、Windows 10 S 和 Windows 10 Team Edition 进行开发。可使用 Visual Studio 2019 生成在 Windows 10 LTSC、Windows 10 S 和 Windows 10 Team Edition 上运行的应用。

（5）与 Internet 相关的方案都必须安装 Internet Explorer 11 或 Microsoft Edge。除非安装了这些程序或更高版本，否则某些功能可能无法实现。

（6）对于 Hyper-V 仿真器支持，需要一个受支持的 64 位操作系统。此外，还需要安装支持客户端 Hyper-V 和二级地址转换（Second Level Address Translation，SLAT）的处理器。

（7）对于 Android 仿真器支持，需要一个受支持的处理器和操作系统。

（8）通用 Windows 应用开发（包括设计、编辑和调试）需要 Windows 10。Windows Server 2019、Windows Server 2016 和 Windows Server 2012 R2 可用于从命令行生成通用的 Windows 应用。

（9）运行 Windows Server 时，不支持服务器核心和最精简的服务器界面选项。

（10）不支持在 Windows 容器中运行 Visual Studio 2019（社区版、专业版和企业版）。

（11）Team Foundation Server Office Integration 2019 需要 Office 2016、Office 2013 或 Office 2010。

（12）Xamarin.Android 需要 64 位版本的 Windows 和 64 位版本的 Java 开发工具包（Java Development Kit，JDK）。

（13）Windows 7 SP1 需要 PowerShell 3.0 或更高版本来安装和使用 C++、JavaScript。

1.2　实验一　编写第一个 C#程序

【实验目的】

（1）掌握下载、安装 Visual Studio 2019 的方法。

（2）熟悉 Visual Studio 2019 开发环境。

（3）了解 C#的语法、语句结构。

（4）掌握控制台应用程序的编写方法。

【实验内容】

首先下载并安装 Visual Studio 2019，熟悉 Visual Studio 2019 的操作界面、菜单、窗口，然后进行操作练习：应用 Visual Studio 2019 制作一个"Hello World"小程序。

【实验环境】

操作系统：Windows 7/8/10（64 位），Mac OS X 10.11 及以上版本。

处理器：4.0GHz 及以上。

内存：4GB 及以上。

【实验步骤】

1．下载 Visual Studio 2019

Visual Studio 2019 是目前开发 C#程序较新的工具，有多个版本，本节以免费的社区版为例进行讲解。操作步骤如下。

步骤 1：打开 Visual Studio 的官方网址，单击"免费 Visual Studio"按钮，如图 1.2 所示。

图 1.2　下载页面

步骤 2：打开图 1.3 所示页面，选择 Visual Studio Community 进行下载。

步骤 3：下载完成后，会在下载目录中生成图 1.4 所示的安装文件。

图 1.3　免费下载页面

vs_community_1185796818.1579691001	2020/2/9 17:59	应用程序	1,351 KB

图 1.4　安装文件

2. 安装 Visual Studio 2019

步骤 1：双击下载的文件。按照提示选择安装的位置进行安装即可。

步骤 2：安装完成后，单击"启动"按钮，即可进入 Visual Studio 2019 开发环境。

步骤 3：在第一次启动时，会有相关的提示，按提示进行相关的环境设置即可。

3. 配置开发环境

启动 Visual Studio 2019 后需要几分钟完成一些默认设置，完成设置后，选择新建"控制台应用（.NET Core）"，如图 1.5 所示。

4. 创建开发项目

创建项目的过程非常简单，下面以创建"控制台命令程序"为例，介绍创建项目的过程。

步骤 1：首先进入 Visual Studio 2019 开发环境，选择"开始"→"Microsoft Visual Studio 2019"→"Visual Studio 2019"命令，进入 Visual Studio 2019 起始页面，如图 1.6 所示。

图 1.5　新建控制台应用

图 1.6　Visual Studio 2019 起始页面

步骤 2：选择"创建新项目"选项，打开"创建新项目"模板，如图 1.7 所示。

图 1.7 "创建新项目"模板

步骤 3：在图 1.7 中"最近使用的项目模板"区域选择"控制台应用（.NET Framework）"，在"所有语言"下拉列表框中选择"C#"，在"所有平台"下拉列表框中选择"Windows"，在"所有项目类型"下拉列表框中选择"控制台"，如图 1.8 所示。

图 1.8 "创建新项目"选项设置

步骤 4：单击"下一步"按钮，打开"配置新项目"对话框，如图 1.9 所示。在"项目名称"文本框中输入项目名称，在"位置"下拉列表框中选择项目存放的位置，"解决方案名称"文本框中默认和项目名称相同，不用输入。

配置新项目

控制台应用(.NET Framework)   C#   Windows   控制台

项目名称(N)

Hello World

位置(L)

F:\编写教材\lx\

解决方案名称(M) ❶

Hello World

☐ 将解决方案和项目放在同一目录中(D)

框架(F)

.NET Framework 4.7.2

上一步(B)   创建(C)

图 1.9 "配置新项目"对话框

步骤 5:单击"创建"按钮,控制台应用程序创建完成后,Visual Studio 2019 会自动打开 Program.cs 文件,如图 1.10 所示。至此,项目创建完成。

```
Program.cs ☐ ☒
C# Hello World                          Hello_World.Program                    Main(string[] args)
   1    using System;
   2    using System.Collections.Generic;
   3    using System.Linq;
   4    using System.Text;
   5    using System.Threading.Tasks;
   6
   7    namespace Hello_World
   8    {
   9        class Program
  10        {
  11            static void Main(string[] args)
  12            {
  13            }
  14        }
  15    }
  16
```

图 1.10 Program.cs 文件

5. 编写运行第一个 C#程序

前面介绍了如何创建 C#项目,那么如何编写和运行 C#程序呢?步骤如下。

步骤 1:在图 1.10 所示的 Program.cs 文件中的 Main()方法中输入以下代码。

```
1    static void Main(string[] args)      //Main()方法,程序的主入口方法
2    {
3            Console.WriteLine("Hello World!"); //输出"Hello World! "
4            Console.ReadLine();  //定位控制台窗体
5    }
```

步骤 2:单击 Visual Studio 2019 开发环境工具栏中的启动按钮,或直接按 F5 键(开始调试)运行该程序,结果如图 1.11 所示。至此,第一个 C#程序编写和运行完成。

图 1.11 程序运行结果

1.3　C#程序的基本结构

前面讲解了如何创建项目及如何编写和运行 C#程序，本节将对 C#程序的基本结构进行讲解。一个 C#程序大体可以分为引入类或者方法的代码、命名空间、类、关键字、Main()方法、分隔符、标识符、C#语句和注释等。

1.3.1　程序结构

1. 引入类或者方法的代码

在图 1.10 中程序代码的开始有如下代码：

```
1  using System;
2  using System.Collections.Generic;
3  using System.Linq;
4  using System.Text;
5  using System.Threading.Tasks;
```

这些代码的功能是调用某个命名空间的类或者方法。为了能使用 C#框架类库提供的类或别人写好的类，需要用 using 语句来引入命名空间中的类或者方法。

2. 命名空间

定义命名空间的代码如下：

```
namespace Hello_World
```

在 Visual Studio 开发环境中创建项目时，会自动生成一个与项目名称相同的命名空间。在 C#中定义命名空间时，需要使用 namespace 关键字。其语法为：

```
namespace 命名空间名
```

命名空间在 C#中起到组织程序的作用。在.NET 类库中，包含大量用于创建 ASP.NET 页面的类（3 000 多个），这些类按其功能规划到各个命名空间中，类和命名空间组成层次结构——逻辑树。其中，树根是 System，下面的类是命名空间的逻辑分组。

在 ASP.NET 中，可以先导入标准的 ASP.NET 命名空间（如程序第 1 行），然后默认使用这个命名空间中所包含的类，也可以先自定义命名空间，供以后需要时显式地导入、使用。

3. 类

类（Class Program）就是具有相同属性和功能的对象的抽象集合。C#程序的主要功能代码是在类中实现的，类是 C#语言的核心和基本构成。使用 C#编程就是编写自己的类来描述实际要解决的问题。

类在使用之前都必须先声明，类一旦被声明，就可以当作一种新的类型来使用。

在 C#中用 class 关键字来声明类。语法如下：

```
class [类名]
{
    [类中的代码]
}
```

4. 关键字

关键字是预定义的保留标识符，对编译器有特殊意义。不可以把关键字作为命名空间、类、方法或者属性等来使用。除非关键字前面有@前缀，否则不能在程序中用作标识符。例如，@if 是有效标识符，而 if 则不是，因为 if 是关键字。C#中常用的关键字如表 1.2 所示。

表 1.2   关键字

序号	关键字	序号	关键字	序号	关键字	序号	关键字
1	abstract	21	event	41	new	61	struct
2	as	22	explicit	42	null	62	switch
3	base	23	extern	43	object	63	this
4	bool	24	false	44	operator	64	throw
5	break	25	finally	45	out	65	try
6	byte	26	fixed	46	override	66	ture
7	case	27	float	47	params	67	typeof
8	catch	28	for	48	private	68	uint
9	char	29	foreach	49	protected	69	ulong
10	checked	30	goto	50	public	70	unchecked
11	class	31	if	51	readonly	71	unsafe
12	const	32	implicit	52	ref	72	ushort
13	continue	33	in	53	return	73	using
14	decimal	34	int	54	sbyte	74	virtual
15	default	35	interface	55	sealed	75	void
16	delegate	36	internal	56	short	76	volatile
17	do	37	is	57	sizeof	77	while
18	double	38	lock	58	stackalloc		
19	else	39	long	59	static		
20	enum	40	namespace	60	string		

　　上下文关键字用于在代码中提供特定含义，但不是 C# 中的关键字。一些上下文关键字（如 partial 和 where）在两个或多个上下文中有特殊含义，表 1.3 所示为上下文关键字。

表 1.3   上下文关键字

序号	关键字	序号	关键字	序号	关键字	序号	关键字
1	add	8	from	15	nameof	22	value
2	alias	9	get	16	orderby	23	var
3	ascending	10	global	17	partial	24	when
4	async	11	group	18	partial	25	where
5	await	12	into	19	remove	26	where
6	descending	13	join	20	select	27	yield
7	dynamic	14	let	21	set		

5. Main()方法

```
static void Main(string[] args)
{
    Console.WriteLine(str);
}
```

　　每一个 C# 程序中都必须包含一个 Main() 方法，它是编写类的主方法，也叫程序入口方法。Main() 方法从"{"开始至"}"结束，花括号中为程序体。static 和 void 分别是 Main() 方法的静态修饰符和返回修饰符。

　　Main() 方法一般都是创建项目时自动生成的，不用手动编写或修改。如果需要修改，则需要注意以下问题。

　　（1）C# 程序中的 Main() 方法在类或结构内声明，必须声明为 static，并且区分大小写。

　　（2）Main() 的返回类型有两种：void（无返回值）或 int。

　　（3）Main() 方法可以包含命令行参数 string[] arge，也可以不包含。

6. 分隔符

C#语句之间使用";"隔开，表示当前语句的结束。

7. 标识符

标识符是一种字符串，用来命名变量、方法、参数、程序结构等。命名规则如下：标识符不能和关键字重复；字母、下画线可以用在任何位置；数字不能放在首位；"@"只能放在标识符的首位。

8. C#语句

```
1  Console.WriteLine("Hello World!");      //输入"Hello World!"
2  Console.Read();              //定位控制台窗体
```

语句是 C#程序的基本单位，使用 C#语句可以声明变量、常量、调用方法、创建对象或执行逻辑操作等，以分号";"终止。

注意　　　C#代码中所有的字母、数字、括号及标点符号均为英文输入法状态下的半角符号。

9. 注释

```
// 输出"Hello World"
```

注释是在编译程序时不执行的代码或文字，其功能是对代码进行说明，方便代码的理解和维护。C#语言中的注释主要有以下 3 种。

（1）单行注释：//。

（2）多行注释（块注释）：/*......*/。

（3）程序说明：///（样例）。

1.3.2　代码编写

Visual Studio .NET 可以开发的程序很多，例如 Windows 窗体应用程序、WPF 应用程序、控制台应用程序等。本小节以创建"控制台应用程序"为例，介绍如何使用 Visual Studio 2019 开发环境创建项目。单击"创建"按钮后，创建控制台应用程序，输入代码如下：

```
1   using System;
2   namespace Con_sx1
3   {
4       //实验1 输出"C#语言！"
5       class Program
6       {
7           static string str = "C#语言！";
8           static void Main(string[] args)
9           {
10              Console.WriteLine(str);
11              Console.Read();
12          }
13      }
14   }
```

1.3.3　编译与运行

选择"调试"→"开始调试"，进行代码编译，同时生成控制台运行结果"C#语言！"，如图 1.12 所示。

图 1.12　运行结果

　　Console.Read()具有等待用户输入信息的功能，放在这里主要是让程序执行完 Console.Writeline()后停留在当前窗口。

　　Visual Studio 2019 开发环境和其他 Windows 程序界面类似，读者可自行进行一些选项设置，在这里不做过多的阐述。

1.4　实验二　简易输出游戏信息

【实验目的】
（1）熟悉 Visual Studio 2019 的开发环境。
（2）掌握和理解 C#程序的结构。
（3）掌握 C#程序的编辑、编译、连接和运行的过程。

【实验内容】
通过 Visual Studio 的开发环境完成 C#程序的编写，完成 Console 类输入、输出程序的编写。

【实验环境】
操作系统：Windows 7/8/10（64 位）；Mac OS X 10.11 及以上版本。
处理器：4.0GHz 及以上。
内存：4GB 及以上。
GPU：有 DirectX 9（着色器模型 2.0）功能。

【实验步骤】
步骤 1：新建一个 Visual Studio 2019 项目，项目名称为"test1"，如图 1.13 所示。

图 1.13　新建项目

步骤2：在 Main() 方法中输入以下代码。

```
1  Console.WriteLine();  //输出空行
2  Console.Write("\n");  //输出空行，与前一行代码功能相同
3  Console.Write("          ");  //输出5个全角空格
4  Console.WriteLine("HI  SCORE");  //输出"HI  SCORE"并换行
5  Console.Write("              ");  //输出7个全角空格
6  Console.WriteLine("0020000");  //输出"0020000"并换行
7  Console.WriteLine("  1P  SCORE           2P  SCORE");  //输出全角空格及内容
8  Console.WriteLine("  0000000           0000000");  //输出全角空格及内容
9  Console.WriteLine("  REST 03           REST 000");  //输出全角空格及内容
10 Console.WriteLine();  //输出空行
11 Console.WriteLine();  //输出空行
12 Console.WriteLine("            AREA 1");  //输出全角空格及内容
13 Console.Read();  //等待用户按Enter键
```

步骤3：选择"调试"→"开始调试"，进行代码编译，同时生成控制台运行结果，如图1.14所示。

图 1.14　控制台运行结果

1.5　实验三　输出坦克模型

【实验目的】

（1）进一步熟悉 Visual Studio 2019 的开发环境。

（2）了解用 C# 语言编写游戏的简单方法。

【实验内容】

《坦克大战》是一款经典游戏，通过 C# 程序开发就可以实现。本实验通过控制台命令程序输出坦克模型。具体效果如图 1.15 所示。

图 1.15　坦克模型

【实验环境】

操作系统：Windows 7/8/10（64 位）；Mac OS X 10.11 及以上版本。

处理器：4.0GHz 及以上。

内存：4GB 及以上。

GPU：有 DirectX 9（着色器模型 2.0）功能。

【实验步骤】

步骤1：新建一个 Visual Studio 2019 项目，项目名称为"test2"。

步骤2：在代码窗口输入代码，参考代码如下。

```
1  using System;
2  using System.Collections.Generic;
3  using System.Linq;
4  using System.Text;
5  using System.Threading.Tasks;
6  namespace test2
7  {
8    class Program
9      {
10         static void Main(string[] args)
```

```
11              {
12                  Console.WriteLine("这是你所要输出的坦克模型：\n\n");
13                  Console.Write("\t█");
14                  Console.Write("| ");
15                  Console.Write("█");
16                  Console.WriteLine();
17                  Console.Write("\t█");
18                  Console.Write("◆");
19                  Console.Write("█");
20                  Console.WriteLine();
21                  Console.Write("\t█");
22                  Console.Write("\0\0");
23                  Console.Write("█");
24                  Console.Read();
25              }
26          }
27  }
```

步骤 3：选择"调试"→"开始调试"，完成坦克模型的输出，如图 1.15 所示。

本章小结

本章简要介绍了 C#基础知识，主要包括.NET Framework、CLR、C#程序设计语言结构等知识。本章通过 3 个简单实验案例让读者快速理解 C#的基本概念，能对 C#程序有一定的认识。

习题

一、选择题

1. 公共语言运行库即（　　）。

  A. CRL　　　　　　B. CLR　　　　　　C. CRR　　　　　D. CLS

2. .NET 平台是一个新的开发框架，（　　）是.NET 的核心部分。

  A. C#　　　　　　B. .NET Framework　C. VB.NET　　　D. 操作系统

3. C#项目文件的扩展名是（　　）。

  A. .csproj　　　　B. .cs　　　　　　C. .sln　　　　　D. .suo

4. 利用 C#开发的应用程序通常有 3 种类型，不包括（　　）。

  A. 控制台程序　　B. Web 应用程序　C. SQL 程序　　D. Windows 程序

5. 运行 C#程序可以通过按（　　）组合键实现。

  A. Enter+F5　　　B. Alt+F5　　　　C. Ctrl+F5　　　D. Alt+Ctrl+F5

二、编程题

使用 Visual Studio 2019 的开发环境创建控制台应用程序，输出本人的单位、姓名、性别、学号、年龄等基本信息。

第 2 章　数据类型

【学习目的】
- 理解 C#数据类型、常量和变量的定义方法。
- 熟练掌握 C#运算符，掌握利用常量、变量和运算符构成表达式的方法。
- 掌握数据类型转换的方法。

每一种语言一般都由语法、词组和语句等语法单位所构成，C#亦然，而面向对象程序设计语言则由字符、表达式和语句等语法单位构成。

语言编译程序规定，利用这些语法单位构成程序的规则称为"语法规则"，在编程的过程中必须严格遵守。

2.1 基本数据类型

C#提供了多种数据类型可以分为值类型（Value Types）、引用类型（Reference Types）和指针类型（Pointer Types）三大类。

2.1.1 值类型

值类型从 System.Value Type 类中派生而来，它包括简单数据类型（Simple Data Types）、结构体数据类型（Struct Data Types）和枚举数据类型（Enumeration Data Types）。值类型在栈中进行分配，因此效率很高，值类型变量具有如下特性。
- 值类型变量都存储在栈中。
- 访问值类型变量时，一般都是直接访问其实例。
- 每个值类型变量都有自己的数据副本，因此对一个值类型变量的操作不会影响其他变量。
- 值类型变量不能为空，必须有一个确定的值。

1. 简单数据类型

简单数据类型是程序中使用的基本的类型之一，主要包括整数类型、浮点类型、布尔类型和字符类型等 4 种。但由于存储空间的限制，C#所提供的数据类型都具有一定的范围。整数类型分为无符号与有符号两种，其根据综合数值范围与符号位又分为 8 种类型，如表 2.1 中的序号 6～13 所示；根据小数的精确位将浮点类型分为 float、double 和 decimal 3 种；布尔类型用于判断是非对错；字符类型用于存储单个字符。C#的简单数据类型如表 2.1 所示。

表 2.1   C#的简单数据类型

序号	类型	描述	字节长度	取值范围	默认值及后缀
1	bool	布尔类型	2	true 或 false	false
2	char	Unicode 字符型	2	$0 \sim 2^{16}-1$	null
3	float	单精度浮点型	4	$1.5 \times 10^{-45} \sim 3.4 \times 10^{38}$	0.0f(F)
4	double	双精度浮点型	8	$5.0 \times 10^{-324} \sim 1.7 \times 10^{308}$	0.0d(D)
5	decimal	精确十进制值	16	$1.0 \times 10^{-28} \sim 7.9 \times 10^{28}$	0.0m(M)
6	sbyte	字节型	1	$-2^{7} \sim 2^{7}-1$	0
7	byte	无符号字节型	1	$0 \sim 2^{8}-1$	0
8	short	短整数类型	2	$-2^{15} \sim 2^{15}-1$	0
9	ushort	无符号短整数类型	2	$0 \sim 2^{16}-1$	0
10	int	整数类型	4	$-2^{31} \sim 2^{31}-1$	0
11	uint	无符号整数类型	4	$0 \sim 2^{32}-1$	0u(U)
12	long	长整数类型	8	$-2^{63} \sim 2^{63}-1$	0l(L)
13	ulong	无符号长整数类型	8	$0 \sim 2^{64}-1$	0ul(UL)

在编写 C#程序时，输入一个不带小数点的数值常数，如 10，则默认该数值类型为 int 型；而输入一个带小数点的数值常数，则默认为 double 型。如果不希望按默认的方式来判断数值类型，则可通过在数值常数后加后缀的方式来指定数值的类型。例如 10f 代表 float 类型的数值 10.0（后缀 f 不区分大小写）。

【例 2.1】 在控制台应用程序中定义一个 float 型变量 x，值为 10，定义一个 double 型变量 y，值为 3，输出 x 除以 y 的结果，代码如下。判断输出后的数据类型及所精确的小数位。

```
1  using System;
2  using System.Collections.Generic;
3  using System.Linq;
4  using System.Text;
5  using System.Threading.Tasks;
6
7  namespace test2_1
8  {
9      class Program
10     {
11         static void Main(string[] args)
12         {
13             float x = 10f;      //声明 float 型变量 x，并赋值为 10f
14             double y = 3d;      //声明 double 型变量 y，并赋值为 3d
15             Console.WriteLine("x 除以 y 的计算结果为: {0}\n", x / y);
16  //在 Console.WriteLine()方法的输出参数表中，{0}用 x/y 的结果代替
17             Console.Read();
18         }
19     }
20  }
```

步骤 1：打开 Visual Studio 2019 后新建项目 test2_1。

步骤 2：在跳转的默认文件 Program.cs 平台中输入如上代码，保存。

步骤 3：按 Ctrl+F5 组合键（开始执行程序，但不调试）运行程序，得到的结果如图 2.1 所示。从图中可以看出结果为 double 型及精确的小数位数。

图 2.1　程序的运行结果

　　　　float 型数据精确到 6 或 7 位小数，double 型数据精确到 15 或 16 位小数，decimal 型数据精确到 28 或 29 位小数。

2. 结构体数据类型

结构体数据类型可以使一个单一的变量存储各种数据类型的相关数据。一般的简单变量只能属于某一种类型，而结构体数据类型可以将相关的不同类型的数据"捆绑"在一起成为一个整体。结构体数据类型属于用户自定义类型的范畴，需用户以关键字 struct 自行创建。其语法格式如下：

```
struct 结构体名称
{
定义不同成员变量;
}
```

例如，创建一个结构体变量 Person。

```
1 public struct Person   //public 为访问修饰符，即是否允许谁访问，访问修饰符可以是 public、
protected、internal 或 private
2 {
3   public string name;      //姓名
4   public char sex;         //性别
5   public ushort age;       //年龄
6 }
```

与创建普通变量一样，可以通过结构体创建结构体变量，如下所示：

```
int  x;       //创建一个整型变量 x
Person people;  //创建一个结构体变量 people
```

在访问结构体成员时需以"结构体名称.结构体成员名"的方式执行读写操作，如在访问 Person 结构体的 name 成员时，应以"Person.name"的方式访问。

【例 2.2】 在控制台应用程序中创建一个结构体变量 Person，对成员 name、sex 和 age 进行读写操作。

步骤 1：打开 Visual Studio 2019 后新建项目 test2_2。

步骤 2：在跳转的默认文件 Program.cs 平台中输入代码如下。

```
1 using System;
2 using System.Collections.Generic;
3 using System.Linq;
4 using System.Text;
5 using System.Threading.Tasks;
6
7 namespace test2_2
```

```
 8  {
 9    class Program
10    {
11        public struct Person    //定义结构体数据类型需在主方法 Main()外定义或在类与命名空
间之间定义
12        {
13            public string name;    //姓名
14            public char sex;       //性别
15            public ushort age;     //年龄
16        }
17        static void Main(string[] args)
18        {
19            Person people;         //创建结构体的一个变量 people
20            people.name = "张三";   //为结构体变量的 name 成员赋值
21            people.sex = '男';      //为结构体变量的 sex 成员赋值
22            people.age = 25;        //为结构体变量的 age 成员赋值
23            Console.WriteLine("姓名：{0}\n 性别：{1}\n 年龄：{2}\n", people.name,
people.sex, people.age);
24  //输出结构体 Person 各成员，参数{0}、{1}、{2}分别用 people.name、people.sex、people.age
的值代替
25        }
26    }
27  }
```

步骤 3：保存程序，按 **Ctrl+F5** 组合键，运行结果如图 2.2 所示。

图 2.2　结构体数据类型运行结果

说明

　　Console.WriteLine()输出方式除了以参数{0},{1},…,{n}的方式编写外，还可以以连接符 "+" 的形式编写，如例 2.2 的输出可以编写为：

```
Console.WriteLine("姓名："+people.name+"\n 性别："+people.sex+"\n 年龄：
"+people.age+"\n");
```

3. 枚举数据类型

枚举数据类型与结构体数据类型相似，也是由用户自定义的，它指将在逻辑上密不可分的有穷序列的集合作为一个整体类型。例如用于表示颜色的元素红、橙、黄、绿、青、蓝、紫可以作为一个颜色的枚举数据类型，又如表示太阳系的八大行星的枚举数据类型有水星、金星、地球、火星、木星、土星、天王星、海王星 8 个成员。枚举数据类型需用户以关键字 enum 自行创建，成员之间以逗号 "," 隔开。其语法格式如下：

enum 枚举数据类型名称[: 整数数据类型]①（*可以为 long、int、short 或 byte 等其中一种，默认状态下各成员为 int 型）

　　{

---

① 方括号 "[ ]" 里的定义可省略，也可根据需要添加，下同。

```
枚举成员 1,枚举成员 2,枚举成员 3,…,枚举成员 n
}
```

例如，创建一个七彩颜色枚举数据类型。

```
enum Color
{
red, orange, yellow, green, blue, indigo, violet
}
```

枚举数据类型与结构体数据类型相似，在使用时需创建枚举数据类型变量，访问成员时需以枚举数据"类型名称.成员名称"的方式读写，例如"Color.red"。

枚举数据类型中的每个成员都被赋予特定的名称，并且在枚举集合中有排序先后之分。在默认情况下第一个成员的值为 0，第 n 个成员的值为第（n-1）个成员值+1，依此类推。也可以为枚举成员指定特定的数值，则下一个没有指定数值的成员的值递增 1，直到遇到下一个有指定数值的成员为止，如下所示：

```
enum Color
{
red=22, orange, yellow, green=7, blue, indigo, violet
}
```

以上各枚举成员的值分别为 red：22，orange：23，yellow：24，green：7，blue：8，indigo：9，violet：10。

【例 2.3】 在控制台应用程序中创建一个季节枚举数据类型 Season，输出四季开始的月份。

步骤 1： 打开 Visual Studio 2019 后新建项目 test2_3。

步骤 2： 在跳转的默认文件 Program.cs 平台中输入代码如下。

```
1  using System;
2  using System.Collections.Generic;
3  using System.Linq;
4  using System.Text;
5  using System.Threading.Tasks;
6
7  namespace test2_3
8  {
9     class Program
10    {
11        enum Season:int   //定义枚举数据类型,指定整数数据类型为 int,与结构体数据类型相似,
   枚举数据类型的定义不能放在主方法里面
12        {
13           spring=3,summer=6,autumn=9,winter=12
14        }
15     static void Main(string[] args)
16     {
17
18           Console.WriteLine("春天开始的月份是: " + (int)Season.spring + "月\n");
19        //访问成员时需以枚举数据类型名称.成员名称的方式
20           Console.WriteLine("夏天开始的月份是: " + (int)Season.summer + "月\n");
21        //(int)为强制转换类型,详情请参照 2.4 节
22           Console.WriteLine("秋天开始的月份是: " + (int)Season.autumn + "月\n");
23           Console.WriteLine("冬天开始的月份是: " + (int)Season.winter + "月\n");
24           Console.Read();
25     }
26    }
27  }
```

步骤 3：保存程序，按 **Ctrl+F5** 组合键，运行结果如图 2.3 所示。

图 2.3　枚举数据类型运行结果

2.1.2　引用类型

引用类型是构建 C#应用程序的主要对象类型数据，引用类型的变量又称为对象，可存储对实际数据的引用地址，即引用类型存储的是实际数据的引用值的地址。C#中的引用类型主要有以下几种。

1. 类

类（Class）是面向对象程序设计的基本单位，它由数据成员、方法成员和嵌套类等构成，它包含对象类（Object）、数组类（Array）和字符串类（String）等引用类型。对象类是 C#中所有数据类型的基类，可以被类型转换后分配为任何其他数据类型的值。当一个值类型转换为对象类时称为装箱，反之，对象类转换为值类型称为拆箱；数组类是一组类型相同的有序数据；字符串类中 String 的对象是引用类型，它保留在堆上而非堆栈，当将一个字符串赋给另一个字符串时，会得到内存中同一个字符串的两个引用。

2. 接口

接口（Interface）是把公共方法和属性组合起来，以封装特定功能的一个集合。一个接口定义了一个协议，一旦定义了接口，就可以在类中实现它。这样就可以支持接口所指定的所有属性和成员。

3. 委托

委托（Delegate）是一个能够持有对某个方法的引用的类，但不是一个普通的类，它拥有自己的签名（Signature），同时只能持有与它签名相匹配的方法的引用。关于引用的内容将在后面进行详细介绍。

在应用程序执行过程中，引用类型使用 new 关键字创建对象实例，并存储在堆中。堆是一种由系统弹性配置的内存空间，没有特定大小及存在时间，因此可以被弹性地运用于对象的访问。

引用类型有以下特征。

（1）必须在托管堆中为引用类型变量分配内存。

（2）在托管堆中分配的每个对象都有与之相关联的附加成员，这些成员必须被初始化。

（3）引用类型变量是由垃圾回收机制来管理的。

（4）多个引用类型变量可以引用同一对象，这种情形下，对一个变量的操作会影响另一个变量所引用的同一对象。

（5）引用类型被赋值前都是 null。

2.1.3　指针类型

C#中指针类型可能是（存储在栈中的）值类型，也可能是（存储在堆中的）引用类型。不过无论是什么类型，其基本格式都有一个共同的要求，就是必须支持非托管的类型或者空类型。与 C/C++中的指针功能相同。

2.2　变量与常量

在大部分程序设计语言中，数据都有常量和变量之分。下面将分别对 C#面向对象程序设计中的变量和常量进行说明。

2.2.1　变量

变量可以用来表示一个数值、一个字符串值或者一个类的对象，保存的是在程序运行过程中其值可以不断变化的量。就好比现实生活中丰巢智能柜中的抽屉编号和抽屉中临时存放的快递包裹。

变量的使用应注意以下两点。
- 变量应有 3 个指标：变量名、变量类型和变量值。
- 变量的使用应遵循先定义后使用的原则。

1. 变量名

变量的命名遵循标识符的命名规则，区分大小写。命名规则如下。

（1）变量名只能由数字、字母和下画线组成。

（2）变量名第一个符号只能是字母或下画线，不能是数字。

（3）不能使用关键字作为变量名。

（4）如果在一个语句块中定义了一个变量名，那么在变量的作用域内都不能再定义同名的变量。

2. 变量类型

变量类型由所需存储的数据（变量值）类型决定，数据类型可以是 C#所提供的标准数据类型，也可以是用户自定义的数据类型。

3. 变量值

变量值即变量所要存储的数据，变量值决定了所要定义的变量类型，可以是表达式。

4. 声明变量

C#中声明一个变量是由一个数据类型和跟在后面的一个或多个变量名组成的，多个变量之间用逗号分开，以分号结束，语法格式如下：

```
变量类型 变量名[=变量值]; //声明一个变量
数据类型 变量名1,变量名2,…,变量名n; //同时声明多个变量
```

例如，声明一个整型变量 h，同时声明 3 个字符串变量 str1、str2、str3，代码如下：

```
int h; //声明一个整型变量
string str1,str2,str3; //同时声明 3 个字符串变量
```

在声明变量时，还可以同时为变量赋初始值：

```
数据类型 变量名1=变量值1,变量名2=变量值2,…,变量名n=变量值n;
```

例如，声明一个整型变量 i，赋初值为 10，再同时声明 3 个字符串变量 x、y 和 z，分别赋

初始值：广东、浙江、山东。

```
int i=10; //初始化整形变量 i
string  x="广东",y="浙江",z="山东"; //初始化整形变量 x、y、z
```

若同时声明整型变量 i 和 j，并且只给 i 赋初始值为 10，则可编写为：

```
int i,j;
i=10;
```

或

```
int i=10,j;
```

2.2.2　常量

常量又叫常数，是指值固定不变的量，即在程序开始编译后其值不会再发生改变，主要用来存储在程序运行过程中值不改变的量。常量的数据类型可以是 C#中的任意一种简单数据类型或引用类型，如表 2.2 所示。

表 2.2　　　　　　　　　　　　　　　　　常量数据

常量	描述
10、32、0x37AC	整数常量
3.14、3.14F、3.14D、3.14M	实数常量
'a'、'A'	字符常量
"Hello" "C#"	字符串常量
true、false	布尔常量
const int month=12	符号常量，使用关键字 const 声明，必须初始化
"欢迎学习 C#！"	由中文、英文字母和特殊字符组成的字符串

符号常量的使用与变量一样，也要用到常量的名称及其值，符号常量使用关键字 const 定义，在定义时必须为常量赋值。符号常量在程序需要更改该常量值时"一改全改"，例如一栋楼每户的水费计算，一旦每升水的价格发生变动，则只需将每升水的价格常量在程序开始前进行修改即可。

符号常量的定义格式：

[访问修饰符（*默认为 public）] const 常量数据类型 常量名称=常量值；

其中，符号常量名称的命名与变量名称的命名一样，均要符合标识符命名规则，常量值应与常量数据类型保持一致。

例如定义一个表示"水费价格/升"的符号常量 water_price，如下所示：

```
const float  water_price=5.5f;
```

提示　　　const 关键字可以防止开发程序时错误的产生。例如，对于一些需要改变的对象，使用 const 关键字将其定义为常量，可以防止开发人员不小心修改对象的值而产生意想不到的结果。

【例 2.4】在控制台应用程序中定义每升水价格的符号常量，计算用户 User1、User2 和 User3 的水费，在控制台中输出计算结果。

步骤 1：打开 Visual Studio 2019 后新建项目 test2_4。

步骤 2：在跳转的默认文件 Program.cs 平台中输入代码如下。

```
1  using System;
```

```
2  using System.Collections.Generic;
3  using System.Linq;
4  using System.Text;
5  using System.Threading.Tasks;
6
7  namespace test2_4
8  {
9   class Program
10    {
11         static void Main(string[] args)
12         {
13             const float water_price = 5.5f;      //定义每升水价格的符号常量water_price
14             float User1 = 11, User2 = 24, User3 = 4; //定义每户及月用水量
15             float User1_bills, User2_bills, User3_bills;//定义每户应缴的水费变量
16             User1_bills = User1 * water_price; //引用符号常量water_price计算水费
17             User2_bills = User2 * water_price; //引用符号常量water_price计算水费
18             User3_bills = User3 * water_price; //引用符号常量water_price计算水费
19             Console.WriteLine("用户User1应缴水费为: " + User1_bills + "元\n");
20             Console.WriteLine("用户User2应缴水费为: " + User2_bills + "元\n");
21             Console.WriteLine("用户User3应缴水费为: " + User3_bills + "元\n");
22         }
23    }
24 }
```

步骤 3：保存程序，按 **Ctrl+F5** 组合键，运行结果如图 2.4 所示。

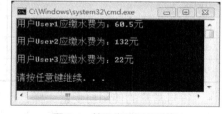

图 2.4　符号常量运行结果

2.3　运算符与表达式

　　C#当中提供了丰富的运算符，这些运算符与常量或变量（操作数）组合在一起形成表达式，类似数学当中的表达式，但程序设计中由于运算符的多样化及程序的特性使得其组成具有优先性、多样性和顺序性。单个常量、变量或函数都可以作为一个表达式。本节主要介绍运算符及其分类、算术运算符、赋值运算符、位运算符、关系运算符、逻辑运算符以及混合运算优先级。

2.3.1　运算符及其分类

　　运算符是一种告诉编译器执行特定的数字或逻辑操作的符号，主要有以下 3 种类型。

　　（1）单目运算符。此类运算符只有一边有一个操作数，如 i++或++i，则运算符 "++" 为单目运算符。

　　（2）双目运算符。此类运算符左右两边都分别有操作数，如 i+j，则运算符 "+" 为双目运算符。

　　（3）三目运算符。此类运算符可以作用于 3 个操作数，C#中只有一个三目运算符，即 "?:"，如 i>j ? 1:2，表示如果 i>j 为真则该表达式的值为 1，否则为 2。

2.3.2　算术运算符

　　算术运算符一般用于数值之间的加、减、乘、除等操作，C#所提供的算术运算符如表 2.3 所示。

表 2.3 算术运算符

算术运算符	类别	描述	应用示例
+	双目	加法运算，若用于字符串之间则为连接符	i+j
–	双目	减法运算	i-j
*	双目	乘法运算	i*j
/	双目	除法运算	i/j
%	双目	求除法运算后的余数	i%j
--	单目	递减，自减 1	i--或--i
++	单目	递增，自加 1	i++或++i

表 2.3 中的运算符的操作方法及含义与数学中的操作方法及意义大同小异，其中加法运算符有重载作用。当两边的操作数为字符串时，它的运算结果是将两边的字符串连接起来；当一边为数值一边为字符串时，它会先将数值转换为字符串再连接；而当一边为数值一边为字符时，它会先将字符转换为 Unicode 值再相加。例如：

```
1  int i= 2, j= 6;
2  Console.WriteLine(i + j);//同为数值时相加，结果等于 8
3  char k = 'a';
4  Console.WriteLine(k + j);
5   //字符与数值相加，字符先转换为 Unicode 值 97 再加 6，结果等于 103
6  string s = "Hello";
7  Console.WriteLine(s + j);
8   //字符串与数值相加，字符串加上数值转换后的字符串 "6"，结果等于 Hello6
9  string t = "World";
10 Console.WriteLine(s + t);
11 //字符串与字符串相加等于两个字符串的合并，结果等于 HelloWorld
```

此外，求余数运算结果的正负号取决于左边操作数的正负号，左边操作数为负数则结果为负，左边操作数为正数则结果为正；若自减运算符（或自增运算符）在操作数左边，则操作数的值先自减（或自增）再运算，否则先运算再自减（或自增）。

【例 2.5】 创建一个控制台程序，定义两个整数变量 i 和 j，为 i 赋初始值 3，输出自增和自减运算符作用在 i 操作数的左边与右边并赋值给 j 时的值。

步骤 1： 打开 Visual Studio 2019 后新建项目 test2_5。

步骤 2： 在跳转的默认文件 Program.cs 平台中输入代码如下。

```
1  using System;
2  using System.Collections.Generic;
3  using System.Linq;
4  using System.Text;
5  using System.Threading.Tasks;
6
7  namespace test2_5
8  {
9    class Program
10   {
11       static void Main(string[] args)
12       {
13           int i = 3, j;
14           j = i++;        //运算符在右边自增
15           Console.WriteLine("当 j = i++时，i=" + i + ";j=" + j);
16           i = 3;  //为了方便对比，将 i 的值复原，下同
```

```
17          j = ++i;        //运算符在左边自增
18          Console.WriteLine("当j = ++i 时, i=" + i + ";j=" + j);
19          i = 3;
20          j = i--;        //运算符在右边自减
21          Console.WriteLine("当j = i--时, i=" + i + ";j=" + j);
22          i = 3;
23          j = --i;        //运算符在左边自减
24          Console.WriteLine("当j = --i 时, i=" + i + ";j=" + j);
25      }
26   }
27 }
```

步骤 3：保存程序，按 Ctrl+F5 组合键，运行结果如图 2.5
所示。

2.3.3 赋值运算符

赋值运算符用于将表达式或常量的值传递给变量。C#所提
供的赋值运算符如表 2.4 所示。

图 2.5　自增和自减运算符的运行结果

表 2.4　　　　　　　　　　　　　　赋值运算符

赋值运算符	类别	描述	应用示例
=	双目	将右边表达式的值赋给左边的变量	i=2+j
-=	双目	将左边变量的值减去右边表达式的值后将结果赋给左边的变量	i -=2;等价于 i=i-2;
+=	双目	将左边变量的值加上右边表达式的值后将结果赋给左边的变量	i +=2;等价于 i=i+2;
/=	双目	将左边变量的值除以右边表达式的值后将结果赋给左边的变量	i /=2;等价于 i=i/2;
*=	双目	将左边变量的值乘以右边表达式的值后将结果赋给左边的变量	i *=2;等价于 i=i*2;
%=	双目	将左边变量的值除以右边表达式的值后将余数赋给左边的变量	i %=2;等价于 i=i%2;
^=	双目	将左边变量的值与右边表达式的值做"异或"位运算后将结果赋给左边的变量	i ^=2;等价于 i=i^2;
&=	双目	将左边变量的值与右边表达式的值做"与"位运算后将结果赋给左边的变量	i &=2;等价于 i=i&2;
| =	双目	将左边变量的值与右边表达式的值做"或"位运算后将结果赋给左边的变量	i |=2;等价于 i=i|2;
>>=	双目	将左边变量值的二进制数右移（右边表达式值）位，之后将结果赋给左边的变量	i >>=2;等价于 i=i>>2;
<<=	双目	将左边变量值的二进制数左移（右边表达式值）位，之后将结果赋给左边的变量	i <<=2;等价于 i=i<<2;

除了简单赋值运算符 "="，其他赋值运算符均是简单赋值运算符与其他运算符组合使用的
结果，组合后的赋值运算符使表达式更加简洁，提高了编程的效率。此外，赋值运算符遵循右
结合性原则，例如表达式 i-=i*=i 等价于 i-=(i*=i)，i-=(i*=i)又等价于 i=i-(i=i*i)，若 i 的初始值
为整数类型 2，则计算结果为-2。

2.3.4 位运算符

计算机程序中所有的内容都以二进制的形式存储在计算机内存当中，位运算是直接对内存
中的二进制数的每个位进行运算的操作。C#所提供的位运算符如表 2.5 所示。

表 2.5   位运算符

位运算符	类别	描述	应用示例
&	双目	与运算，当相对应位都为 1 时结果才为 1，否则为 0	10110&11010，结果为 10010
|	双目	或运算，当相对应位都为 0 时结果才为 0，否则为 1	10110|11010，结果为 11110
^	双目	异或运算，当相对应位值不同时结果才为 1，否则为 0	10110&11011，结果为 01101
~	单目	取补运算，对原来的位值取反值，即原来为 1，取反为 0，反之则反	~10110，结果为 01001
>>	双目	右移运算，左边为操作数，右边为要移动的位数，将二进制操作数向右移若干位，高位补 0，低位丢弃	10110>>3，右移 3 位，结果为 00010
<<	双目	左移运算，左边为操作数，右边为要移动的位数，将二进制操作数向左移若干位，高位丢弃，低位补 0	10110<<3，左移 3 位，结果为 10000

为便于理解，表 2.5 的应用示例中均以二进制数作为操作数，实际的运算中系统会先将其他进制数转换为二进制数再执行计算。

2.3.5 关系运算符

关系运算符也称为比较运算符，比较的结果只有两种，不是"真"就是"假"，所以关系运算返回的结果均为布尔值。C#所提供的关系运算符如表 2.6 所示。

表 2.6   关系运算符

关系运算符	类别	描述	应用示例
==	双目	左边表达式的值与右边表达式的值相等时为"真"，否则为"假"	4==3+1;(两边相等为 true)
!=	双目	左边表达式的值与右边表达式的值不相等时为"真"，否则为"假"	'A'!='a';(两边不等为 true)
>	双目	左边表达式的值大于右边表达式的值时为"真"，否则为"假"	6>8;(6 小于 8，为 false)
<	双目	左边表达式的值小于右边表达式的值时为"真"，否则为"假"	5<'B';(字符 B 的 ASCII 值为 66 比 5 大，为 true)
>=	双目	左边表达式的值大于或等于右边表达式的值时为"真"，否则为"假"	7+2>=6-4;(9 大于 2，为 true)
<=	双目	左边表达式的值小于或等于右边表达式的值时为"真"，否则为"假"	3<=2+1;(3 等于 3，为 true)

当关系运算符两边的表达式的运行结果不是数值类型时，系统会将字符类型转换为 ASCII 值再做运算。当表达式为字符串时，只能使用"=="或"!="两种运算符判断两个字符串是否一样。

2.3.6 逻辑运算符

逻辑运算符又称为布尔运算符，用于判断整个表达式是"真"还是"假"，逻辑运算的结果与关系运算返回的结果一样属于布尔值。C#提供了 3 种逻辑运算符，如表 2.7 所示。

表 2.7   逻辑运算符

逻辑运算符	类别	描述	应用示例
&&	双目	与运算符，只有当左右两边的表达式值都为 true 时，结果才是 true，否则都为 false	4>2&&6==6，两边表达式的值都为 true，结果为 true

续表

逻辑运算符	类别	描述	应用示例
||	双目	或运算符，只有当左右两边的表达式值都为 false 时，结果才是 false，否则为 true	4>2&&！true，左边表达式的值为 true，右边表达式的值为 false，结果为 true
！	单目	非运算符，右边表达式结果的否定形式	!(4>2)，4>2 的值为 true，true 的否定形式则为 false

当表达式中同时存在多个逻辑运算符时，按优先级的大小结合执行，它们的优先级别为"！" > "&&" > "\|\|"。

【例 2.6】 某航空公司招聘员工，条件：年龄 18 周岁（含）至 30 周岁（含），大专或以上学历，女生身高 160cm 或以上，体重 45kg 或以上，男生身高 170cm 或以上，体重 60kg 或以上。写出判断是否符合该航空公司招聘标准的逻辑表达式。

逻辑表达式为：

年龄>=18&&年龄<=30&&学历>="大专"&&(性别='女'&&身高>=160&&体重>=45\|\|性别='男'&&身高>=170&&体重>=60)

 表达式中存在"&&"和"\|\|"两种运算符，"&&"的优先级比"\|\|"高，年龄与学历是共同条件，故而男生与女生的表达应加括号优先计算，然后才能计算整个逻辑表达式的布尔值。

2.3.7 混合运算优先级

C#中的混合运算类似数学中的表达式，在数学表达式中同时存在加减和乘除运算符时，执行"先乘除后加减"的运算规则，C#也不例外。在 C#程序设计中，当一个表达式中同时存在多种运算符时，应先以优先级从高到低执行计算，如运算符优先级相同则从左到右执行计算。但如需改变执行规则，可以用英文状态下半角的括号"()"决定计算先后顺序。表 2.8 所示为 C#中运算符从高到低的优先级顺序。

表 2.8　　　　　　　　　　C#中运算符从高到低的优先级顺序

运算符类别	运算符	优先级
基本运算符	(i)、a[i]、i.j、i++、i--、sizeof、typeof、checked、unchecked、new	高
单目运算符	!、+、-、~、++i、--i、（强制转换）	
算术运算符乘除、取余	*、/、%	
算术运算符加减	+、-	
位运算符移位	>>、<<	
关系运算符、类型检测符	>、<、>=、<=、is、as	
关系运算符等式	==、!=	
位运算符与	&	
位运算符异或	^	
位运算符或	|	
逻辑运算符与	&&	
逻辑运算符或	||	
三目运算符	?:	
赋值运算符	=、+=、-=、*=、/=、%=、&=、|=、^=、>>=、<<=	低

在 C#程序表达式中如果无法确定运算符的优先级，可采用加括号的方式提高优先级。

2.4　数据类型转换

　　在 C#中有时会遇到一种类型的数据赋值给不同类型的变量或遇到不同类型的操作数参加运算，这些都属于数据类型转换。下面介绍 C#中两种主要的数据类型转换方式：隐式转换（Implicit Conversion）和显式转换（Explicit Conversion）。

2.4.1　隐式转换

　　隐式转换是一种数据类型在符合条件的情况下赋值给另一种数据类型而变量不会发生出错警告，且由系统自动转换的过程。C#提供的符合条件的隐式转换类型如表 2.9 所示。

表 2.9　　　　　　　　　　　　　　　　　C#的隐式转换类型

数据类型	可以转换成的数据类型
sbyte	short、int、long、float、double、decimal
byte	short、ushort、int、uint、long、ulong、float、double、decimal
short	int、long、float、double、decimal
ushort	int、uint、long、ulong、float、double、decimal
int	long、float、double、decimal
uint	long、ulong、float、double、decimal
long	float、double、decimal
ulong	float、double、decimal
float	double
char	ushort、int、uint、long、ulong、float、double、decimal

　　由表 2.9 可以看出，隐式转换实际上是类型兼容且是占内存字节少的数据类型向占内存字节多的数据类型的转换。

　　【例 2.7】　创建控制台程序实现数据类型的转换，输出实现类型转换的不同情况。

　　步骤 1：打开 Visual Studio 2019 后新建项目 test2_7。

　　步骤 2：在跳转的默认文件 Program.cs 平台中输入代码如下。

```
1  using System;
2  using System.Collections.Generic;
3  using System.Linq;
4  using System.Text;
5  using System.Threading.Tasks;
6
7  namespace test2_7
8  {
9      class Program
10     {
11         static void Main(string[] args)
12         {
13             int i = 20;
14             long j = i;    //无须做其他操作编译器自动将 int 转换为 long 数据类型
```

```
15              long k = 20;
16              int t = k;   //编译器将报错：无法将"long"隐式转换为"int"
17          }
18      }
19  }
```

步骤3：保存程序，按 Ctrl+F5 组合键，运行结果如图 2.6 所示。

图 2.6　隐式转换运行结果

2.4.2　显式转换

显式转换即在不能排除发生错误的危险，但又确实需要进行数据类型转换的情况下，人为地加上转换机制，强制转换后通过编译器编译的过程。显式转换分为数值类型转换、字符串与数值类型相互转换和 Visual Studio 提供的命令 Convert 转换 3 种。

1. 数值类型转换

不同类型的数值在转换时需要在被转换的表达式前面加上括号，在括号里面写上需要转换到的数据类型。语法格式如下：

`（需要转换到的数据类型）表达式`

例如：

`double i=3.1415926;int j=(int)i;   //j=3`

显式转换必须谨慎使用，因为显式转换属于强制转换，在转换的过程中可能会出现信息丢失的情况，特别是精度的丢失。

2. 字符串与数值类型相互转换

（1）字符串转换为数值的语法格式如下：

`数值类型.Parse("纯数字组成的字符串")`

其中，数值类型可以是表 2.1 中序号 3～13 的任意一种，而需转换的字符串必须全都由数字组成，否则转换将会报错。

例如，将字符串"123"转换为 int 型，格式为 int.Parse("123")；将字符串"123"转换为 double型，格式为 double.Parse("123")。

【例 2.8】 在控制台中输入两个数值，输出相加后的结果。

步骤1：打开 Visual Studio 2019 后新建项目 test2_8。

步骤2：在跳转的默认文件 Program.cs 平台中输入代码如下。

```
1  using System;
2  using System.Collections.Generic;
3  using System.Linq;
4  using System.Text;
5  using System.Threading.Tasks;
```

```
6
7   namespace test2_8
8   {
9       class Program
10      {
11          static void Main(string[] args)
12          {
13          int i, j, k;//定义 3 个整型变量用于存放转换后的数值及计算值
14          string x,y;//定义两个字符串变量用于接收输入的字符串类型数字
15          Console.WriteLine("请输入两个完全由数字组成的数值");//提示用户输入数值
16          x = Console.ReadLine();//用 x 接收输入的第一个字符串，输完按 Enter 键
17          y = Console.ReadLine();//用 y 接收输入的第二个字符串，输完按 Enter 键
18          i = int.Parse(x); //用 i 接收转换后的 x
19          j = int.Parse(y); //用 j 接收转换后的 y
20          k = i + j;//将 i 加 j 的结果赋值给 k
21          Console.WriteLine("两个数值相加的结果为: " + k);
22          }
23      }
24  }
```

步骤 3：保存程序，按 Ctrl+F5 组合键，输入第一个数值按 Enter 键，再输入第二个数值，按 Enter 键后输出结果如图 2.7 所示。

（2）将数值类型或字符型转换为字符串类型的语法格式如下：

数值类型数据.ToString()

例如 float i=3.1415;i.ToString();或'a'.ToString();都是合法的转换方式。

图 2.7　字符串转换为数值运行结果

3. Convert 转换

Convert 命令是 Visual Studio 本身所提供的简单类型转换命令，其语法格式如下：

Convert.To 需要转换到的数据类型(表达式)

例如，将数值类型变量 i 转换为字符串：Convert.ToString(i)；将纯数字组成的字符串 j 转换为 16 位的 int 类型：Convert.ToInt16(j)；若表达式是单个常量也可以正常转换，例如 Convert.ToInt16("123")。由于 Convert 命令是由 Visual Studio Framework 所提供的，所以其数据类型与 C#中的数据类型有所不同。

2.5　数组

数组是包含若干相同类型的变量，是由相同数据类型的元素按一定顺序排列的集合。数组能够容纳元素的数量称为数组的长度。数组中的每个元素都具有唯一的索引与其相对应，数组的索引从零开始。

一般一个数组由一个数组名表示，同数组里的所有元素都通过相同数组名的不同下标编号（Index）来表示并区分。

2.5.1　数组的定义

数组是通过指定数组的元素类型、数组的秩（维数）及数组每个维度的上限和下限来定义

的，即一个数组的定义需要包含以下几个要素。

- 元素类型。
- 数组的维数。
- 每个维数的上下限。

数组有一维数组、二维数组和多维数组之分，各类数组的格式如下。

- 一维数组的定义格式：数据类型[ ] 数组名。
- 二维数组的定义格式：数据类型[,] 数组名。
- 多维数组的定义格式：数据类型[,…,] 数组名。

其中数组命名需符合标识符的命名规则，例如：

- 声明一个名为 IArray 的整型一维数组：int[ ] IArray。
- 声明一个名为 SArray 的字符串二维数组：string[,] SArray。

2.5.2 数组的初始化

数组声明完之后，必须对其进行初始化。初始化数组有很多种方式。

（1）枚举初始化方式。在指定数组长度的同时为各元素赋值，此类初始化方式适用于数组长度有限、可枚举列出的情况。该方式的初始化有如下几种格式。

① 格式为：

数据类型[ ] 数组名={元素值1,元素值2,…,元素值n};

例如，定义一个有 3 个元素的整型一维数组 IArray，代码如下：

```
int[ ] IArray= {7,3,4};
```

根据初始化列表长度推断出该数组的长度为 3；各元素引用及元素值如表 2.10 所示。

表 2.10　　　　　　　　　数组 IArray 的元素引用及元素值

元素引用	元素值
IArray[0]	7
IArray[1]	3
IArray[2]	4

注意　　　　元素的起始下标从 0 开始。

② 格式为：

数据类型[ ] 数组名=new 数据类型[ ]{元素值1,元素值2,…,元素值n};

例如，定义一个有 4 个元素的字符型一维数组 CArray，代码如下：

```
char[ ] CArray=new char [ ]{'a','b','c','d'};
```

③ 格式为：

数据类型[ ] 数组名=new 数据类型[数组长度n]{元素值1,元素值2,…,元素值n};

例如，定义一个有 3 个元素的字符串一维数组 SArray，代码如下：

```
string[ ] SArray=new string[3]{"How","are","you"};
```

④ 二维数组的初始化格式为：

数据类型[,] 数组名={{第1行元素值1,第1行元素值2,…, 第1行元素值n},{第2行元素值1,第2行元素值2,…, 第2行元素值n}…{第m行元素值1,第m行元素值2,…, 第m行元素值n }};

例如，定义一个 3 行 2 列的整型二维数组 TD_IArray 的代码如下：

```
int[,] TD_IArray={{1,0},{3,2},{3,3}};
```

如果要写明长度，则代码如下：

```
int[,] TD_IArray=new int[3,2]{{1,0},{3,2},{3,3}};
```

数组 TD_IArray 的各元素引用及元素值如表 2.11 所示。

表 2.11　　　　　　　　　　数组 TD_IArray 的元素引用及元素值

元素引用	元素值
TD_IArray [0][0]	1
TD_IArray [0][1]	0
TD_IArray [1][0]	3
TD_IArray [1][1]	2
TD_IArray [2][0]	3
TD_IArray [2][1]	3

其存储形式如图 2.8 所示。

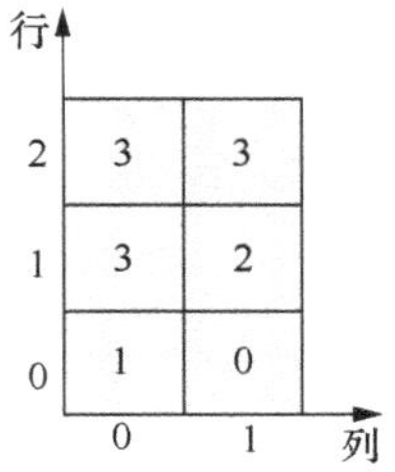

（2）创建实例的初始化方式。将数组转化为一个实例，在初始化的同时数组立即被赋予一个数组的新实例。其声明格式如下：

数据类型[ ] 数组名；
数组名=new 数据类型[数组长度 *n*]；

或

数据类型[ ] 数组名=new 数据类型[数组长度 *n*]；

图 2.8　二维数组存储形式

利用实例初始化方式初始化时需指定数组的长度，由内存分配相应大小的连续单元存储空间，数组各元素的初始默认值为各类型的初始值。

例如，定义一个存放 15 个元素即长度为 15 的整型一维数组 IArray，代码如下：

```
int[ ] IArray;
IArray=new int[15];
```

或

```
int[ ] IArray=new int[15];
```

又如，定义一个 5 行 7 列的字符串二维数组 TD_SArray，代码如下：

```
string[,] TD_SArray=new string[5,7];
```

声明二维或多维数组的方式同第一种定义方式，在花括号里面加逗号分隔即可。

数组在进行初始化之后，其元素的个数（数组长度）固定，不能随意改变，除非重新创建数组。

2.5.3　数组的应用

1. 定义数组并初始化数组

【例 2.9】　在控制台程序中，分别创建长度为 5 的整型一维数组和 3 行 2 列的整型二维数组，一维数组采用枚举初始化方式分别赋值 1～5，二维数组采用创建实例的方式分别赋值 1～6 的整数序列，最后输出两个数组各元素的和。

步骤 1： 打开 Visual Studio 2019 后新建项目 test2_9。

步骤 2： 在跳转的默认文件 Program.cs 平台中输入代码如下。

```
1 using System;
2 using System.Collections.Generic;
3 using System.Linq;
4 using System.Text;
5 using System.Threading.Tasks;
```

```
6  namespace test2_9
7  {
8      class Program
9      {
10         static void Main(string[] args)
11         {
12             int[] IArray = new int[5] { 1, 2, 3, 4, 5 };
13             //创建一维数组，采用枚举初始化方式赋值
14             int[,] TD_IArray = new int[3, 2];
15             //创建3行2列二维数组，采用创建实例的方式，自动赋整型默认值
16             int IArraySum=0,TD_IArraySum=0,temp=1;
17         //定义存放一维数组各元素和的整型变量 IArraySum 并赋值 0
18             //定义存放二维数组各元素和的整型变量 TD_IArraySum 同样赋值 0
19             //定义为二维数组各元素赋值1~6的临时变量temp，赋初值1
20             Console.WriteLine("一维数组 IArray 各元素的值分别为：");
21             for (int t = 0; t < 5; t++)//采用循环的方式访问一维数组的每个元素
22             {
23                 IArraySum += IArray[t];//即 IArraySum=IArraySum+IArray[t]
24                 Console.WriteLine("IArray[" + t + "]=" + IArray[t]);
25         //输出一维数组各元素的值
26             }
27             Console.WriteLine("二维数组 TD_IArray 各元素的值分别为：");
28             for (int i = 0; i < 3; i++) //访问二维数组每一行的每一列
29             for (int j = 0; j < 2; j++)//访问第i行中的第j列
30             {
31                 TD_IArray[i, j] = temp++;//变量 temp 赋值给二维数组的元素后自增
32                 TD_IArraySum += TD_IArray[i, j];
33                     Console.WriteLine("TD_IArray[" + i + "," + j + "]=" +
TD_IArray[i, j]);//输出二维数组各元素的值
34             }
35             Console.WriteLine("一维数组 IArray 各元素的总和为：" + IArraySum + "\n二
维数组 TD_IArray 各元素的总和为：" + TD_IArraySum);
36             //输出一维数组和二维数组各元素的和
37
38         }
39     }
40 }
```

步骤 3：保存程序，按 Ctrl+F5 组合键，运行结果如图 2.9 所示。

2. 用 foreach 语句遍历数组

C#中 foreach 类似循环流程结构中的 for 语句，它可以访问数组及集合中的每一个元素。其语法格式如下：

foreach(数组或集合的数据类型 访问浮标 i in 数组名或集合名)

其中，访问浮标 i 是局部变量，只在该 foreach 语句中有效。

【例 2.10】 使用 foreach 输出整型一维数组和二维数组各元素的值。

图 2.9　一维数组和二维数组运行结果

步骤 1： 打开 Visual Studio 2019 后新建项目 test2_10。

步骤 2： 在跳转的默认文件 Program.cs 平台中输入代码如下。

```
1  using System;
2  using System.Collections.Generic;
3  using System.Linq;
4  using System.Text;
5  using System.Threading.Tasks;
6  namespace test2_10
7  {
8     class Program
9     {
10        static void Main(string[] args)
11        {
12            int[] IArray = new int[5] { 1, 2, 3, 4, 5 };
13            //创建一维数组，采用枚举初始化方式赋值
14            int[,] TD_IArray = new int[3, 2]{{1,2},{3,4},{5,6}};
15            //创建 3 行 2 列二维数组，同样采用枚举初始化方式赋值
16            Console.WriteLine("一维数组 IArray 各元素的值分别为：");
17            foreach (int i in IArray)//i 为局部变量，只在该 foreach 里有效，其数据类型
与数组数据类型一致，用于存放数组里的元素值
18            {
19                Console.WriteLine(i);//输出一维数组各元素的值
20            }
21            Console.WriteLine("二维数组 TD_IArray 各元素的值分别为：");
22            foreach (int i in TD_IArray)
23            {
24                Console.WriteLine(i);//输出二维数组各元素的值
25            }
26        }
27     }
28  }
```

步骤 3： 保存程序，按 Ctrl+F5 组合键，运行结果如图 2.10 所示。

foreach 循环时，变量 i 既充当存放数组（或集合）元素值的变量又发挥指针的功能。在每一次循环中，不断地从数组（或集合）中取出当前的元素值存放在变量 i 中，同时变量 i 作为指针指向数组（或集合）的下一个元素，如此循环直至结束。

图 2.10 foreach 遍历输出结果

2.6 字符串

字符串相当于由一个个字母组成的数组，在 C#中常用 string 来声明字符串类型的变量，String 类定义了大量操作字符串的方法，表 2.12 所示为 String 类的部分实例方法。

表 2.12 String 类的部分实例方法

方法	返回值类型	说明
TrimStart()	string	删除字符串前端空格
TrimEnd()	string	删除字符串结尾空格

续表

方法	返回值类型	说明
Trim()	string	删除字符串前后空格
ToLower()	string	将字符串英文字符转换为小写
ToUpper()	string	将字符串英文字符转换为大写
StartsWith()	bool	检查指定子字符串是否在开头
EndsWith()	bool	检查指定子字符串是否在结尾
CompareTo()	int	与指定字符串对象进行比较
Equals()	bool	判断两个字符串是否相等
Insert()	string	在字符串指定位置插入子字符串
Remove()	string	将字符串从指定位置开始的子串删除

String 类中唯一的属性是 Length，表示字符串长度，如字符串 s 的长度为 s.Length。

2.6.1 删除字符串空格

删除字符串前后空格的方法为 Trim()，删除前端空格的方法为 TrimStrart()，删除末端空格的方法为 TrimEnd()。C#中能删除字符串前后空格，但无法删除字符串中间的空格。

【例 2.11】 在控制台程序中删除字符串两端的空格，并输出结果。

步骤 1： 打开 Visual Studio 2019 后新建项目 test2_11。

步骤 2： 在跳转的默认文件 Program.cs 平台中输入代码如下。

```
1  using System;
2  using System.Collections.Generic;
3  using System.Linq;
4  using System.Text;
5  using System.Threading.Tasks;
6
7  namespace test2_11
8  {
9      class Program
10     {
11         static void Main(string[] args)
12         {
13             string s1, s2;
14             s1 = "  前端空格";
15             s2 = "  两端及  中间各有两个空格  ";
16             Console.WriteLine("字符串 s1 和 s2 删除空格前为：\ns1="+s1+"\ns2="+s2+
"结束\n");//加上"结束"以分辨字符串末端空格
17             s1 = s1.TrimStart(); //删除 s1 字符串前端空格
18             s2 = s2.Trim();      //删除 s2 字符串两端空格
19             Console.WriteLine("删除两端空格后结果为：\ns1=" + s1 + "\ns2=" + s2 + "
结束");//加上"结束"以分辨字符串末端空格
20         }
21     }
22 }
```

步骤 3: 保存程序, 按 Ctrl+F5 组合键, 运行结果如图 2.11 所示。

2.6.2 字符串英文字母大小写转换方法

将字符串大写字母转换为小写字母的方法为字符串.ToLower();反之, 将字符串小写字母转换为大写字母的方法为字符串.ToUpper()。若输入其他字符则不转换。

图 2.11 删除字符串两端空格运行结果

【例 2.12】 在控制台程序中输入一串字母, 将其分别转换为大写字母和小写字母并输出结果。

步骤 1: 打开 Visual Studio 2019 后新建项目 test2_12。

步骤 2: 在跳转的默认文件 Program.cs 平台中输入代码如下。

```
1  using System;
2  using System.Collections.Generic;
3  using System.Linq;
4  using System.Text;
5  using System.Threading.Tasks;
6
7  namespace test2_12
8  {
9      class TrimTest
10     {
11         static void Main(string[] args)
12         {
13         Console.WriteLine("请输入由大小写字母组成的字符串: ");
14         string s=Console.ReadLine();
15         Console.WriteLine("转换为大写字母: " + s.ToUpper());//转换为大写字母
16         Console.WriteLine("转换为小写字母: " + s.ToLower());//转换为小写字母
17          }
18     }
19 }
```

步骤 3: 保存程序, 按 Ctrl+F5 组合键, 运行结果如图 2.12 所示。

2.6.3 判断子字符串是否出现在字符串的开头或结尾

判断一个指定的字符串 1 是否出现在字符串 2 的开头的方法为字符串 2.StartsWith(字符串 1), 而判断一个指定字

图 2.12 字符串大小写字母转换运行结果

符串 1 是否出现在字符串 2 的结尾的方法则为字符串 2.EndsWith(字符串 1)。两种方法的返回值均为布尔值 (true 或 false)。

【例 2.13】 在控制台程序中查看子字符串 s1 是否在字符串 s2 中的前端或末端出现并输出判断结果。

步骤 1: 打开 Visual Studio 2019 后新建项目 test2_13。

步骤 2: 在跳转的默认文件 Program.cs 平台中输入代码如下。

```
1  using System;
2  using System.Collections.Generic;
3  using System.Linq;
4  using System.Text;
5  using System.Threading.Tasks;
6
```

```
7  namespace test2_13
8  {
9      class Program
10     {
11         static void Main(string[] args)
12         {
13             string s1, s2;
14             s1="字符串";
15             s2="查询子字符串 s1 是否在字符串 s2 的两端,s1 的值为:字符串";
16             Console.WriteLine("子字符串 s1 为: " + s1 + "\n 字符串 s2 为: " + s2);
17             Console.WriteLine("\n 查询结果为: \n");
18             if (s2.Starts With(s1))
19                 Console.WriteLine("子字符串 s1 出现在字符串 s2 的前端\n");
20             else if(s2.EndsWith(s1))
21                 Console.WriteLine("子字符串 s1 出现在字符串 s2 的末端\n");
22         }
23     }
24 }
```

步骤 3：保存程序，按 Ctrl+F5 组合键，运行结果如图 2.13 所示。

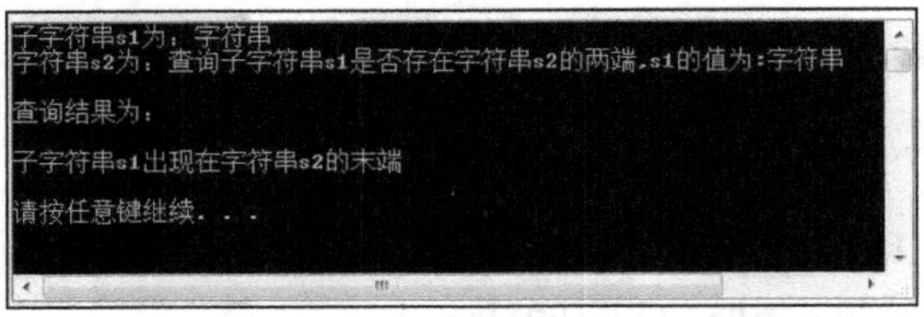

图 2.13　查询字符串运行结果

2.6.4　比较字符串

比较字符串的大小其实是比较字符串的 Unicode 值大小。比较字符串 1 与字符串 2 大小的方法为字符串 1.CompareTo(字符串 2)，结果为 1 则字符串 1 的大小小于字符串 2，结果为 0 则字符串 1 的大小等于字符串 2，结果为-1 则字符串 1 的大小大于字符串 2；比较它们是否相等的方法为字符串 1.Equals(字符串 2)。两种方法的返回值均为布尔值（true 或 false）。

【例 2.14】 在控制台程序中，比较两个字符串的大小并输出结果。

步骤 1：打开 Visual Studio 2019 后新建项目 test2_14。

步骤 2：在跳转的默认文件 Program.cs 平台中输入代码如下。

```
1  using System;
2  using System.Collections.Generic;
3  using System.Linq;
4  using System.Text;
5  using System.Threading.Tasks;
6
7  namespace test2_14
8  {
9      class Program
10     {
11         static void Main(string[] args)
12         {
13             string s1, s2;
14             s1 = "AB";
15             s2 = "ab";
```

```
16              Console.WriteLine("字符串 s1="+s1+"\n 字符串 s2="+s2);
17              int result;
18              result = s1.CompareTo(s2);
19              Console.WriteLine("\n 比较结果: ");
20              if (result == 1)
21                  Console.WriteLine(s1 + "<" + s2);
22              else if(result==0)
23                  Console.WriteLine(s1 + "=" + s2);
24          else
25              Console.WriteLine(s1 + ">" + s2);
26      if(s1.Equals(s2))
27          Console.WriteLine("s1 与 s2 相等");
28      else
29          Console.WriteLine("s1 与 s2 不相等");
30      }
31  }
32 }
```

步骤 3: 保存程序,按 Ctrl+F5 组合键,运行结果如图 2.14
所示。

图 2.14　比较字符串运行结果

2.6.5　插入或删除字符串

将子字符串 1 插入字符串 2 的第 i 个字符之后的方法为字符串 2.Insert(i, 字符串 1),从字符串 2 中的第 i 个字符串之后删除 count 个字符的方法为字符串 2.Remove(i,count)。

【例 2.15】 在控制台程序中,在字符串 s1 的指定位置先后插入、删除字符串 s2 并输出结果。

步骤 1: 打开 Visual Studio 2019 后新建项目 test2_15。

步骤 2: 在跳转的默认文件 Program.cs 平台中输入代码如下。

```
1  using System;
2  using System.Collections.Generic;
3  using System.Linq;
4  using System.Text;
5  using System.Threading.Tasks;
6  namespace test2_15
7  {
8      class Program
9      {
10         static void Main(string[] args)
11         {
12             string s1, s2, s3;
13             int p1,p2;
14             s1 = "Microsoft Visual ";
15             s2 = "Studio";
16             Console.WriteLine("字符串 s1="+s1+"\n 字符串 s2="+s2);
17             p1=s1.Length;      //计算字符串 s1 的长度
18             s3 = s1.Insert(p1, s2);// 在字符串 s1 末端插入字符串 s2
19             Console.WriteLine("\n 在字符串 s1 末端插入字符串 s2: "+s3);
20             p2 = s2.Length;  //计算字符串 s2 的长度
21             s3 = s3.Remove(p1, p2); //删除新字符串 s3 的 Studio
22             Console.WriteLine("\n 删除新字符串 s3 的 Studio 结果为: " + s3);
23     }
```

```
24    }
25  }
```

步骤 3：保存程序，按 Ctrl+F5 组合键，运行结果如图 2.15 所示。

图 2.15　插入或删除字符串运行结果

2.7　实验一　数字加密游戏设计

【实验目的】
（1）掌握异或运算符实现对数字加密的方法。
（2）掌握数字加密游戏的设计方法。
（3）进一步熟悉 C#的语法、语句结构。
（4）掌握控制台应用程序的编写方法。

【实验内容】
通过某种特殊的方法更改已有信息的内容，使得未授权的用户虽然得到了加密信息，但若无正确的解密方法也无法得到信息的正确内容。实验的运算结果如图 2.16 所示

【实验环境】
操作系统：Windows 7/8/10（64 位）；Mac OS X 10.11及以上版本。

图 2.16　数字加密游戏的运算结果

处理器：4.0GHz 及以上。
内存：4GB 及以上。
GPU：有 DirectX 9（着色器模型 2.0）功能。

【实验步骤】
步骤 1：启动控制台。选择 Visual Studio 2019→"创建新项目"→"控制台应用（.NET Core）"，输入程序代码如下：

```
1   using System;
2   using System.Collections.Generic;
3   using System.Linq;
4   using System.Text;
5   using System.Threading.Tasks;
6   namespace Program3
7   {
8      class Program
9      {
10         static void Main(string[] args)
11         {
12          int Input_Num, Input_Key,Output_Num;
13    //定义 3 个整数变量分别用于存放输入转换后需加密的数值、密钥数值和加密后的数值
14          Console.WriteLine("请输入需加密的数值及密钥数值!");
15          if(int.TryParse(Console.ReadLine(),out Input_Num)&&int.TryParse(Console.
```

```
ReadLine(),out Input_Key))   //if 为条件分支结构,如果输入的数值和密钥都为整数,则输出加密后的结果,
否则提示"请输入整数数值!"
16              {
17                      Output_Num= Input_Num ^ Input_Key;  //数值与密钥进行位移运算与操作
18                      Console.WriteLine("加密后的数值为: " + Output_Num); //输出加密结果
19              }
20          else
21                  Console.WriteLine("请输入整数数值! ");
22          //如果输入的值为空或不是整数数值,则发出提示
23          }
24      }
25  }
```

步骤 2: 调试完善代码并运行。保存项目后按 **Ctrl+F5** 组合键运行,分别输入数值、空格、非整数,多次运行程序以检验程序的运行结果。

2.8 实验二 推箱子游戏设计

【实验目的】
(1)掌握数组的基本用法。
(2)掌握应用基本的编码设计解决实际问题的方法。
(3)进一步熟悉 C#的语法、语句结构。
(4)进一步掌握控制台应用程序的编写方法。

【实验内容】
设计一款经典的推箱子益智游戏。玩家通过键盘方向键(上、下、左、右键)的操作来控制小人推动箱子,同时,玩家需躲避障碍物以及死角才能将箱子推放到指定位置从而通关。如果玩家将箱子推入死角导致箱子无法移动或不能将箱子移动到指定位置则游戏失败。实验的运行结果如图 2.17 所示。

图 2.17 推箱子实验的运行结果

【实验环境】
操作系统: Windows 7/8/10(64 位); Mac OS X 10.11 及以上版本。
处理器: 4.0GHz 及以上。
内存: 4GB 及以上。
GPU: 有 DirectX 9(着色器模型 2.0)功能。

【实验步骤】
步骤 1: 游戏结构图设计。
制作一张 12 行×13 列的地图,代码如下:

```
int[,] map=new int[12,13]        //设计地图,其中 0 表示空地, 1 表示墙, 2 表示箱子, 3 表示人,
4 表示目标位置
            {
                    {0,0,0,0,0,1,1,1,1,1,1,1,0},
                    {0,0,0,0,0,1,0,0,1,0,0,1,0},
                    {0,0,0,0,0,1,0,0,2,2,0,1,0},
                    {1,1,1,1,1,1,0,2,1,0,0,1,0},
                    {1,4,4,4,1,1,1,0,1,0,0,1,1},
                    {1,4,0,0,1,0,0,2,0,1,0,0,1},
                    {1,4,0,0,0,0,2,0,2,0,2,0,1},
                    {1,4,0,0,1,0,0,2,0,1,0,0,1},
```

```
                    {1,4,4,4,1,1,1,0,1,0,0,1,1},
                    {1,1,1,1,1,1,0,2,0,0,0,1,0},
                    {0,0,0,0,0,1,0,3,1,0,0,1,0},
                    {0,0,0,0,0,1,1,1,1,1,1,1,0}
              };
```

步骤 2：实体转换设计。

将以上的数据转换为实体，即将 0 转换为空格，1 转换为实心方块，2 转换为空心方块，3 转换为小人，4 转换为空心星星，5 转换为实体星星和空心星星。代码如下：

```
1   for (int i = 0; i < 12; i++)
2   {
3       for (int j = 0; j < 13; j++)
4       {
5           if (map[i, j] == 0)
6           {
7               Console.Write(" ");
8           }
9           if (map[i, j] == 1)
10          {
11              Console.Write("□");
12          }
13          if (map[i, j] == 2)
14          {
15              Console.Write("□");
16          }
17          if (map[i, j] == 3)
18          {
19              Console.Write("♀");
20          }
21          if (map[i, j] == 4)
22          {
23              Console.Write("☆");
24          }
25          if (map[i, j] == 5)
26          {
27              Console.Write("★☆");
28          }
29          }
30          Console.WriteLine();
31      }
```

步骤 3："小人"移动设计。

因为坐标的交换，所以箱子向下移动了，同理，改变坐标可以实现小人向左、向下、向右移动。实现小人向下移动的坐标变换为 y+1，向左移动为 x-1，向右移动为 x+1。

```
1   int y = 10, x = 7;  //小人的初始坐标
2   ConsoleKeyInfo aj = Console.ReadKey();  //接收输入的按键
3   Console.Clear(); //清屏
4   //向上移动
5   if (aj.Key.ToString() == "UpArrow")
6   {
7    if (map[y - 1, x] == 0 || map[y - 1, x] == 4)//小人的下一个坐标为空地，进行移动
8       {
9           if (map0[y, x] == 4)//如果小人现在的坐标是目标点的坐标
10          {
```

```
11                      map[y - 1, x] = 3;
12                      map[y, x] = 4;
13                      y--;
14                  }
15              }
16      }
```

步骤 4：箱子的移动设计。

以向上移动箱子为例，其他方向的移动只需要改变坐标即可。

（1）判断小人前进方向的下一个坐标如果是空地，则下一个坐标值=3（小人），小人现在位置的值=0（空地），实现移动。

（2）判断小人前进方向的下一个坐标如果是墙，则使用 continue 跳过此次循环，即小人不动。

（3）判断小人前进方向的下一个坐标如果是箱子，则有如下结果。

① 箱子的下一个坐标如果是墙或者是箱子（未到达目标的箱子"□"或者是到达目标位置的箱子"★"，即值=2 或值=5），则使用 continue 跳过此次循环，即小人和箱子不动。

② 箱子的下一个坐标如果是空地，则箱子的下一个坐标值=2（箱子），箱子位置的值=3（小人），小人位置的值=0（空地）。

③ 箱子的下一个坐标如果是目标点，则箱子的下一个坐标值=5（完成），箱子位置的值=3（小人），小人位置的值=0（空地）。

（4）如果小人在目标点上行走，移动后，小人移动前的位置应该由小人变为目标点显示。可添加一个与地图一样新的地图（二维数组）map0，此地图中箱子和小人位置皆为空地（值=0），目的是判断小人移动前的位置是空地还是目标点。例如小人向上移动，移动后小人位置为 map[y-1,x]=3;，小人移动前位置变为：

```
1   map[y,x]=map0[y,x]//向上移动
2                   if (aj.Key.ToString() == "UpArrow")
3                   {
4                       if (map[y - 1, x] == 0 || map[y - 1, x] == 4)//小人的下一个
坐标为空地，进行移动
5                       {
6                           if (map0[y, x] == 4)//如果小人现在的坐标是目标点的坐标
7                           {
8                               map[y - 1, x] = 3;
9                               map[y, x] = 4;
10                              y--;
11                          }
12                          else//如果小人现在的坐标不是目标点的坐标
13                          {
14                              map[y - 1, x] = 3;
15                              map[y, x] = 0;
16                              y--;
17                          }
18                      }
19
20                      else if (map[y - 1, x] == 1)//小人的下一个坐标为墙，跳过此次循环
21                      { continue; }
22
23                      else if (map[y - 1, x] == 2 || map[y - 1, x] == 5)//小人
的下一个坐标为未到达目标的箱子或到达目标的箱子
24                      {
25                          if (map[y - 2, x] == 1 || map[y - 2, x] == 2 || map
```

```
[y - 2, x] == 5)//箱子的下一个目标为墙或空箱子或到达目标的箱子
26                          { continue; }
27                          else if (map[y - 2, x] == 0)//箱子的下一个目标为空地
28                          {
29                              if (map0[y, x] == 4)//如果小人现在的坐标是目标点的坐标
30                              {
31                                  map[y - 2, x] = 2;
32                                  map[y - 1, x] = 3;
33                                  map[y, x] = 4;
34                                  y--;
35                              }
36                              else//如果小人现在的坐标不是目标点的坐标
37                              {
38                                  map[y - 2, x] = 2;
39                                  map[y - 1, x] = 3;
40                                  map[y, x] = 0;
41                                  y--;
42                              }
43                          }
44                          else if (map[y - 2, x] == 4)//箱子的下一个目标为目标点
45                          {
46                              if (map0[y, x] == 4)//如果小人现在的坐标是目标点的坐标
47                              {
48                                  map[y - 2, x] = 5;
49                                  map[y - 1, x] = 3;
50                                  map[y, x] = 4;
51                                  y--;
52                              }
53                              else//如果小人现在的坐标不是目标点的坐标
54                              {
55                                  map[y - 2, x] = 5;
56                                  map[y - 1, x] = 3;
57                                  map[y, x] = 0;
58                                  y--;
59                              }
60                          }
61                      }
62                  }
```

推箱子游戏代码编写如下：

```
1  using System;
2  using System.Collections.Generic;
3  using System.Linq;
4  using System.Text;
5  using System.Threading.Tasks;
6  namespace tuixiangzi
7  {
8      class Program
9      {
10         static void Main(string[] args)
11         {
12             int[,] map = new int[12, 13]    //设计地图，其中 0 表示空地，1 表示墙，
2 表示箱子，3 表示人，4 表示目标
13             {
```

```
14                      //地图代码
15                  };
16              int[,] map0 = new int[12, 13]
17              {
18                  //地图代码
19              };
20              //小人的初始坐标
21              int y = 10, x = 7;
22          //让小人动起来（用方向键控制），即改变小人的坐标位置，与下一个坐标内容互换，如果指
定方向的下一个坐标是 1（面对墙），小人坐标不变（if 进行判断）
23              //for 循环中控制，清屏后输出新位置
24              for ( ; ; )
25              {
26                  //输出新地图
27                  for (int i = 0; i < 12; i++)
28                  {
29                      //实体转换代码
30                  }
31                  ConsoleKeyInfo aj = Console.ReadKey(); //接收输入的按键
32                  Console.Clear();  //清屏
33                  //向上移动
34                  if (aj.Key.ToString() == "UpArrow")
35                  {
36                      if (map[y - 1, x] == 0 || map[y - 1, x] == 4)//小人的
下一个坐标为空地，进行移动
37                      {
38                          if (map0[y, x] == 4)//如果小人现在的坐标是目标点的坐标
39                          {
40                              map[y - 1, x] = 3;
41                              map[y, x] = 4;
42                              y--;
43                          }
44                          else//如果小人现在的坐标不是目标点的坐标
45                          {
46                              map[y - 1, x] = 3;
47                              map[y, x] = 0;
48                              y--;
49                          }
50                      }
51                      else if (map[y - 1, x] == 1)//小人的下一个坐标为墙，跳过
此次循环
52                      { continue; }
53
54                      else if (map[y - 1, x] == 2 || map[y - 1, x] == 5)
//小人的下一个坐标为未到达目标的箱子或到达目标的箱子
55                      {
56                          if (map[y - 2, x] == 1 || map[y - 2, x] == 2 ||
map[y - 2, x] == 5)//箱子的下一个目标为墙或空箱子或到达目标的箱子
57                          { continue; }
58                          else if (map[y - 2, x] == 0)//箱子的下一个目标为空地
59                          {
```

47

```
60                                        if (map0[y, x] == 4)//如果小人现在的坐标是目标
点的坐标
61                                        {
62                                            map[y - 2, x] = 2;
63                                            map[y - 1, x] = 3;
64                                            map[y, x] = 4;
65                                            y--;
66                                        }
67                                        else//如果小人现在的坐标不是目标点的坐标
68                                        {
69                                            map[y - 2, x] = 2;
70                                            map[y - 1, x] = 3;
71                                            map[y, x] = 0;
72                                            y--;
73                                        }
74                                    }
75                                    else if (map[y - 2, x] == 4)//箱子的下一个目标为目标点
76                                    {
77                                        if (map0[y, x] == 4)//如果小人现在的坐标是目标点的坐标
78                                        {
79                                            map[y - 2, x] = 5;
80                                            map[y - 1, x] = 3;
81                                            map[y, x] = 4;
82                                            y--;
83                                        }
84                                        else//如果小人现在的坐标不是目标点的坐标
85                                        {
86                                            map[y - 2, x] = 5;
87                                            map[y - 1, x] = 3;
88                                            map[y, x] = 0;
89                                            y--;
90                                        }
91                                    }
92                                }
93                            }
94              //向下移动
95              if (aj.Key.ToString() == "DownArrow")
96              {
97                  //向下移动代码
98              }
99              //向左移动
100             if (aj.Key.ToString() == "LeftArrow")
101             {
102                 //向左移动代码
103             }
104             //向右移动
105             if (aj.Key.ToString() == "RightArrow")
106             {
107                 //向右移动代码
108             }
109         }
110
111     }
```

```
112    }
113  }
```
完整代码可下载配套资源查看。

本章小结

　　本章主要对数据类型进行了说明，同时对数据类型之间的转换进行了详细阐述，并对常量与变量、运算符及表达式，数组和字符串进行了说明和举例，最后综合应用所学知识，使用 C# 脚本语言完成了两个控制台游戏编程。

习题

一、选择题

1. C#语言的值类型包括基本值类型、结构类型和（　　　）。

　　A. 整数类型　　　　　　B. 类类型　　　　　　　C. 枚举类型　　　　　　D. 小数类型

2. 在 C#中无须编写任何代码就能将 int 型数值转换为 double 型数值，称这种转换方法为（　　　）。

　　A. 显式转换　　　　　B. 数据类型转换　　　C. 变换　　　　　　　D. 隐式转换

3. 定义一个 3 行 2 列的二维整型数组，以下定义语句正确的是（　　　）。

　　A. int[ ]arr=new int[3,2];　　　　　　　　B. int[ ]arr=int new[3,2];

　　C. int[,]arr=new int[3,2];　　　　　　　　D. int[,]arr=new int[3;2];

二、填空题

1. C#中的三目运算符是＿＿＿＿＿＿＿＿＿＿＿。

2. 元素类型为 double 的 3 行 2 列的二维数组共占用＿＿＿＿＿＿＿字节的存储空间。

3. 运行以下程序，最终输出结果为＿＿＿＿＿＿＿＿＿＿＿。

```
string s1, s2, s3;
int p1;
s1 = "Hello World! ";
s2 = "Lucy";
p1=s1.Length;
s3 = s1.Insert(p1-6, s2);
Console.WriteLine(s3);
```

三、编程题

1. 创建控制台应用程序，输入一个圆的半径值，输出圆的面积。

2. 创建控制台应用程序，在数组中输入 10 个随机的两位数整数，输出最大值。

3. 创建控制台应用程序，先在字符串"今天的天空晴朗"中插入"空气很清新"，再在组成的新字符串中删除"新"。

03 第 3 章　流程控制

【学习目的】
- 掌握程序控制的结构。
- 掌握条件语句及使用方法。
- 掌握循环语句及使用方法。
- 了解跳转语句及使用方法。

本章主要讲解结构化程序的 3 种结构和程序执行过程中使用的控制语句。

3.1　流程控制的基础知识

程序设计算法是计算机的灵魂，计算机程序执行的控制流程有 3 种基本的控制结构，即顺序结构、分支结构、循环结构。基础语句是完成一次完整操作的基本单位，默认情况下，程序的语句是按照顺序执行的。在 C# 中有很多其他流程控制语句，如分支结构和循环结构等控制语句，通过这些语句可以控制程序代码的执行次序。结构化的程序设计容易理解、容易测试，也容易修改，正确使用这些结构将有助于设计出高度结构化的程序，提高程序的灵活性，从而实现比较复杂的功能。

1. 顺序结构

顺序结构是指程序执行过程中程序流程按语句顺序依次执行、不发生转移的程序结构，如图 3.1 所示。

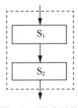

图 3.1　顺序结构

2. 分支结构

分支结构体现了程序的判断能力，能在程序执行中根据某些条件是否成立，从若干条语句或语句组中选择一条或一组来执行。

分支结构有两路分支结构和多路分支结构，两路分支结构可用 if 语句实现，多路分支结构可用嵌套的 if 语句和 switch 语句实现。

（1）两路分支结构。在两种可能的操作中按条件选取一个执行的结构称为两路分支结构，如图 3.2 所示。

（2）多路分支结构。在多种可能的操作中按条件选取一个执行的结构称为多路分支结构，如图 3.3 所示。

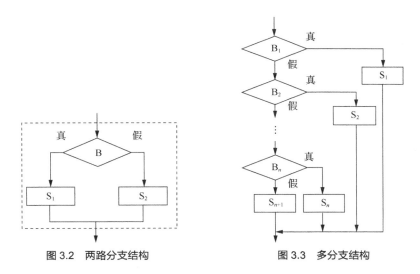

图 3.2　两路分支结构　　　　　　　　图 3.3　多分支结构

3. 循环结构

在程序设计中，某些程序段通常需要重复执行若干次，这样的程序结构称为循环结构。

C#中实现循环结构的语句包括 while、do…while、for 和 foreach 语句。循环结构有两种形式，即当型循环结构和直到型循环结构，如图 3.4 和图 3.5 所示。

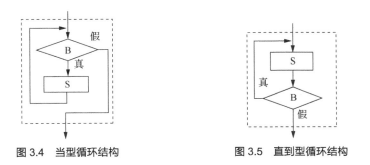

图 3.4　当型循环结构　　　　　　　图 3.5　直到型循环结构

（1）当型循环结构。

当条件成立时，重复执行一个操作直到条件不成立为止的结构称为当型循环结构。在图 3.4 所示的流程图中，当条件 B 成立（为"真"）时，重复执行 S 程序段，直到条件 B 不成立（为"假"）时才停止执行 S 程序段，转而执行其他程序段。

（2）直到型循环结构。

重复执行一个操作，直到条件不成立为止的结构称为直到型循环结构。在图 3.5 中，先执行 S 程序段，再判断条件 B 是否成立，若条件 B 成立（为"真"），再执行 S 程序段。如此重复，直到条件 B 不成立（为"假"）时停止执行 S 程序段，转而执行其他程序段。

3.2　条件语句

C#程序在默认情况下，语句按照自上而下的顺序逐行执行，当完成某些功能时，需要改变语句的执行顺序，所以需要使用条件语句。条件语句是程序设计过程中一种常见的结构，例如用户登录、条件判断等都需要用到条件结构。C#中的条件语句主要包括 if 语句和 switch 语句两种。

3.2.1 if 语句

if 语句是常用的条件语句。它在条件成立时（也就是 true 时）执行一些指定的操作，而在条件不成立的时候（为 false 时）执行另外一些操作。它主要有以下 3 种形式：

- if 语句；
- if...else 语句；
- if...else if...else 多分支语句。

1. if 语句

在 C#语言中，用 if 语句实现单分支选择结构，其最简单的语句格式如下：

```
if (表达式)
    {
        语句块；
    }
```

执行过程：首先计算表达式的值，当表达式的值为 true 时，执行后面的语句，否则不执行语句。

（1）表达式必须用 "()" 标注，括号不能省略。

（2）表达式可以是一个单纯的布尔变量或常量，也可以是关系表达式或逻辑表达式。

（3）语句只能是单个语句或复合语句，如果是复合的多条语句，应用 "{" 和 "}" 标注，使之成为语句块。如果没有 "{}"，if 的有效范围为表达式后的第一条语句。

【例 3.1】 输入两个整数 a 和 b，比较 a 和 b 的大小并输出最大值。

设计思路：首先定义 3 个整型变量，用来存放数字；然后用 if 语句比较 a 和 b 的大小，将比较结果保存在 max 中；最后输出结果。

代码如下：

```
1  using System;
2  using System.Collections.Generic;
3  using System.Linq;
4  using System.Text;
5  using System.Threading.Tasks;
6  namespace test3_1
7  { class Program
8    { static void Main(string[] args)
9        { int a, b, max;  // 定义 3 个变量，用来存放输入数字
10           Console.Write("input a: ");//输入数字 a
11           a = Convert.ToInt32(Console.ReadLine());//把输入的数据转换为 int 类型数据
12           Console.Write("input b: ");//输入数字 b
13           b = Convert.ToInt32(Console.ReadLine());//把输入的数据转换为 int 类型数据
14           max = a;
15           if (b > max)
16               max = b;  //用 if 语句比较 a 和 b 的大小，将比较结果保存在 max 中
17           Console.WriteLine("Max(a,b): " + max);  //输出结果
```

```
18          }
19      }
20  }
```

按 Ctrl+F5 组合键，执行结果如下：

```
Input a: 3
Input b: 5
Max(a,b): 5
```

2. if…else 语句

在 C#语言中，如果遇到二选一的条件，则用 if…else 语句实现双分支选择结构，语句格式如下：

```
if (表达式)
  {
     语句块 1；
  }
else
  {
     语句块 2；
  }
```

执行过程：当表达式的值为 true 时，执行语句块 1，否则执行语句块 2。

【例 3.2】 输入两个整数 a 和 b，比较 a 和 b 的大小并输出最大值。

设计思路：首先定义 3 个整型变量，用来存放数字；然后用 if…else 语句比较 a 和 b 的大小，当 a>b 成立时，max 等于 a 的值，反之，max 等于 b 的值；最后输出结果。

代码如下：

```
1  using System;
2  using System.Collections.Generic;
3  using System.Linq;
4  using System.Text;
5  using System.Threading.Tasks;
6  namespace test3_2
7  {class Program
8      { static void Main(string[] args)
9          { int a, b, max; //定义 3 个整型变量，用来存放数字
10              Console.Write("input a: "); //输入数字 a
11              a = Convert.ToInt32(Console.ReadLine()); //把输入的数据转换为 int
类型数据
12              Console.Write("input b: "); //输入数字 b
13              b = Convert.ToInt32(Console.ReadLine());
14          if (a > b)   max = a; //用 if…else 语句比较 a 和 b 的大小
15          else max = b; //当 a>b 成立时，max 等于 a 的值，反之不成立时，max 等于 b 的值
16          Console.WriteLine("Max(a,b): " + max); }
17      }
18  }
```

按 Ctrl+F5 组合键，执行结果如下：

```
Input a: 3
Input b: 5
Max(a,b): 5
```

3. if…else if…else 语句

在 C#语言中，如果需要针对某一事件的多种情况进行处理，则用 if…else if…else 语句实现多分支选择结构，语句格式如下：

语句格式：

```
if (表达式 1)
    { 语句块 1 }
else if (表达式 2)
{ 语句块 2 }
 ......
else if (表达式 n-1)
{    语句块 n-1 }
else
{    语句块 n    }
```

执行过程：首先判断表达式 1 的值是否为 true，如果为 true，就执行语句块 1，如果为 false，则继续判断表达式 2 的值是否为 true；如果表达式 2 的值为 true，就执行语句块 2，否则继续判断表达式 3 的值……，依此类推，直到找到一个表达式的值为 true 并执行后面的语句块。如果所有表达式的值为 false，则执行 else 后面的语句块 n。

【例 3.3】 根据下列分段函数编写程序，输入 x，输出 y。

$$y = \begin{cases} x+1, & x < 0 \\ x^2 - 5, & 0 \leq x < 10 \\ x^3, & x \geq 10 \end{cases}$$

设计思路：首先定义两个浮点型变量，用来存放数字；然后用 if…else if…else 语句判断输入 x 的值的所在区间；再根据不同判断结果，分别执行不同的表达式；最后输出结果。

代码如下：

```
1  using System;
2  using System.Collections.Generic;
3  using System.Linq;
4  using System.Text;
5  using System.Threading.Tasks;
6  namespace test3_3
7  {
8      class Program
9      {
10         static void Main(string[] args)
11         {    float x, y;  //定义两个浮点型变量，用来存放数字
12             Console.Write("Input x: ");
13             x = Convert.ToSingle(Console.ReadLine());//把输入的数据转换为 Single
类型数据
14             if (x < 0)  //用 if…else if…else 语句判断输入 x 的值在数值的区间
15             y = x + 1; //根据不同判断结果，分别执行不同的表达式
16             else if (x < 10)
17              y = x * x - 5;
18             else
19              y = x * x * x;
20         Console.WriteLine("y=" + y);    }
21     }
22     }
```

按 Ctrl+F5 组合键，执行结果如下：

```
Input x: 3
 y=4
```

3.2.2　if 语句的嵌套

前面讲过 3 种形式的 if 语句，这 3 种语句之间可以进行相互嵌套。嵌套是指在一个 if 语句中又包含一个或多个 if 语句。

语句格式为：

```
if (布尔表达式1)
    if (布尔表达式2)
        {    语句块1    }
    else
        {    语句块2    }
else
    if (布尔表达式3)
        {    语句块3    }
    else
        {    语句块4    }
```

【例 3.4】 根据下列分段函数编写程序，输入 x，输出 y。

$$y = \begin{cases} x+1, & x < 0 \\ x^2-5, & 0 \leqslant x < 10 \\ x^3, & x \geqslant 10 \end{cases}$$

设计思路：首先定义两个浮点型变量，用来存放数字；然后用双重嵌套 if…else 语句判断输入 x 的值在数值的区间；再根据不同判断结果，分别执行不同的表达式；最后输出结果。

代码如下：

```
1  using System;
2  using System.Collections.Generic;
3  using System.Linq;
4  using System.Text;
5  using System.Threading.Tasks;
6  namespace test3_4
7  {
8    class Program
9    {
10       static void Main(string[] args)
11       { float x, y;                //定义两个浮点型变量，用来存放数字
12           Console.Write("Input x: ");
13           x = Convert.ToSingle(Console.ReadLine());//把输入的数据转换为 Single 类型
14           if (x >= 0)             //用双重嵌套 if…else 语句判断输入 x 的值的区间
15         if (x >= 10)        //根据不同判断结果，分别执行不同的表达式
16               y = x * x * x;
17           else
18             y = x * x - 5;
19           else
20             y = x + 1;
21           Console.WriteLine("y=" + y);
22       }
23    }
24  }
```

按 Ctrl+F5 组合键，执行结果如下：

```
Input x: -3
y=-2
```

执行过程：使用 if 语句嵌套时，应当注意 else 与 if 的配对关系。配对的规则是 else 总是与其前面最近的还没有配对的 if 进行配对，除非用花括号表示出其他可选择的 if。

例如：

```
if (布尔表达式1)
    if (布尔表达式2)
        {        语句块1        }
    else
        {        语句块2        }
```

等价于：

```
if (布尔表达式1 )
{
    if (布尔表达式2 )
        {        语句块1        }
    else
        {        语句块2        }
}
```

如果要改变这种约定，希望 else 与第一个 if 配对，则应用花括号构成复合语句。

例如：

```
if (布尔表达式1 )
{
  if (布尔表达式2 )
        {  语句块1  }
}
else
    { 语句块2  }
}
```

此时，else 与第一个 if 配对。

3.2.3　switch 语句

在 C#语言中还可以通过 switch 语句实现多分支条件判断。switch 语句是根据参数的值使程序从多个分支中选择一个用于执行的分支，其语法格式为：

```
switch(表达式)
{
    case    常量值1：语句1；
            [break;]
    case    常量值2：语句2；
            [break;]
    ...
    case    常量值 n：语句 n；
            [break;]
    [default: 语句块 n+1; [break;]]
}
```

执行过程：首先计算表达式的值，然后依次将表达式的值与 case 后常量值 1,常量值 2,…,常量值 n 进行比较，若表达式的值与某个 case 后面的常量值相等，就执行此 case 后面的语句，直到碰上 break 或者 switch 语句结束。break 语句的作用就是中断当前的匹配过程，跳出 switch 语句；如果没有 break 语句，则匹配的过程会一直持续到整个 switch 语句结束。若表达式的值与所有 case 后面的常量值都不相同，则执行 default 后面的"语句块 $n+1$"，执行后退出 switch 语句。

（1）条件表达式与常量值只能是整数类型、字符类型或枚举类型表达式。

（2）每个 case 后面的常量值不可以相同，从而保证分支选择的唯一性。

（3）一个 case 后的语句块可以有多条语句，程序自动顺序执行 case 后的所有语句，不必使用花括号{}标注；一个 case 后面也可以没有任何语句。

（4）case 语句和 default 语句的顺序可以改变，不会影响程序的运行结果。一般情况下将 default 语句放到 case 语句的后面。

（5）任一 switch 语句均可用 if 条件语句来实现，但并不是任何 if 条件语句均可用 switch 语句来实现，这是由于 switch 语句限定了表达式的取值类型，而且 switch 语句也只能做"值是否相等"的判断，不能在 case 语句中使用条件。

（6）一个 switch 语句中只能有一个 default 语句，而且 default 语句可以省略。当 default 语句省略后，如果 switch 后面的表达式值与任一常量表达式都不相等，将不执行任何语句，会直接退出 switch 语句。

【例 3.5】 输入 0~6 的整数，将其转换成对应的星期几。

设计思路：首先定义一个整型变量 day，用来存放数据；然后设定输入值为 0~6；再通过 switch 语句，case 的值对应不同的星期几。

代码如下：

```
1  using System;
2  using System.Collections.Generic;
3  using System.Linq;
4  using System.Text;
5  using System.Threading.Tasks;
6  namespace test3_5
7  { class Program
8    { static void Main(string[] args)
9  {int day;      //定义一个整型变量 day，用来存放数据
10        Console.Write("Input an integer(0-6): "); //设定输入值范围为 0~6
11        day = Convert.ToInt32(Console.ReadLine());  //把输入的数据转换为 int 类型
12        switch (day)          //通过 switch 语句，case 的值对应不同的星期几
13            { case 0: Console.WriteLine("Today is Sunday.");
14                  break;
15            case 1: Console.WriteLine("Today is Monday.");
16                  break;
17            case 2: Console.WriteLine("Today is Tuesday.");
18                  break;
19            case 3: Console.WriteLine("Today is Wednesday.");
20                  break;
21            case 4: Console.WriteLine("Today is Thursday.");
22                  break;
23            case 5: Console.WriteLine("Today is Friday.");
24                  break;
25            case 6: Console.WriteLine("Today is Saturday.");
26                  break;
27             default:
28                  Console.WriteLine("Input data error.");
29                  break;
30            }
```

```
31              }
32          }
33      }
```

按 Ctrl+F5 组合键，执行结果如下：

```
Input : 3
 day=Today is Wednesday.
```

3.3 循环语句

C#语言中的循环语句可以反复执行某段代码，直到不满足循环条件为止。循环语句包括 4 个要素：初始条件、循环条件、状态改变、循环体。

- 初始条件：循环最开始的状态。
- 循环条件：在什么条件下进行循环，若不满足此条件，则循环终止。
- 状态改变：改变循环变量值，使其最终不满足循环条件，从而停止循环。
- 循环体：要反复执行的某段代码。

当程序要反复执行某一操作时，就必须使用循环结构，例如遍历二叉树、输出数组元素等。C#中的循环语句主要包括 while 语句、do…while 语句和 for 语句。

3.3.1 while 语句

while 语句实现的循环是当型循环，该类循环先测试循环条件再执行循环体。while 语句的语法格式如下：

```
while  (表达式)
 {
   语句块；
 }
```

执行过程：首先计算 while 后面括号内表达式的值，当表达式的值为 true 时执行循环体中的语句；然后检查表达式的值，再执行循环，直到表达式的值为 false 时结束循环，执行循环后面的语句。其特点是"先判断，后执行"。

（1）表达式称为循环条件表达式，一般为关系表达式或逻辑表达式，必须用 "( )" 标注。

（2）语句块称为循环体，可以是单个语句或复合语句，复合语句应该用花括号标注。

（3）在循环体中应有使循环结束的语句，即能够使表达式的值由 true 变为 false 的语句，否则会形成"死循环"。

（4）由于先判断条件，也许第一次测试条件时，表达式的值就为 false，在这种情况下循环体将一次也不执行。

【例 3.6】 用 while 语句求 $S=1+2+3+4+\cdots+n$ 的累加和。

设计思路：首先定义 3 个整型变量，用来存放数据，sum 的初始值为 0；然后用 while 语句求累加和，设置 i 的初始值为 1，当 i 小于输入数据 n 时，i 不断执行累加，直到等于 n 为止；最后将累加结果赋值给 sum。代码如下：

```
1  using System;
2  using System.Collections.Generic;
3  using System.Linq;
4  using System.Text;
```

```
5  using System.Threading.Tasks;
6  namespace test3_6
7  { class Program
8    {  static void Main(string[] args)
9      {  int i, n, sum; //定义 3 个整型变量, 用来存放数据
10        Console.Write("Input an integer (n):");
11        n = Convert.ToInt32(Console.ReadLine());//把输入的数据转换为 int 类型数据
12        sum = 0;
13        i = 1;  //用 while 语句求累加和, 设置 i 初始值为 1
14        while (i <= n)  //当 i 小于输入数据 n 时, i 不断累加赋值给 sum, 直到等于 n 为止
15           { sum = sum + i;  //重复不断累加结果并赋值给 sum
16                i++;  }
17        Console.WriteLine("sum(1~n) = " + sum);
18        }
19    }
20  }
```

按 **Ctrl+F5** 组合键, 执行结果如下:
```
Input an integer ( n ) :100
sum(1~n) = 5050
```

3.3.2 do…while 语句

do…while 语句实现的循环是直到型循环, 该类循环先执行循环体, 再测试循环条件。do…while 语句的格式如下:
```
do
{
   语句块
}
while (表达式);
```

执行过程: 首先执行循环体内的语句, 再对 while 后面的表达式进行判断, 如果表达式的值为 true, 就再执行循环体内的语句……, 如此循环, 直到表达式的值为 false 时结束循环, 执行循环后面的语句。其特点是"先执行, 后判断"。

（1）表达式称为循环条件表达式, 一般为关系表达式或逻辑表达式, 必须用"( )"标注。

（2）语句块称为循环体, 可以是单个语句或复合语句, 复合语句应该用花括号标注。

（3）do…while 语句以分号结束。

（4）执行 do…while 语句时, 无论一开始表达式的值是 true 还是 false, 循环体内的语句都至少执行一次。

【例 3.7】 用 do…while 语句求 $S=1+2+3+4+\cdots+n$ 的累加和。

设计思路: 首先定义 3 个整型变量, 用来存放数据, sum 的初始值为 0; 然后用 do…while 语句求累加和, 设置 i 的初始值为 1, 当 i 小于输入数据 n 时, i 不断累加, 直到等于 n 为止, 最后将累加结果赋值给 sum。

代码如下:
```
1  using System;
2  using System.Collections.Generic;
3  using System.Linq;
4  using System.Text;
```

```
5   using System.Threading.Tasks;
6   namespace test3_7
7   {
8     class Program
9     {
10        static void Main(string[] args)
11        {    int i, n, sum ;   //定义3个整型变量，用来存放数据
12             Console.Write("Input an integer (n):");
13             n = Convert.ToInt32(Console.ReadLine());//把输入的数据转换为int类型数据
14             sum = 0;
15             i = 1;
16             do
17             { sum = sum + i;
18               i++;
19                 } while (i <= n);
20               Console.WriteLine("sum(1~n) = " + sum);
21        }
22     }
23   }
```

按 Ctrl+F5 组合键，执行结果如下：

```
Input an integer ( n ) :100
sum(1~n) = 5050
```

3.3.3　for 语句

　　for 语句是 C#中较常用、较灵活的一种结构，for 语句既能用于循环次数已知的情况，又能用于循环次数未知的情况。for 语句能将循环变量初始化、循环条件以及循环变量的改变都放在同一行语句中。for 语句的语法格式如下：

```
for  (表达式1;表达式2;表达式3)
  {
      语句块
  }
```

　　执行过程：第一步计算表达式 1 的值；第二步计算表达式 2 的值，若表达式 2 的值为 true，则执行循环体内的语句块，若表达式 2 的值为 false，则结束循环；第三步计算表达式 3 的值，返回第二步继续执行。

　　for 语句和下列 while 语句等效：

```
表达式1;
while  (表达式2)
{
  语句块
  表达式3;
}
```

说明

（1）表达式 1 称为循环初始化表达式，通常为赋值表达式，简单情况下为循环变量赋初值。

（2）表达式 2 称为循环条件表达式，通常为关系表达式或逻辑表达式，简单情况下为循环结束条件。

（3）表达式 3 称为循环变量表达式，通常为赋值表达式，简单情况下为循环变量的改变。

（4）语句块部分为循环体，它可以是单个语句或复合语句。

【例 3.8】　用 for 语句求累加和：$S=1+2+3+4+\cdots+n$。

设计思路：首先定义 3 个整型变量，用来存放数据；然后用 for 语句求累加和，设置 i 的初始值为 1，当 i 小于输入数据 n 时，i 不断执行累加，直到等于 n 为止，最后将累加结果赋值给 sum。

代码如下：

```
1  using System;
2  using System.Collections.Generic;
3  using System.Linq;
4  using System.Text;
5  using System.Threading.Tasks;
6  namespace test3_8
7  {
8   class Program
9    {
10      static void Main(string[] args)
11      {
12        int i, n, sum;
13        Console.Write("Input an integer (n):");
14        n = Convert.ToInt32(Console.ReadLine());
15        sum = 0;
16       //用 for 语句求累加和，设置 i 初始值为 1，当 i 小于输入数据 n 时
17       //i 不断执行累加，直到等于 n 为止，将累加结果赋值给 sum
18        for (i = 1; i <= n; i++)
19        {
20          sum += i;
21         }
22        Console.WriteLine("sum(1～n) = " + sum);
23      }
24    }
25  }
```

按 Ctrl+F5 组合键，执行结果如下：
```
Input an integer ( n ) :100
sum(1～n) = 5050
```

3.3.4　3 种循环语句的比较

（1）while 与 for 语句为先判断后执行（当型：可能一次也不执行循环体）；do…while 语句是先执行后判断（直到型：循环体至少执行一次）。

（2）3 种语句都在循环条件为真时执行循环体，为假时结束循环。

（3）在循环体至少执行一次的情况下，3 种循环语句构成的循环结构可以相互转换。

实际上，用得最多的是 for 语句，其次是 while 语句，而 do…while 语句相对于前两种语句则用得较少。

循环语句中又包含循环语句的结构称为循环语句的嵌套。循环语句的嵌套又称多重循环。当一个循环语句的循环体中只包含一层循环语句时，称其为双重循环；当第二层循环语句的循环体中还包含一层循环语句时，称其为三重循环，依此类推，可以有多重循环。3 种循环语句可以互相嵌套。

3.4　跳转语句

在使用循环语句时，只有循环条件表达式的值为假时才能结束循环。如果想要提前中

断循环，需要添加跳转语句。跳转语句用于改变程序的执行流程，将执行流程转移到指定之处。

跳转语句主要用于无条件地转移控制，即无条件地从程序的循环语句中跳出。跳转语句主要包括 break 语句、continue 语句和 goto 语句。

3.4.1 break 语句

break 语句在前面介绍 switch 时已经用过，它用来跳出程序的循环语句。在执行循环时，有时需要在循环体执行到一半时就退出循环，此时可以使用跳转语句 break。break 语句的语法格式如下：

```
break;
```

执行过程：在循环体中遇到 break 语句就终止对循环的执行，程序会直接跳转到当前循环语句的下一语句并执行该语句。

（1）break 语句用于终止最内层的 while、do...while、for 和 switch 语句的执行。

（2）一般在循环体中并不直接使用 break 语句。break 语句通常都会和 if 语句搭配使用，表示在某条件下退出循环。

【例 3.9】 判断一个整数是否为素数。

所谓素数，指整数在一个大于 1 的自然数中，除了 1 和整数自身外，不能被其他自然数整除的数。换句话说，只有两个正因数（1 和自身）的自然数即素数。

设计思路：首先定义两个整型变量，用来存放数据；然后用 for 语句，设置 i 的初始值为 2，当 i 小于输入数据 n 时，i 进行累加，且执行 if 语句；如果输入的数据 n 取余 i 等于 0，则停止循环，判断该数不是素数；如果 i 等于 n，则判断该数为素数。

代码如下：

```
1  using System;
2  using System.Collections.Generic;
3  using System.Linq;
4  using System.Text;
5  using System.Threading.Tasks;
6  namespace test3_9
7  { class Program
8   {static void Main(string[] args)
9     { int n, i;
10     Console.Write("input an integer: ");
11     n = Convert.ToInt32(Console.ReadLine());
12     for (i = 2; i < n; i++)
13      { if (n % i == 0)
14        { break; }
15       }
16      { if (i == n)
17        Console.WriteLine("{0} is a prime number.", n);
18        else
19        Console.WriteLine("{0} is not a prime number.", n);}
20     }
21   }
22  }
```

按 Ctrl+F5 组合键，执行结果如下：

```
input an integer :37
```

37 is a prime number.

3.4.2 continue 语句

continue 语句称为接续语句, 它通常专用于循环结构中, 表示本次循环结束, 开始下一次循环。continue 语句的语法格式如下:

continue;

执行过程: 在循环体中遇到 continue 语句后, 程序会停止当前进行的循环, 并把控制返回到当前循环的顶部, 接着再进行一次循环条件判断, 以便进行下一次循环。

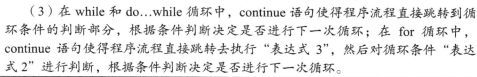

（1）与 break 语句不同的是, continue 语句不是终止整个循环的执行, 仅是终止当前循环的执行。

（2）一般在循环体中并不直接使用 continue 语句, continue 通常都和一个 if 语句配合使用, 在循环体中测试某个条件是否满足。如果 if 语句的条件成立, 则执行 continue 语句, 结束本次循环的执行, 进入下一次循环。

（3）在 while 和 do...while 循环中, continue 语句使得程序流程直接跳转到循环条件的判断部分, 根据条件判断决定是否进行下一次循环; 在 for 循环中, continue 语句使得程序流程直接跳转去执行 "表达式 3", 然后对循环条件 "表达式 2" 进行判断, 根据条件判断决定是否进行下一次循环。

【例 3.10】 求整数 1~100 的累加和, 但要求跳过所有个位数为 3 的数。

设计思路: 首先定义 sum 整型变量初始值为 0; 然后用 for 语句, 设置 i 的初始值为 1, 当 i 小于 100 时, i 执行累加, 执行 if 语句; 如果输入的数据对 10 取余等于 3, 即跳出本次循环; 跳出本次循环后, 继续执行下次循环; 最后输出结果。

代码如下:

```
1  using System;
2  using System.Collections.Generic;
3  using System.Linq;
4  using System.Text;
5  using System.Threading.Tasks;
6  namespace test3_10
7  {
8    class Program
9    {
10       static void Main(string[] args)
11       {
12            int sum = 0;
13            for (int i = 1; i <= 100; i++)
14            {
15                 if (i % 10 == 3)
16                 continue;
17                 sum += i;
18            }
19            Console.WriteLine("sum={0}", sum);
20       }
21    }
22  }
```

按 Ctrl+F5 组合键, 执行结果如下:

sum=4570

3.4.3　goto 语句

goto 语句是无条件跳转语句，使用 goto 语句，可以使程序跳转到内部的任何一条语句。goto 语句的语法格式如下：

```
goto 标识符;
```

执行过程：在循环体中遇到 goto 语句后，程序会跳转到 goto 语句后面的标识符所指定的语句并执行该语句。

说明　　　goto 语句后的标识符是某条语句的标号，标号可以出现在任何可执行语句的前面，并且以 ":" 做后缀。

【例 3.11】　通过 goto 语句实现 1~100 自然数的累加，代码如下：

```
1  using System;
2  using System.Collections.Generic;
3  using System.Linq;
4  using System.Text;
5  using System.Threading.Tasks;
6  namespace test3_11
7  {
8    class Program
9    {
10       static void Main(string[] args)
11       {
12           int i = 0;            //定义一个整型变量，初始化为 0
13           int sum = 0;          //定义一个整型变量，初始化为 0
14       label:                    //定义一个标签
15           i++;                  //i 自加 1
16           sum += i;             //累加求和
17           if (i<100)            //判断 i 是否小于 100
18           {
19               goto label;       //小于 100 转向标签 label
20           }
21           Console.WriteLine("1~100 的累加结果是: " + sum);
22           Console.ReadLine();
23       }
24    }
25  }
```

按 Ctrl+F5 组合键，执行结果如下：

```
1~100 的累加结果是: 5050
```

3.5　实验一　绘制彩虹圆饼

【实验目的】

熟悉和掌握流程控制语句的应用。

【实验内容】

绘制一个彩虹圆饼。可使用 DrawEllipse()方法绘制自定义圆，用 getRandomColor()方法随机获取 256 种颜色，完成彩虹圆饼的绘制。

【实验环境】

操作系统：Windows 7/8/10（64 位）；Mac OS X 10.11 及以上版本。

处理器：4.0GHz 及以上。

内存：4GB 及以上。

GPU：有 DirectX 9（着色器模型 2.0）功能。

【实验步骤】

步骤 1：打开 Visual Studio 2019 开发环境，创建一个 Windows 窗体应用程序，命名为画圆。

步骤 2：打开工具箱，拖曳一个 button 按钮到"Form1"窗口上，改名为"画圆"，如图 3.6 所示。

图 3.6　画圆的 Windows 窗体应用程序

步骤 3：双击"画圆"按钮，编写代码如下。

```
1  using System;
2  using System.Collections.Generic;
3  using System.ComponentModel;
4  using System.Data;
5  using System.Drawing;
6  using System.Linq;
7  using System.Text;
8  using System.Threading.Tasks;
9  using System.Windows.Forms;
10 namespace aaa
11 { public partial class Form1 : Form
12   {  public Form1()
13      {
14          InitializeComponent();
15      }
16   Random random = new Random();//建立一个对象，可以生产随机数的对象
17   Color getRandomColor() //用来随机获取颜色
18   {  return Color.FormArgb(//获取红、绿、蓝 3 种颜色的值
19          random.Next(256),//随机抽取红色
20          random.Next(256),//随机抽取绿色
```

```
21                    random.Next(256)//随机抽取蓝色
22                    );
23        }
24    private void button1_Click(object sender, EventArgs e)
25    {        Graphics g = this.CreateGraphics();//绘制接口
26        int x = this.Width / 2;
27        int y = this.Height / 2;
28    for (int r = 1; r <= 100; r++)
29        {
30                    g.DrawEllipse(              //绘制一个由边框定义的圆
31                        new Pen(getRandomColor(), 2),//新建画笔
32                        x - r, //边框左上角 X 轴坐标
33                        y - r,// 边框左上角 Y 轴坐标
34                        2 * r,//边框长度
35                        2 * r//边框宽度
36                    );
37        }
38        g.Dispose();
39    }
40    }
41 }
```

步骤 4：启动程序，单击"Form1"窗口中的"画圆"按钮，即可产生图 3.7 所示的图形。

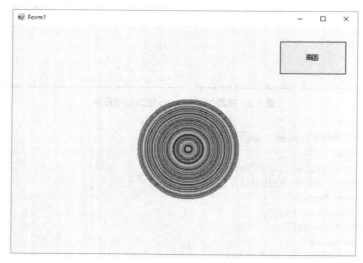

图 3.7　彩虹圆饼运行结果

3.6　实验二　简单客车售票系统

【实验目的】
熟悉和掌握流程控制语句的应用方法。
【实验内容】
制作一个简单的客车售票系统，假设客车的座位分布是 10 行 5 列，初始值都为有票。
【实验环境】
操作系统：Windows 7/8/10（64 位）；Mac OS X 10.11 及以上版本。

处理器：4.0GHz 及以上。

内存：4GB 及以上。

GPU：有 DirectX 9（着色器模型 2.0）功能。

【实验步骤】

步骤 1：打开 Visual Studio 2019 开发环境，创建一个控制台应用程序，命名为 test3_ticket。

步骤 2：打开创建的项目 Program.cs 文件，使用一个二维数组记录客车的座位号，并在控制台中输出初始的座位号，每个座位号的初始值为"【有票】"；然后使用一个字符串记录用户输入的行号和列号，根据记录的行号和列号，将客车相应的座号设置为"【已售】"。

代码如下：

```
1  using System;
2  using System.Collections.Generic;
3  using System.Linq;
4  using System.Text;
5  using System.Threading.Tasks;
6  namespace test3_ticket
7  { class Program
8      { static void Main(string[] args)
9        {
10             Console.Title = "简单客车售票系统";          //设置控制台标题
11             string[,] zuo = new string[10, 5];           //定义二维数组
12             for (int i = 0; i < 10; i++)                 //for 循环开始
13             {
14                 for (int j = 0; j < 5; j++)              //for 循环开始
15                 {  zuo[i, j] = "【有票】"; }             //初始化二维数组
16             }
17             string s = string.Empty;                     //定义字符串变量
18             while (true)                                 //开始售票
19             {
20                 System.Console.Clear();                  //清空控制台信息
21                 Console.WriteLine("\n   简单客车售票系统" + "\n"); //输出字符串
22                 for (int i = 0; i < 10; i++)
23                 {
24                     for (int j = 0; j < 5; j++)
25                     {
26                         System.Console.Write(zuo[i, j]); }  //输出售票信息
27                 System.Console.WriteLine(); }            //输出换行符
28             System.Console.Write("请输入坐位行号和列号(如：0、2)按 q 键退出：");
29             s = System.Console.ReadLine();               //售票信息输入
30             if (s == "q") break;                         //输入字符串"q"时退出系统
31             string[] ss = s.Split(',');                  //拆分字符串
32             int one = int.Parse(ss[0]);                  //得到坐位行数
33             int two = int.Parse(ss[1]);                  //得到坐位列数
34             zuo[one, two] = "【已售】";                  //标记售出票状态
35           }
36         }
37     }
38 }
```

步骤 3：按 Ctrl+F5 组合键，运行结果如图 3.8 所示。

步骤4： 在冒号后输入"5,3"，输出结果如图3.9所示。

图3.8 客车售票系统运行结果一

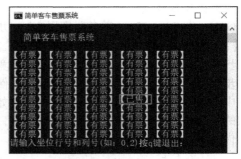

图3.9 客车售票系统运行结果二

本章小结

C#中的流程控制，是为了可以控制程序代码的执行次序，提高程序的灵活性，从而实现复杂的编程。本章详细介绍了分支结构和循环结构，要求重点掌握基本的条件语句、循环语句和跳转语句的编写，以及在程序中合理应用流程控制。

习题

一、程序分析题

1. 指出以下程序的功能，并写出输出结果_____。

```
using System;
namespace ConsoleApp1
{
    class Program
    {
        static void Main(string[] args)
        {
            //九九乘法表
            for (int i = 1; i <= 9; i++)
            {
                for (int j = 1; j <= i; j++)
                {
                    Console.Write(i + "*" + j + "=" + i * j);
                    Console.Write(" ");
                }
                Console.WriteLine();
            }
            Console.ReadKey();
        }
    }
}
```

2. 该程序有一个3位数的密码箱（每位数的范围是0～6），补全以下代码。

```
using System;
using System.Collections.Generic;
using System.Linq;
using System.Text;
```

```
using System.Threading.Tasks;
namespace Ch03_14
{ class Program
    { static void Main(string[] args)
        {   Console.WriteLine("所有可能的密码\n");
            for (int i = 0; i <= 6; i++)
            { for (int j = 0; j <= 6;)
                { for (int k = 0;; k++) Console.Write(""+i + j + k+" ");
                    Console.WriteLine();
                }
            }
            Console.Read();
        }
    }
}
```

二、编程题

创建一个 Windows 窗体应用程序，过滤连续重复输入的字符，输出结果如图 3.10 所示。

图 3.10　输出结果

04

第 4 章　类与对象

【学习目的】

- 了解类、对象的基本概念。
- 掌握类的定义。
- 掌握对象的创建与使用方法。
- 掌握方法的定义及调用方法。
- 理解方法参数的意义。
- 掌握属性的定义和使用方法。
- 理解继承的概念。
- 掌握虚方法与重写实现对象的方法。
- 理解抽象与接口的概念。

面向对象程序设计（Object Oriented Programming，OOP）作为一种新方法，其本质是通过建立模型体现出来的抽象思维过程和面向对象的方法。模型是用来反映现实世界中事物特征的。任何一个模型都不可能反映客观事物的一切具体特征，只能是对事物特征和变化规律的一种抽象，且在它所涉及的范围内更普遍、更集中、更深刻地描述客体的特征。通过建立模型而达到的抽象是人们对客体认识的深化。

本章主要介绍类与对象、类的方法与属性、构造函数和析构函数、类的封装性、类的继承和多态性等内容。

4.1　类与对象概述

面向对象程序设计是一种计算机编程架构。面向对象程序设计的一条基本原则是计算机程序由单个能够起到子程序作用的单元或对象组合而成。面向对象程序设计达到了软件工程的 3 个主要目标：重用性、灵活性和扩展性。"面向对象程序设计=对象+类+继承+多态+消息"，其核心概念是类和对象。

面向对象程序设计方法尽可能模拟人类的思维方式，使得软件的开发方法与过程尽可能接近人类认识世界、解决现实问题的方法和过程，也使得描述问题的问题空间与问题的解决方案空间在结构上尽可能一致，把客观世界中的实体抽象为问题空间中的对象。

面向对象程序设计以对象为核心，认为程序由一系列对象组成。类是对现实世界的抽象，包括表示静态属性的数据和对数据的操作，对象是类的实例化。对象间通过消息传递相互通信，来模拟现实世界中不同实体间的联系。在面向对象程序设计中，对象是组成程序的基本模块。

4.1.1　类与对象的基本概念

1. 对象

对象是现实世界中事物存在的实体，如人类、书桌、计算机、大楼等。对象通常被划分为两部分，即动态部分与静态部分。静态部分被称为"属性"，动态部分就是可以变化的行为。如一个"人"，包括性别、年龄等属性，有哭泣、微笑等个人具备的行为。人类通过探讨对象的属性和观察对象的行为了解对象。

2. 类

类就是具有相同属性和功能的对象的抽象集合。C#程序的主要功能代码是在类中实现的，类是 C#语言的核心和基本构成模块。使用 C#编程就是编写自己的类来描述实际要解决的问题。

简单地说，类是一种抽象的数据类型，是对一类对象的统一描述。在生活中，常常把一组具有相同特性的事物归为一类。当然，根据分类的标准不同，划分的类也是不相同的。汽车和人都是独立的类，它们都有各自的特点。汽车这个大类还可以分为卡车、公共汽车和小轿车等各种小类。人可以分为男人和女人。这些思想反映在编程技术中就产生了类的概念。

类是对象概念在面向对象编程语言中的反映，是相同对象的集合。类描述了一系列在概念上有相同含义的对象，为这些对象统一定义了编程语言上的属性和方法。

类是对某个对象的定义。它包含有关对象的信息，包括它的名称、方法、属性和事件。它本身并不是对象，因为它不存在于内存中。当引用类的代码运行时，类的一个新的实例，即对象，就在内存中创建了。虽然只有一个类，但通过这个类可在内存中创建多个相同类型的对象。

可以把类看作"理论上"的对象，也就是说，它为对象提供蓝图，但在内存中并不存在。通过这个蓝图可以创建任何数量的对象。类创建的所有对象都有相同的成员、属性、方法和事件，但是，每个对象都像一个独立的实体一样动作。例如，一个对象的属性可以设置成与同类型的其他对象不同的值。

4.1.2　类、方法和变量

1. 类的定义

类的定义格式与结构定义的格式相似，类的定义需要使用关键字 class，其语法格式如下：

```
[类修饰符] class 类名
{
    类的主体
}
```

（1）C#中有 5 种类修饰符，如下所示。

- public：公有的，是类和类成员的访问修饰符。对其访问不受任何限制。
- private：私有的，私有成员只有在声明它们的类和结构体中才是可访问的。
- protected：保护成员，在该类内部和继承类中可以访问。
- internal：内部访问，同一个程序集中的所有类都可以访问，一般都限于本项目内。
- protected internal：受内部保护的，只限于本项目或子类访问，其他不能访问。

（2）类定义可在不同的源文件之间进行拆分。

（3）定义一个类相当于定义一个新的数据类型，程序不能处理类，程序处理的是类的对象，因此必须定义对象。

说明

（4）由类所定义的变量就是对象。

（5）对象虽然是变量，但是对象型的变量不同于简单变量（如 int a），对象中除了有数据外，对象本身还有行为。

2. 类的成员变量

类的成员变量的定义格式如下：

[访问修饰符] 数据类型 <成员变量名>

类可以有静态成员和非静态成员，静态成员包括静态变量、静态方法、静态属性等。静态成员的定义就是在类成员的定义前添加 static 修饰符。

例如，声明一个汽车类，代码如下：

```
1  public class car
2  {
3     public static float Number;        //排量
4     public string Make;                //品牌
5     public string Price;               //价格
6  public int getColor(){……}            //普通方法定义
7  public static int getNum(){……}       //静态方法定义
8  }
```

示例说明：

car 类中包含了 Number、Brand 和 Price 这 3 个成员变量，2 个成员方法。其中 Number 成员变量为静态成员，getNum()为静态方法。

静态成员与非静态成员有如下几个区别：静态成员需要被 static 修饰，非静态成员不需要加 static；在非静态类中既可以出现静态成员，也可以出现非静态成员，而在静态类中只能出现静态成员；在非静态方法中，既可以访问静态成员也可以访问非静态成员，而在静态方法中，只允许访问静态成员；调用方法不同，实例方法需要使用对象调用，即对象名.方法名，静态方法使用类调用，即类名.方法名；静态类不允许创建对象；静态类和非静态类的使用场景不同，如果是工具类，可以考虑使用静态类，例如 Console 类；静态类的好处是资源共享，但静态类需要占用的内存大。

3. 类的成员方法的定义

类的成员方法的定义格式如下：

[访问修饰符] 返回值类型 <方法名> ([参数列表])
{
　成员方法体
}

【例 4.1】 使用以下代码在 Car 类的定义中声明成员方法。

```
1  public class Car
2  {
3      public double Number;
4      public string Make;
5      public string Model;
6      public string show()
7      {
8        return string.Format("排量：{0}T，厂家：{1}，型号：{2}",Number,Make,Model);
9      }
10    public paramet(string colour, int whell)
11     {
12          mycolour = colour;
```

```
13              mywhell = whell;
14          }
15      }
```

4.1.3 对象的创建及使用

类是一种广义的数据类型，这种数据类型中既包含数据，也包含数据的方法。可以说，类就是对象的类型，一旦声明就可以立即使用。基本的使用方法：首先声明并创建类的实例（对象），然后通过这个对象来访问其数据和调用其方法。

为了从类中产生对象，必须建立类的实例，C#中可以使用 new 操作符建立一个类的新实例。

1. 对象的创建与使用

对象的声明与创建可采用两种方式，一种方式是声明对象和创建对象初始化分开来编写语句，另一种方式是在一条语句中声明并创建对象。

方式一，先写声明对象再创建对象初始化，例如创建一个 Car 类的对象 myCar，代码如下：

```
Car myCar;              //声明对象
myCar=new Car();        //创建对象并初始化myCar
```

方式二，在一条语句中声明并创建对象，代码如下：

```
Car myCar=new Car();    //声明并创建对象
```

2. 访问类成员

类成员的访问有两种方式，一种是在类的内部访问，另一种是在类的外部调用。

在类的内部访问类的成员时，各类成员要使用当前类的其他成员，可以直接通过类成员的名称访问。为避免混淆，可采用如下格式：

```
this.类成员
```

关键字 this 有两种基本用法：一是指类成员的内容，其类型就是当前类型，用来引用对象实例；二是声明构造函数时指定需要先执行的构造函数，这种方法将在 4.3 节详细讲解。

在例 4.1 中，类方法 Show()的定义中访问类的成员变量时，变量名前面其实省略了 this，可以将例 4.1 写成以下形式：

```
public string show()
    {
        return string.Format("排量:{0}T,品牌:{1},型号:{2}",this.Number,this.Make,this.
Model);
    }
```

如果是在类的外部调用类的成员，一般创建对象后，就可以使用以下格式：

```
对象名.成员
```

其中，圆点运算符表示引用某个对象的成员。在全面创建 Car 类的对象 myCar 之后，为其数据成员赋值并调用方法 Show()的语句如下：

```
Car myCar = new Car();
myCar.Number = 2.0;
myCar.Make = "中国吉利";
myCar.Model = "帝豪GL";
str=myCar.show();
```

【例 4.2】 类与对象的创建实例。

本实例中定义了一个汽车 Car 类，该类中的 Number、Make、Model 这 3 个成员变量分别存储汽车的排量、厂家和型号信息，并用一个 Shows()方法返回字符串信息。在 Program 中的

Main()方法中，声明和创建 Car 类的实例对象 myCar，并访问 Car 类的成员变量和方法，代码如下：

```
1  using System;
2  namespace Ex4_2
3  {
4      public class Car
5      {
6          public double Number;
7          public string Make;
8          public string Model;
9          public string show()
10         {
11             return string.Format("排量:{0}T,厂家:{1},型号:{2}",Number,Make,Model);
12         }
13     }
14     class Program
15     {
16         static void Main(string[] args)
17         {
18             string str;
19             Car myCar = new Car();
20             myCar.Number = 2.0;
21             myCar.Make = "中国吉利";
22             myCar.Model = "帝豪GL";
23             str=myCar.show();
24             Console.WriteLine(str);
25             Console.ReadLine();
26         }
27     }
28 }
```

按 Ctrl+F5 组合键，运行结果如图 4.1 所示。

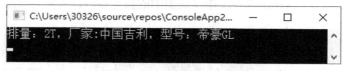

图 4.1　例 4.2 程序的运行结果

4.2　类的方法与属性

　　类的方法和属性是 C#面向对象程序中重要的组成部分。类的方法是指对象执行的操作。类的属性指的是对象所拥有的特征，在类中表示时称为类的属性，这部分内容将在 4.4 节举例说明。下面将详细介绍方法的创建与调用。

4.2.1　方法的定义

　　在我们学习 C#语言的过程中会发现之前的应用程序中默认生成一个主方法 Main()，它是执行程序的入口和出口。方法是将完成同一功能的内容放到一起，方便书写和调用的一种方式，体现了面向对象编程语言中封装的特性。

　　要使用方法，我们首先应该学习如何定义方法和在类中声明方法。声明方法的格式如下：

```
访问修饰符    修饰符    返回值类型    方法名(参数列表)
{
    语句块;
}
```

例如：

```
public double Add(double num1,double num2)
{
        Return num1+num2;
}
```

说明如下。

- 访问修饰符：所有类成员访问修饰符都可以使用，如果省略访问修饰符，默认是 private。
- 修饰符：在定义方法时所用的修饰符包括 virtual（虚拟的）、abstract（抽象的）、override（重写的）、static（静态的）、sealed（密封的）。override 是在类之间继承时使用的。
- 返回值类型：用于在调用方法后得到返回结果，返回值可以是任意的数据类型。如果指定了返回值类型，则必须使用 return 关键字返回一个与之类型匹配的值；如果没有指定返回值类型，则必须使用 void 关键字表示没有返回值。
- 方法名：对方法所实现功能的描述。方法名的命名是以 Pascal 命名法为规范的。
- 参数列表：在方法中允许有 0 到多个参数，如果没有指定参数也要保留参数列表的小括号。参数的定义形式是"数据类型　参数名"，如果使用多个参数，则多个参数之间需要用逗号隔开。
- 语句块：语句块即方法体，是调用方法时执行的代码块。它是可选项，但一般都会有方法体，否则就没有任何意义。

提示 　　　return 语句的表达式的值的数据类型和数量必须与定义时指定的方法返回值类型和数量相吻合，否则无法通过编译。

4.2.2　方法调用

创建方法的目的是使用方法，使用方法的过程称为方法的调用，调用方法的格式如下：

方法名(参数列表);

说明如下：

- 方法名为所调用方法的名称。
- 方法名后面的小括号不能省略，例如 show()和 Print()方法，如果省略则会出现编译错误。
- 调用方法时可以不带参数，在声明方法时使用关键字 void 即表示无返回值，示例如下：

```
public void print()   //声明方法print()，使用void表示无返回值
    {
            Console.Write("欢迎进入中国吉利汽车4S店! ");    //方法体为输出文字
    }
//在程序的Main()方法中实例化对象后直接调用
myCar.print();
```

- 参数列表为可选项，若声明方法没有指定参数，则调用时也一样不能带有参数。参数的类型、顺序、数量应该保持一致，否则会编译出错。
- 调用方法时的参数称为实参，关于实参和形参的内容将在 4.2.3 小节中详细介绍。

【例 4.3】 创建 counter 类，分别定义 4 个方法实现加法、减法、乘法、除法的操作，并用 Main()方法实现简单的计算。参考代码如下：

```
1  using System;
2  namespace ex4_3
3  {
4    public class counter
5    {
6        //加法
7        public double Add(double num1, double num2)
8      {
9          return num1 + num2;
10     }
11     //减法
12     public double Minus(double num1, double num2)
13     {
14         return num1 - num2;
15     }
16     //乘法
17     public double Multiply(double num1, double num2)
18     {
19         return num1 * num2;
20     }
21     //除法
22     public double Divide(double num1, double num2)
23     {
24         return num1 / num2;
25     }
26   }
27   class Program
28   {
29       static void Main(string[] args)
30       {
31           int n1 = 10, n2 = 2;
32           counter mycount = new counter();
33           Console.WriteLine("加法: {0}",mycount.Add(n1, n2));
34           Console.WriteLine("减法: {0}", mycount.Minus(n1, n2));
35           Console.WriteLine("乘法: {0}", mycount.Multiply(n1, n2));
36           Console.WriteLine("除法: {0}", mycount.Divide(n1, n2));
37           Console.ReadLine();
38       }
39   }
40 }
```

按 Ctrl+F5 组合键，运行结果如图 4.2 所示。

程序说明：本案例在 counter 类中创建了 4 个方法，在用 Main()方法实现输出时，程序会有一些 bug，例如除法计算中除数不能为 0，需要用户自行完善。

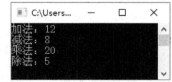

图 4.2　例 4.3 程序运行结果

4.2.3　方法中的参数传递

调用方法的时候需要传递一个或多个参数值。根据参数使用的方式可分为实际参数（实参）和形式参数（形参）。调用方法传递的是实际数据则为实参，调用方法传递的是形式参数则为形参。形参与实参最大区别是，形参变量只有在被调用时才分配内存单元，调用结束时，会立即释放所分配的内存单元。故形参在方法内部有效，方法调用结束后返回主调用方法，不能再使用该形参变量。无论是实参还是形参，调用方法时在数量、类型、顺序都要与定义相匹配，否则会编译错误。

C#方法的参数类型主要有值类型参数、引用型参数、输出型参数和数组型参数，下面详细介绍 4 种类型参数。

1. 值类型参数

值类型参数不包含任何修饰符，它表明实参与形参之间按值传递。调用方法传递值类型参数时，编译器为值类型参数分配存储单元，然后将对应实参的值复制到形参中。当方法内部更改了形参变量的数据值时，不会影响实参变量的值，即实参和形参是两个不相同的变量，它们有各自的存储单元和数据值。

【例 4.4】 方法的定义与调用中值类型参数的传递。

```
1  using System;
2  namespace ex4_4
3  {
4      class ValueType
5      {
6          public void Swap(int x,int y)   //被调用方，x 和 y 都是形参
7          {
8              int a;
9              a = x;
10             x = y;
11             y = a;
12             Console.WriteLine("被调用中：{0}, {1}", x, y);
13         }
14     }
15     class Program
16     {
17         static void Main(string[] args)
18         {
19             int a = 6, b = 8;
20             Console.WriteLine("a={0},b={1}", a, b);
21             ValueType s = new ValueType(); //实例化创建对象 s
22             s.Swap(a, b); //调用方法，a、b 为实参
23             Console.WriteLine("调用者中：{0}, {1}", a, b);
24             Console.ReadLine();
25         }
26     }
27 }
```

按 Ctrl+F5 组合键，运行结果如图 4.3 所示。

图 4.3　例 4.4 程序运行结果

程序说明：在 ValueType 类中，定义了 Swap()方法，该方法为被调用方，而 Program 类中的 Main()为调用方。从程序结果来看，Swap()方法中 x、y 数据的交换不影响 Main()方法中的实

参数据。

2. 引用型参数

当方法传递的参数是引用类型时，只将变量的引用复制到目标参数中，实参和形参的引用指向内存中的同一位置。所以，在目标方法中对形参所做的更改会影响调用者的初始变量。引用参数相当于引用参数的地址，方法定义和方法调用时都必须用 ref 关键字。调用方法参数值的改变将会影响参数的实际值，而值类型参数传递时，会先开辟一块内存块，然后复制一份放到新开辟的内存块中，这样调用时是调用新内存块中的值，修改参数值也不会使原来的值改变。

【例 4.5】 引用类型参数示例。

```
using System;
namespace ex4_5
{
    class ReferenceType
    {
        public void Swap(ref int x, ref int y)  //被调用方，x 和 y 都是引用形参
        {
            int a;
            a = x;
            x = y;
            y = a;
            Console.WriteLine("被调用中：{0}, {1}", x, y);
        }
    }
    class Program
    {
        static void Main(string[] args)
        {
            int a = 6, b = 8;
            Console.WriteLine("a={0},b={1}", a, b);
            ReferenceType s = new ReferenceType(); //实例化创建对象 s
            s.Swap(ref a, ref b); //调用方法，a、b 为实参，注意添加关键字 ref
            Console.WriteLine("调用者中：{0}, {1}", a, b);
            Console.ReadLine();
        }
    }
}
```

按 Ctrl+F5 组合键，运行结果如图 4.4 所示。

图 4.4　例 4.5 程序运行结果

程序说明：在 ReferenceType 类中，定义了 Swap()方法，该方法为被调用方。本例与例 4.4 的区别是形参和实参中使用关键字 ref，从程序结果可以看出，形参的改变直接影响实参的值。

3. 输出型参数

用 out 修饰符声明的参数是输出参数。输出型参数不创建新的存储位置。相反，输出型参数表示的是在对该方法成员调用中被当作"自变量"的变量所表示的同一个存储位置。因此，输出型参数的值总是与基础变量相同。引用型参数在传递之前必须进行初始化，而输出型参数

传递不需要。两者都可以在内部修改它们的值。

【例 4.6】　输出型参数示例。

```
1  using System;
2  namespace ex4_6
3  {
4      public class Person
5      {
6          private string pName;
7          private int pAge;
8          public Person(string _pName,int _pAage)
9          {
10             pName = _pName;
11             pAge = _pAage;
12         }
13         public void Up(int _pSpan,out int _upAge)
14         {
15             pAge += _pSpan;
16             _upAge = pAge;
17         }
18     }
19     class Program
20     {
21       static void Main(string[] args)
22       {
23             Person p = new Person("任我行", 48);
24             int pAge;
25             p.Up(3, out pAge);
26             Console.WriteLine(pAge);
27             Console.Read();
28       }
29     }
30 }
```

程序说明：在该例中，调用时需要在输入参数前加 out 关键字。

4. 数组型参数

数组也是引用型数据，把数组作为参数传递时，也是引用传参。数组作为参数传递的两种形式：在形参数组前不添加 params 修饰符，所对应的实参必须是一个数组名；在形参数组前添加 params 修饰符，所对应的实参可以是数组名，也可以是数组元素值的列表（数据列表），此时，系统将自动把各种元素值组织到形参数组中。

注意　无论哪一种形式，形参数组都不能定义数组的长度。

使用 params 修饰符时，注意以下几点：

（1）params 关键字可以修饰任何类型的参数；

（2）params 关键字只能修饰一维数组；

（3）不允许对 params 数组使用 ref 或 out 关键字；

（4）每个方法只能有一个 params 数组。

【例 4.7】　数组型参数示例。

```
1  using System;
2  namespace ex4_7
```

```
3  {
4      public class Analyzer
5      {
6          public int max1(int []a)  //通过将实参数组传递给形参数组获取最大值
7          {
8              int k = 0;
9              for (int i = 0; i < a.Length; i++)
10             {
11                 if (a[i] > a[k])
12                 {
13                     k = i;
14                 }
15             }
16             return a[k];
17         }
18         public int max2(params int[]a)  //通过将数据列表传递给形参数组获取最大值
19         {
20             int k = 0;
21             for(int i=0;i<a.Length;i++)
22             {
23                 if (a[i]>a[k])
24                 {
25                     k = i;
26                 }
27             }
28             return a[k];
29         }
30     }
31 class Program
32     {
33         static void Main(string[] args)
34         {
35             int[] x = new int[] { 1, 2, 3, 4, 5, 6 };
36             Analyzer mymax = new Analyzer();
37             Console.WriteLine("通过将实参数组传递: " + mymax.max1(x));
38             Console.WriteLine("通过将数据列表传递: " + mymax.max2(1, 2, 3, 4, 5, 6));
39             Console.Read();
40         }
41     }
42 }
```

按 Ctrl+F5 组合键，运行结果如图 4.5 所示。

程序说明：在 Analyzer 类的 max1()方法形参数组中没有添加 params 修饰符，故在调用 max1()方法时对应的实参必须为已初始化的数组对象，而 max2()方法中数组参数中添加了 params 修饰符，所以在调用 max2()方法时对应的实参可以是数据列表也可以是已初始化的数组对象。

图 4.5　例 4.7 程序运行结果

4.2.4　方法重载

在面向对象编程的语言中，允许在同一个类中定义多个方法名相同、参数列表（参数类型、参数个数）不同的方法，这样的形式称为方法重载。实现方法重载的形式有两种：参数个数不同的方法重载和参数类型不同的方法重载。

【例 4.8】 使用方法重载的方法，程序会自动判断参数类型是加法运算还是字符串连接。

```
1   using System;
2   namespace ex4_8
3   {
4       class Program
5       {
6           static int auto(int a,int b)
7           {
8               return a + b;
9           }
10          static string auto(string a,string b)
11          {
12              return a + b;
13          }
14          static void Main(string[] args)
15          {
16              Console.WriteLine("当输入是数字 3 和 4 时: " + auto(3, 4));
17            Console.WriteLine("当录入是字符串“3”和“4”时: " + auto("3","4"));
18              Console.Read();
19          }
20      }
21  }
```

按 Ctrl+F5 组合键，运行结果如图 4.6 所示。

图 4.6　例 4.8 程序运行结果

程序说明：代码中有两个 auto()方法，Main()方法会根据参数是整型还是字符型来判断调用哪一个 auto()方法，整型则两数相加，字符型则两个字符串相连接。

在方法重载中，根据重载参数数量的不同，程序也会选择对应的方法，例如可以将例 4.8 中的 auto()方法修改为：

```
1   static int auto(int a,int b)
2           {
3               return a + b;
4           }
5           static int auto(int a,int b,int c)
6           {
7               return a + b + c;
8           }
```

4.3　构造函数和析构函数

构造函数和析构函数是类中比较特殊的两种成员函数，主要用来对对象进行初始化和回收对象资源。一般来说，对象的生命周期从构造函数开始，以析构函数结束。构造函数和析构函数的名字和类名相同，但析构函数要在名字前加一个波浪线。当退出含有该对象的成员时，析构函数将自动释放这个对象所占用的内存空间。

4.3.1 构造函数

构造函数也称为构造方法，是类的一个特殊的成员方法，构造函数用来完成类的成员变量的自动初始化，C#中每次创建类的实例时都会调用类中的构造函数。如果一个类中不包含任何构造函数声明，系统会自动提供一个默认的构造函数，这个默认的构造函数没有任何参数；反之，如果为类编写了构造函数（有参数的），那么C#将不会为该类提供默认的构造函数。所以此时如果想不使用任何参数来创建类实例，那么必须在类中声明使用默认的构造函数。构造函数特征如下：

* 与类同名；
* 构造函数不包含任何返回值。

构造函数可以划分为无参构造函数和有参构造函数两种。

1. 无参构造函数

无参构造函数的语法格式如下：

```
[访问修饰符] <类名>()
{
    构造函数的主体
}
```

【例 4.9】 定义员工类，员工属性有姓名、性别、级别和薪资。要求使用无参构造函数为成员赋值，并定义函数显示这些属性值。

```
1  using System;
2  namespace ex4_9
3  {
4    class Employee
5    {
6        private string _name;
7        private string _gender;
8        private string _qualification;
9        private uint _salary;
10       public Employee()            //默认无参构造函数
11        {
12            Console.Write("输入姓名: ");
13            _name = Console.ReadLine();
14            Console.Write("输入性别: ");
15            _gender = Console.ReadLine();
16            Console.Write("输入级别: ");
17            _qualification = Console.ReadLine();
18            Console.Write("输入薪资: ");
19            _salary = Convert.ToUInt32((Console.ReadLine()));
20        }
21       public void Display() //普通函数
22        {
23            Console.Write(_name + ",");
24            Console.Write(_gender + ",");
25            Console.Write(_qualification +",");
26            Console.Write(_salary);
27        }
28    }
29    class Program
30    {
31        static void Main(string[] args)
```

```
32              {
33                      Employee objEmployee = new Employee(); //调用默认构造函数
34                      objEmployee.Display();//调用普通函数
35                      Console.ReadLine();
36          }
37      }
38 }
```

按 Ctrl+F5 组合键，运行结果如图 4.7 所示。

2．有参构造函数

定义有参构造函数的格式如下：

[访问修饰符] <类名> ([参数列表])

{

　　构造函数的主体

}

图 4.7　例 4.9 程序运行结果

【例 4.10】 定义员工类，员工属性有姓名、性别、级别和薪资。要求使用无参构造函数和有参构造函数为成员赋值，并定义函数显示这些属性值。

```
1  using System;
2  namespace ex4_10
3  {
4      class Employee
5      {
6          private string _name;
7          private string _gender;
8          private string _qualification;
9          private uint _salary;
10         public Employee()    //默认构造函数
11         {
12             Console.Write("输入姓名: ");
13             _name = Console.ReadLine();
14             Console.Write("输入性别: ");
15             _gender = Console.ReadLine();
16             Console.Write("输入级别: ");
17             _qualification = Console.ReadLine();
18             Console.Write("输入薪资: ");
19             _salary = Convert.ToUInt32((Console.ReadLine()));
20         }
21         public Employee(string n, string g, string q, uint s) //有参构造函数
22         {
23             _name = n;
24             _gender = g;
25             _qualification = q;
26             _salary = s;
27         }
28         public void Display() //普通函数
29         {
30         Console.Write(_name + ",");
31         Console.Write(_gender + ",");
32         Console.Write(_qualification + ",");
33         Console.WriteLine (_salary);
34         }
35     }
```

```
36   class Program
37     {
38        static void Main(string[] args)
39        {
40                Console.WriteLine("使用无参构造函数");
41                Employee objEmployee = new Employee(); //调用默认构造函数
42                objEmployee.Display();//调用普通函数
43
44                Console.WriteLine("使用有参构造函数");
45                string eName;
46                string eGender;
47                string eQualification;
48                uint eSalary;
49                Console.Write("输入姓名: ");
50                eName = Console.ReadLine();
51                Console.Write("输入性别: ");
52                eGender = Console.ReadLine();
53                Console.Write("输入级别: ");
54                eQualification = Console.ReadLine();
55                Console.Write("输入薪资: ");
56                eSalary = Convert.ToUInt32((Console.ReadLine()));
57                Employee objEmployee2;
58                objEmployee2 = new Employee(eName, eGender, eQualification, eSalary);
59                objEmployee2.Display();//调用普通函数
60                Console.Read();
61     }
62   }
63 }
```

按 Ctrl+F5 组合键，运行结果如图 4.8 所示。

图 4.8　例 4.10 程序运行结果

4.3.2　析构函数

析构函数是以类名加"～"来命名的。.NET Framework 类库有垃圾回收功能，当某个类的实例被认为不再有效，并符合析构条件时，就会调用该类的析构函数，实现垃圾的回收，其语法格式如下：

```
~<类名>()
  {
    析构函数的主体
  }
```

例如，为控制台应用程序的 Program 类定义一个析构函数，代码如下：

```
~ Program()                    //析构函数
```

```
{
    Console.WriteLine("析构函数自动调节");   // 输出一个字符串
}
```

说明　　析构函数是在类的对象的生命周期结束时自动调用的，但是.NET Framework 类库中提供垃圾回收机制，会定期地自动清除过期不用的对象。所以通常情况下，C#平台下的程序设计都不使用析构函数，这与 C++是截然不同的。当然，在释放非系统管理的资源时，可以使用析构函数或者调用 Garbage 类。

4.4　封装性

4.4.1　封装概述

在面向过程的编程语言中，为了提高代码的独立性和利用程序，通常以方法作为编程单元。而在面向对象编程的语言中，编程单元不是方法而是类，通过类这样一种代码的组织形式来封装属于类的数据和操作。类不是对外开放的，外界只能通过类自己提供的接口来访问和操作。用户不必知道类的内部细节，只用知道整个应用程序由若干不同的类组成。

封装（Encapsulation）是面向对象编程的重要思想，用于对外部进行隐藏类的内部。在 C# 中可以使用类表达数据封装的效果，这样就可以使数据与方法封装成单一元素，以便于通过方法存取数据。除此之外，还可以借此控制数据的存取方式。

类的封装特性是面向对象编程的基本语法之一，即使用 private 或 protected 修饰类成员，从而限定其访问区域在本类内或派生类内，对类外实现信息隐藏，同时使用 public 修饰那些必须对外公开的类成员。支持封装的修饰符如下。

- private：只有类本身存取。
- protected：类和派生类都可以存取。
- internal：只有同一个项目中的类可以存取。
- protected internal：是 protected 和 internal 的结合。
- public：完全开放。
- other encapsulating strategy（其他封装策略）：属性和索引器的目的是封装一个类的细节和给类的用户提供一个公共的接口。

4.4.2　属性

属性是一种用于访问对象或类的特性的成员，可以表示对象的某一组成部分或者特性。属性提供了一种机制，它把读取和写入对象的某些特性与一些操作关联起来。使用属性可以像使用公共数据成员一样，但实际上它们是称为"访问器"的一种特殊方法，这使得数据在被轻松访问的同时，仍然能提供方法的安全性和灵活性。下面通过两个案例来说明属性的具体用法。

【例 4.11】　使用普通成员方法实现对字段的读与写。

```
1  using System;
2  namespace ex4_11
3  {
4      class person
5      {
6          private string name;   //对字段成员进行隐藏
```

```
7            private int age;    //对字段成员进行隐藏
8            public void Setname(string newname) //使用方法进行赋值
9            {
10               this.name = newname;
11           }
12           public void Setage(int newage)
13           {
14               this.age = newage;
15           }
16       public string Getname()   //通过带参方法返回姓名
17       {
18               return this.name;
19       }
20       public int Getage()
21       {
22               return this.age;
23       }
24   }
25    class Program
26    {
27        static void Main(string[] args)
28        {
29               person p1 = new person();
30               p1.Setname("小胜");
31               p1.Setage(18);
32               Console.WriteLine("您的姓名是：{0}",p1.Getname());
33               Console.WriteLine("您的年龄是：{0}", p1.Getage());
34               Console.Read();
35        }
36   }
37 }
```

按 Ctrl+F5 组合键，运行结果如图 4.9 所示。

图 4.9　例 4.11 程序运行结果

【例 4.12】 使用属性实现对字段的读和写。

```
1 using System;
2 namespace ex4_12
3 {
4    class person
5    {
6           private string name;  //对字段成员进行隐藏
7           private int age;      //对字段成员进行隐藏
8           public string Newname
9           {
10              set { this.name = value;}
11              get { return this.name; }
12       }
```

```
13          public int Newage
14          {
15              set { this.age = value; }
16              get { return this.age;  }
17          }
18      }
19      class Program
20      {
21          static void Main(string[] args)
22          {
23              person p1 = new person();
24              p1.Newname = "小胜";
25              p1.Newage = 18;
26              Console.WriteLine("您的姓名是：{0}", p1.Newname);
27              Console.WriteLine("您的年龄是：{0}", p1.Newage);
28              Console.Read();
29          }
30      }
31  }
```

程序说明：例 4.11 和例 4.12 程序的功能和运行结果是一样的，但是例 4.12 使用属性实现对字段的读与写，更清晰易懂，既使用了字段的语法，同时也维持了类的封装特性。

使用属性时应该注意以下几点。

- 属性是类中像类的字段一样的访问方法。属性可以为类的字段提供保护，避免字段在对象不知道的情况下被更改。但字段和属性间也有差异，属性不能直接访问数据。
- 属性中只能包含一个 get 访问器和一个 set 访问器，且不能有其他方法、字段等。
- get 访问器与方法体相似，它必须返回属性类型的值。执行 get 访问器相当于读取字段的值。

4.4.3　索引器

C#中类的成员可以是任意类型，包括数组和集合。当一个类包含数组和集合成员时，索引器将大大简化对数组或集合成员的存取操作。

定义索引器的方式与定义属性有些类似，其一般形式如下：

```
[修饰符] 数据类型 this[索引类型 index]
{
    get{//获得属性的代码}
    set{ //设置属性的代码}
}
```

索引器类似属性，不同之处在于索引器的访问采用参数，此外其作用也不相同。下面通过案例来说明索引器的创建和使用。

【例 4.13】　创建一个索引器，并使用索引器访问类内成员（数组 name[4]）。

```
1  using System;
2  namespace ex4_13
3  {
4      public class IDXer
5      {
6          //定义一个长度为 10 的数组 name
7          private string[] name = new string[4];
8          //定义一个索引器，索引器必须以 this 关键字定义，其实这个 this 就是类实例化之后的对象
9          public string this[int index]
10         {
```

```
11              get
12              {
13                      return name[index];
14              }
15              set
16          {
17                      name[index] = value;
18              }
19          }
20  }
21  class Program
22  {
23      static void Main(string[] args)
24      {
25          //索引器的使用
26          IDXer indexer = new IDXer();
27          indexer[0] = "张三";
28          indexer[1] = "李四";
29          indexer[2]= "小明";
30      indexer[3]= "小王";
31      for(int i=0;i<4;i++)
32      {
33              Console.WriteLine("indexer[{0}]的值是: {1}", i, indexer[i]);
34      }
35      Console.Read();
36      }
37  }
38 }
```

按 Ctrl+F5 组合键，运行结果如图 4.10 所示。

图 4.10　例 4.13 程序运行结果

索引器与数组的区别如下。

① 索引器的索引值（Index）类型不限定为整数，用来访问数组的索引值一定为整数，而索引器的索引值类型可以定义为其他类型。

② 索引器允许重载。一个类不限定为只能定义一个索引器，只要索引器的方法签名不同，就可以定义多个索引器，可以重载它的功能。

③ 索引器不是一个变量，索引器没有直接定义数据存储的地方，而数组有。索引器有 Get 访问器和 Set 访问器。

索引器与属性的区别如下。

① 索引器以方法签名方式（this）来标识，而属性采用名称来标识，名称可以任意。

② 索引器可以重载，而属性不能重载。

③ 索引器不能用 static 进行声明，而属性可以。索引器永远属于实例成员，因此不能声明为 static。

4.5　类的继承

4.5.1　继承概述

继承是面向对象程序设计中最重要的概念之一。继承允许我们根据一个类来定义另一个类，这使得创建和维护应用程序变得更容易，同时也有利于重用代码来节省开发时间。

当创建一个类时，程序员不需要完全重新编写新的数据成员和方法成员，只需要设计一个新的类，继承已有的类的成员即可。这个已有的类被称为基类，这个新的类被称为派生类。

C#创建派生类的基本语法如下：

```
<访问修饰符> class <基类名称>
{
基类主体部分
}
class <派生类> : <基类名称>
{
派生类主体部分
}
```

【例 4.14】 定义两个类，即 Car 类和 ChineseCar 类，其中 ChineseCar 类是由 Car 类派生的。

```
1  using System;
2  namespace ex4_14
3  {
4      public class Car
5      {
6          private string Type;
7          private int seat;
8          public void SetTypeSeat()
9          {
10             Console.WriteLine("请输入汽车类型: ");
11             Type=Console.ReadLine();
12             Console.WriteLine("请输入汽车座位数: ");
13             seat = int.Parse(Console.ReadLine());
14         }
15         public void ShowTypeSeat()
16         {
17             Console.WriteLine("汽车类型: "+ Type );
18             Console.WriteLine("座位数: "+ seat );
19         }
20     }
21     public class ChineseCar:Car
22     {
23         private string nation;
24         public void SetNation()
25         {
26             Console.WriteLine("请输入汽车产地: ");
27             nation = Console.ReadLine();
28         }
29         public void ShowNation()
30         {
31             Console.WriteLine("汽车产地: "+ nation );
32         }
```

```
33    }
34  class Program
35  {
36      static void Main(string[] args)
37    {
38          ChineseCar car1 = new ChineseCar();
39          car1.SetTypeSeat();
40          car1.SetNation();
41          car1.ShowTypeSeat();
42          car1.ShowNation();
43        Console.Read();
44      }
45    }
46  }
```

按 Ctrl+F5 组合键，运行结果如图 4.11 所示。

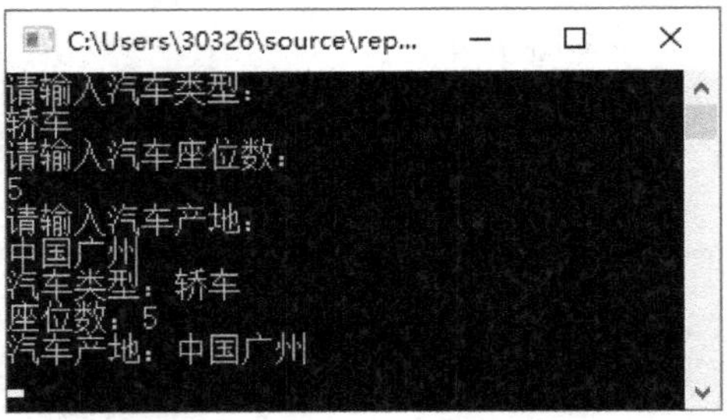

程序说明：声明 ChineseCar 类时，用冒号表示的 ChineseCar 类继承了 Car 类；Car1()调用方法时，使用的是 ChineseCar 类继承 Car 类的 SetTypeSeat() 和 ShowTypeSeat()两个方法。

图 4.11　例 4.14 程序运行结果

在 C#中，继承遵循以下规则。

① 派生类是对基类的扩展，派生类可以添加新的成员，但不能移除已经继承的成员的定义。

② 继承是可以传递的。如果 C 从 B 中派生，B 又从 A 中派生，那么 C 不仅继承了 B 中声明的成员，同样也继承了 A 中声明的成员。

③ 构造函数和析构函数不能被继承，除此之外的其他成员能被继承。基类中成员的访问方式只能决定派生类能否访问它们。

④ 派生类如果定义了与继承而来的成员同名的新成员，那么就可以覆盖已继承的成员，但这并不是删除了这些成员，只是不能再访问这些成员。

⑤ 类可以定义虚方法、虚属性及虚索引指示器，它的派生类能够重载这些成员，从而使类可以展示出多态性。

⑥ 派生类只能从一个类中继承，可以通过接口实现多重继承。

4.5.2　Base 的使用

关键字 Base 用于在派生类中实现对基类公有或者受保护成员的访问，但是只局限在构造函数、实例方法和实例属性访问器中。Base 主要有两种访问方法：

● Base 调用基类的构造方法；
● Base 在派生类中调用基类的方法。

下面通过案例具体说明 Base 的用法。

【例 4.15】 Base 调用基类的构造方法。

```
1  using System;
2  namespace ex4_15
3  {
4    class Car
5    {
6      public string type;
7      public int seat;
8      public Car() //构造方法
9      {
```

```
10            type = "轿车";
11            seat = 5;
12            Console.WriteLine("汽车类型：{0},座位数：{1}",type,seat);
13        }
14    }
15    class ChineseCar:Car
16    {
17        public string nation;
18        public string maker;
19        public ChineseCar():base()
20        {
21            nation = "中国";
22            maker = "比亚迪";
23            Console.WriteLine("产地：{0}，制造商：{1}",nation,maker);
24        }
25    }
26    class Program
27    {
28        static void Main(string[] args)
29        {
30            ChineseCar car1 = new ChineseCar();
31            Console.Read();
32        }
33    }
34 }
```

按 Ctrl+F5 组合键，运行结果如图 4.12 所示。

图 4.12　例 4.15 程序运行结果

【例 4.16】　Base 在派生类中调用基类的方法。

```
1   using System;
2   namespace ex4_16
3   {
4     class Car
5     {
6         public void AddCar()
7         {
8             Console.WriteLine("新增：基于刀片电池技术");
9         }
10    }
11    class ChineseCar:Car
12    {
13        public void Addtype()
14        {
15            base.AddCar();
16            Console.WriteLine("汽车品牌：比亚迪-汉");
17        }
18    }
19    class Program
```

```
20   {
21       static void Main(string[] args)
22       {
23           ChineseCar char1 = new ChineseCar();
24           char1.Addtype();
25           Console.Read();
26       }
27   }
28 }
```

按 Ctrl+F5 组合键，运行结果如图 4.13 所示。

图 4.13　例 4.16 程序运行结果

使用 Base 时需要注意以下几个原则：Base 常用于派生类对象初始化时和基类进行通信；Base 可以访问基类的公有成员和受保护成员，不可访问私有成员。在多层继承中，Base 可以指向的父类的方法有两种情况：一是有重载存在的情况下，Base 将指向直接继承的父类成员的方法；二是没有重载存在的情况下，Base 可以指向任何上级父类的公有或者受保护方法。

4.6　多态

4.6.1　多态概述

面向对象程序设计中的另外一个重要的特性是多态性。C#中多态的定义是：同一操作作用于不同的对象，可以有不同的解释，产生不同的执行结果。

C#支持两种类型的多态性。

① 编译时的多态性：编译时的多态性是通过重载来实现的。对于非虚的成员来说，系统在编译时，会根据传递的参数、返回的类型等信息决定实现何种操作。

② 运行时的多态性：运行时的多态性就是指直到系统运行时，才根据实际情况决定实现何种操作。C#中运行时的多态性通过重写虚成员实现。

4.6.2　实现多态的方式

实现多态的方式有 3 种。

第一，多个类继承同一个类。通过继承实现多态性，每个派生类可根据需要重写基类成员以提供不同的功能。

第二，抽象类被派生类扩充使用。通过抽象类实现多态性，抽象类中部分或全部未实现的成员在派生类中必须全部实现；抽象类中已实现的成员仍可以被重写，并且派生类仍可以实现其他功能。

第三，多个类实现相同接口。通过接口实现多态性，在多个类中实现同一个接口中的同一个方法。另外，在单个类中实现多个类的同名方法，需要加上接口名显式实现。

下文介绍虚方法与重写、抽象类与抽象方法，接口将在第 5 章介绍。

4.6.3　虚方法与重写

重载是面向对象编程中多态性的一种体现，而基类虚方法的重载，是方法重载的另一种特殊形式。C#可以在派生类中实现对基类某个方法的重新定义，要求的是方法名称，返回值类型，参数表中的参数个数、类型、顺序都必须与基类中的虚方法相符合。这种特性叫虚方法重载，也称重写方法。

声明虚方法的语法如下：

```
[访问修饰符] virtual [返回类型] 方法名称([参数列表])
{
虚方法实现部分
}
```

注意　　　　在派生类中的重写方法必须与继承来的虚方法具有相同的名称；在基类中对要重载的方法添加 virtual 关键字，在派生类中对同名的方法使用 override 关键字。

【例 4.17】　利用重写方法实现长方形面积和圆面积的计算。

```
1  using System;
2  namespace ex4_17
3  {
4      public class oblong  //声明基类
5      {
6        protected double x, y;
7        public const double p = Math.PI;
8        public oblong(double x1,double y1)    //构造方法
9        {
10            x = x1;
11            y = y1;
12        }
13        public virtual double Area()   //在基类中声明虚拟方法 Area()
14        {
15            return x * y;
16        }
17    }
18  public class round:oblong  //声明派生类
19   {
20      public round (double r):base(r,0)
21      {
22      }
23      public override double Area()  //声明后被重写，变成求圆面积
24      {
25          return p * x * x;
26      }
27   }
28   class Program
29   {
30      static void Main(string[] args)
31      {
32              round r1 = new round(2);
33  //调用派生类中被重写的 Area()方法
34              Console.WriteLine("圆的面积是: {0}",r1.Area());
```

```
35              oblong ob1 = new oblong(2,3);
36              Console.WriteLine("长方形面积是：{0}",ob1.Area());
37              Console.Read();
38          }
39      }
40  }
```

按 Ctrl+F5 组合键，运行结果如图 4.14 所示。

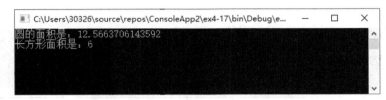

图 4.14　例 4.17 程序运行结果

上述的案例中，在基类声明虚方法时，可使用 new 关键字来表示派生中定义的一个新的同名方法，以此隐藏基类中的成员。当在派生类中创建与基类中的方法或数据成员同名的方法或数据成员时，原来基类中的方法或数据成员将被隐藏，下面通过案例来说明。

【例 4.18】　使用 new 关键字显示隐藏了的方法 Area()。

```
1  using System;
2  namespace ex4_18
3  {
4      public class oblong  //声明基类
5      {
6          protected double x, y;
7          public const double p = Math.PI;
8          public oblong(double x1, double y1)    //构造方法
9          {
10             x = x1;
11             y = y1;
12         }
13         public double Area()  //此类无须使用关键字 virtual
14         {
15             return x * y;
16         }
17     }
18      public class round : oblong  //声明派生类
19      {
20         public round(double r) : base(r, 0)
21         {
22         }
23         public new double Area()  //new 也可以放在访问修饰符的前面
24         {
25             return p * x * x;
26         }
27     }
28     class Program
29     {
30         static void Main(string[] args)
31         {
32             round r1 = new round(2);
33             Console.WriteLine("圆的面积是：{0}", r1.Area()); //调用派生类中被重写的
```

```
Area()方法
34              oblong ob1 = new oblong(2, 3);
35              Console.WriteLine("长方形面积是: {0}", ob1.Area());
36               Console.Read();
37
38          }
39      }
40  }
```

程序结果与例 4.17 相同，但需要特别注意的是 override 和 new 的用法是不同的，二者都是派生类中定义了与基类相同的方法。override 和 new 的相同点是派生类对象将执行各自的派生类中的方法，不同点是派生类对象在向上转型后，重写基类调用的是派生类的方法，而隐藏基类调用的是基类的方法。

4.6.4 抽象类与抽象方法

有时使用多态并不需要创建父类对象，而且父类中的某些方法不需要方法体，只是表达抽象的概述，用来为它的派生类提供一个公共界面，此时可使用抽象类和抽象方法。

抽象类是指不能被实例化的类，它只能用来派生新的类。在 C#中，在类前加关键字 abstract 就可以定义一个抽象类，抽象类的定义格式如下：

```
[访问修饰符] abstract class 类名
{
    //抽象类成员的定义
}
```

抽象类是不能够被实例化的，在一个抽象类上使用 new 关键字是错误的。如果一个类中包含抽象方法，那么这个类一定要声明为抽象类。同时，抽象方法一定要在子类中重写，让抽象方法成为一个具体的实实在在的方法。抽象方法的定义格式与抽象类相同，需要在方法名前加 abstract 关键字，定义格式如下：

```
[访问抽象符] abstract void 方法名(方法参数);
```

抽象方法具有以下特征：抽象方法是隐式的虚方法，只允许在抽象类中声明抽象方法，抽象方法的声明不提供实际的实现。

由于抽象类不能实例化，因此，抽象方法的功能需要在派生类中用重写同名方法的方式实现。重写的方法与抽象类中的方法的参数及其类型、方法名都要相同。下面通过案例说明它们的用法。

【例 4.19】 在抽象类中声明抽象方法，并在两个派生类中分别重写抽象方法。

```
1  using System;
2  namespace ex4_19
3  {
4      public abstract class oblong   //关键字 abstract 可以放在修饰符前面
5      {
6          protected double x, y;
7          public const double p = Math.PI;
8          public oblong(double x1, double y1)     //构造方法
9          {
10             x = x1;
11             y = y1;
12         }
13         public abstract double Area();
14     }
```

```
15    public class round : oblong   //声明派生类
16    {
17        public round(double r) : base(r, 0)
18        {
19        }
20         public override double Area()    //new 也可以放在访问修饰符的前面
21        {
22            Console.WriteLine("用于求圆的面积：");
23            return p * x * x;
24        }
25    }
26    public class  rectangle:oblong
27    {
28        public rectangle(double l,double w):base(l,w)
29        {
30        }
31         public override double Area()
32        {
33            Console.WriteLine("用于求长方形面积：");
34            return x * y;
35        }
36    }
37
38    class Program
39    {
40        static void Main(string[] args)
41        {
42            round r1 = new round(2);
43            Console.WriteLine(r1.Area());
44            rectangle l1 = new rectangle(2, 3);
45            Console.WriteLine(l1.Area());
46            Console.Read();
47        }
48    }
49    }
```

按 Ctrl+F5 组合键，运行结果如图 4.15 所示。

程序说明：oblong 类前面添加了关键字 abstract 表明其为抽象类，此类中声明有 Area() 方法，以 ";" 结束，并没有方法体。在派生类 round 和 rectangle 中，重写了从基类 oblong 中继承的方法 Area()。由于 oblong 类为抽象类，所以不能实例化。如果 Main() 方法中出现 oblong b1 =new oblong 则编译出错。

图 4.15　例 4.19 程序运行结果

4.7　实验一　简易猜拳游戏

【实验目的】

（1）掌握类的定义及使用方法。

（2）掌握类的属性用法。

【实验内容】

需要新建玩家类、计算机类、裁判类，玩家出拳由用户控制。使用数字 1 代表剪刀、2 代表石头、3 代表布，计算机出拳由计算机随机产生，裁判根据玩家与计算机的出拳情况判断输赢。

【实验环境】

操作系统：Windows 7/8/10（64 位）；Mac OS X 10.11 及以上版本。

处理器：4.0GHz 及以上。

内存：4GB 及以上。

GPU：有 DirectX 9（着色器模型 2.0）功能。

【实验步骤】

步骤 1：玩家类的创建。新建名称为 Game 的项目，在该项目中添加一个玩家类，名称为 Player，在该类中添加访问用户出拳的方法，并将用户输入的数字转换为出拳。Player 代码参考如下：

```
1  using System;
2  namespace Game
3  {
4    class Player
5    {
6       string name;
7       public string Name
8       {
9          get { return name; }
10          set { name = value; }
11      }
12
13      public int ShowFist()
14      {
15       Console.WriteLine("请问,你要出什么拳?  1.剪刀    2.石头    3.布");
16       int result = ReadInt(1, 3);
17       string fist = IntToFist(result);
18        Console.WriteLine("玩家:{0}出了 1 个{1}", name, fist);
19       return result;
20     }
21     private string IntToFist(int input)
22     {
23       string result = string.Empty;
24
25       switch (input)
26       {
27           case 1:
28               result = "剪刀";
29               break;
30           case 2:
31               result = "石头";
32               break;
33           case 3:
34               result = "布";
35               break;
36       }
37       return result;
38    }
39    private int ReadInt(int min, int max)
40    {
41       while (true)
42       {
```

```
43              //从控制台获取用户输入的数据
44              string str = Console.ReadLine();
45
46              //将用户输入的字符串转换成 int 类型
47              int result;
48              if (int.TryParse(str, out result))
49              {
50                  //判断输入的范围
51                  if (result >= min && result <= max)
52                  {
53                      return result;
54                  }
55                  else
56                  {
57                      Console.WriteLine("请输入1个{0}-{1}范围的数", min, max);
58                      continue;
59                  }
60              }
61          else
62          {
63              Console.WriteLine("请输入整数");
64          }
65      }
66  }
67 }
68 }
```

步骤 2：计算机类的创建。在 Game 项目中单击鼠标右键，新建一个计算机类，名称为 Computer，在计算机类中实现生成一个随机数，让计算机随机出拳。参考代码如下：

```
1  using System;
2  namespace Game
3  {
4    class Computer
5    {
6      //生成一个随机数，让计算机随机出拳
7      Random ran = new Random();
8        public int ShowFist()
9        {
10           int result = ran.Next(1, 4);
11           Console.WriteLine("计算机出了:{0}", IntToFist(result));
12           return result;
13       }
14
15     private string IntToFist(int input)
16     {
17         string result = string.Empty;
18
19       switch (input)
20       {
21             case 1:
22                 result = "剪刀";
23                 break;
24             case 2:
25                 result = "石头";
```

```
26                        break;
27                 case 3:
28                        result = "布";
29                        break;
30            }
31        return result;
32    }
33 }
34 }
```

步骤 3：裁判类的创建。在 Game 项目中单击鼠标右键，新建一个裁判类，名称为 Judge，在裁判类中实现判断是计算机胜出还是用户胜出的功能。参考代码如下：

```
1  using System;
2  namespace Game
3  {
4    class Judge
5    {
6        public void Determine(int p1, int p2)
7        {
8            if (p1 - p2 == -2 || p1 - p2 == 1)
9            {
10                Console.WriteLine("玩家胜利!");
11            }
12            else if (p1 == p2)
13            {
14                Console.WriteLine("平局");
15            }
16            else
17            {
18                Console.WriteLine("玩家失败!");
19            }
20        }
21    }
22 }
```

步骤 4：主类的编写。单击项目默认创建的 Program 类，调用玩家类、计算机类、裁判类实现游戏功能。参考代码如下：

```
1  using System;
2
3  namespace Game
4  {
5    class Program
6    {
7        static void Main(string[] args)
8        {
9            Player p1 = new Player() { Name = "Tony" };
10            Computer c1 = new Computer();
11            Judge j1 = new Judge();
12            while (true)
13            {
14                int res1 = p1.ShowFist();
15                int res2 = c1.ShowFist();
16                j1.Determine(res1, res2);
17                Console.ReadKey();
18            }
```

```
19      }
20    }
21  }
```

完成该类编写后，直接单击▶运行程序，运行结果如图 4.16 所示。

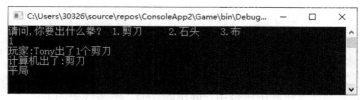

图 4.16 猜拳游戏运行结果

4.8 实验二 系统登录用户类的编写

【实验目的】

（1）树立面向对象编程的思想。

（2）掌握类的构造方法和创建对象的方法。

（3）加强对面向对象编程核心概念的认识与理解。

【实验内容】

在游戏开发中，游戏用户登录都会有用户信息，装备有装备信息，在 C#面向对象编程的理念中，需要把这些信息封装成实体类，然后去调用它。本例要求创建一个游戏用户类 gameUser，在该类中添加相应的字段和属性、构造方法。

【实验环境】

操作系统：Windows 7/8/10（64 位）；Mac OS X 10.11 及以上版本。

处理器：4.0GHz 及以上。

内存：4GB 及以上。

GPU：有 DirectX 9（着色器模型 2.0）功能。

【实验步骤】

步骤 1：编写游戏用户类 gameUser。新建项目，项目名称为 MyGame，在该项目添加一个游戏用户类，名称为 gameUser。参考代码如下：

```
1  namespace myGame
2  {
3    class gameUser
4    {
5    }
6  }
```

步骤 2：在类中添加字段和属性。参考代码如下：

```
1  private string username;
2        public string Username
3        {
4            get { return username; }
5            set { username = value; }
6        }
7        private string password;
8        public string Password
9        {
10            get { return password; }
```

```
11              set { password = value; }
12        }
```

步骤 3： 添加类的构造方法。参考代码如下：

```
1 public gameUser()
2        {
3        }
4        }
5        public gameUser(string username,string password)
6        {
7            this.username = username;
8            this.password = password;
9        }
```

步骤 4： 使用主类的 Main()方法实例化游戏用户类。单击项目默认创建的 Program 类，在 Main()方法中实例化游戏用户类。参考代码如下：

```
1 using System;
2 namespace myGame
3 {
4   class Program
5   {
6        static void Main(string[] args)
7        {
8            gameUser guer1 = new gameUser("剑士", "123456");
9            Console.WriteLine("玩家: " + guer1.Username + ",密码是: " +
guer1.Password);
10            Console.Read();
11        }
12   }
13 }
```

完成该类编写后，直接单击▶运行程序，运行结果如图 4.17 所示。

图 4.17　游戏用户类运行结果

本章小结

　　本章主要讲解了面向对象编程的基础知识，首先介绍了对象和类的基本概念，重点对类和对象以及构造函数、析构函数进行了详细地讲解，然后通过案例详细介绍了封装性、继承性、多态性 3 个基本特性。通过两个案例帮助读者掌握面向对象编程的基本思想及应用方法。

习题

一、选择题

1. 在 C#程序中，使用关键字（　　　）来定义静态成员。

　　A．malloc　　　　　　B．class　　　　　　C．private　　　　　　D．static

2. 在 C#类中，使用（　　　）关键字来设置只读属性。

    A. get   B. let   C. set   D. is

3. 在 C#程序中，如果类 B 要继承类 A，那么类 B 正确的定义为（　　　）。

    A. public class B inherit A   B. public class B : A

    C. public class B :: A   D. public class　B　form　A

4. 在 C#的类中（　　　）。

    A. 允许有多个相同名称的构造函数   B. 至少要有一个构造函数

    C. 允许有多个不相同名称的构造函数   D. 只能有一个构造函数

5. 声明方法时，如果有参数，则必须写在方法名后面的小括号内，并且必须指明它的类型和名称，若有多个参数，需要用（　　　）隔开。

    A. 逗号   B. 分号

    C. 冒号   D. 不能定义多个参数

6. 下列关于抽象类的说法错误的是（　　　）。

    A. 抽象类可以实例化   B. 抽象类可以包含抽象方法

    C. 抽象类可以包含抽象属性   D. 抽象类可以引用派生类的实例

二、简答题

1. 简述对象和类的概念。

2. 构造函数和析构函数的主要作用是什么？

三、编程题

1. 利用构造函数实现动物类 Animal 的初始化并输出相关信息。

2. 创建具有继承关系的两个类（动物类 Animal 和牛类 Cow），都包含"叫"的方法，即 jiao()。

第 5 章　接口、委托与事件

【学习目的】
- 掌握接口的概念和应用方法。
- 掌握委托和匿名方法的使用方法。
- 掌握类的继承和多态。

前面讲解了面向对象的基础知识、数据类型和类，本章进一步讲解 C# 的接口、委托与事件等面向对象编程的基本技术。

5.1　接口

C#中的类理论上不支持多重继承，但是实际中出现多重继承的情况又比较多。为了避免传统的多重继承给程序员带来的复杂性问题，同时保持多重继承带给程序员的诸多好处，在 C#中提出接口的概念，通过接口实现多重继承的功能。

5.1.1　接口的概念

接口提出了一种契约，也是一种标准，就像机械加工企业的标准件一样的标准，让使用接口的程序员必须严格遵守接口提出的"约定"。

接口可以以方法、属性、索引器和事件作为成员，但并不能设置这些成员的具体值，也就是说，只能够定义。

接口的作用在某种程度上和抽象类的作用相似，但与抽象类不同的是，接口是完全抽象的成员集合。另外，类可以继承多个接口，但不能继承多个抽象类。

接口可以继承其他接口，类可以通过其继承的基类（或接口）多次继承同一个接口。

接口主要有以下特点。
- 接口类似抽象基类：继承接口的任何非抽象类都必须实现接口的所有成员。
- 不能直接实例化接口。
- 接口可以包含事件、索引器、方法和属性。
- 接口不包含方法的实现。
- 类和结构可从多个接口继承。
- 接口自身可从多个接口继承。

5.1.2　接口的声明

在 C#中声明接口时，使用 interface 关键字，其语法格式如下：

```
修饰符 interface 接口名称：继承的接口列表
{
  接口内容;
}
```

例如，使用 interface 关键字定义一个 Information 接口，在该接口中声明 Code 和 Name 两个属性，分别表示编号和名称，声明一个方法 ShowInfo，用来输出信息。代码如下：

```
interface Information                //定义接口
{
  string Code { get ; set ; }        //编号属性及实现
  string Name{ get ; set ; }         //名称属性及实现
  void ShowInfo();                   //用来输出信息
}
```

说明 　接口中的成员默认是公共的，因此，不允许加访问修饰符。

5.1.3　接口的应用

以一个银行的例子来说明接口的应用。银行账户有很多种，如储蓄卡、黄金卡、白金卡、钻石卡等。一个银行账户相当于一个类，这些不同等级的银行账户都具有一些共同的基本功能（如存钱、取钱等），而等级高的账户还有一些额外功能来提升银行的服务水平，所以这些账户类既有共同的功能，又具有差异性。

【例 5.1】　通过继承接口，实现银行不同储蓄卡的管理。

思路分析：建立一个控制台应用项目 test5_1，在 Program.cs 中首先定义一个账户接口 1，接口 1 是所有银行账户必须实现的接口，包含最基本的功能，再定义一个普通储蓄账户 1 继承接口 1；然后定义账户接口 2，接口 2 包含高级银行卡的功能，再定义一个金卡账户 2，高级银行账户还要继承接口 1 和接口 2 的功能。

步骤 1：定义接口 1。代码如下：

```
1  //账户接口1（所有银行账户类都要继承此接口）
2  public interface IBankAccount
3    {
4          void PayIn(decimal amount);        //存钱方法
5          bool Withdraw(decimal amount);     //取钱方法
6          decimal Balance { get; }           //账户余额
7    }
```

步骤 2：定义一个普通储蓄账户，命名为 SaverAccount，这个账户显然必须实现接口 1，因为接口 1 中的功能是银行规定的所有账户都要有的。代码如下：

```
1  //账户类1,普通储蓄账户
2    public class SaverAccount : IBankAccount
3    {
4         private decimal balance;
5         public void PayIn(decimal account)
6      {
```

```
7                balance = balance + account;
8        }
9      public bool Withdraw(decimal amount)
10      {
11          if (balance > amount)
12          {
13                balance = balance - amount;
14                return true;
15          }
16          Console.WriteLine("余额不足!");
17          return false;
18      }
19      public decimal Balance
20      {
21       get
22       {
23            return balance;
24       }
25      }
26    public override string ToString()
27      {
28        return String.Format("Saver Bank balance:",balance);
29      }
30    }
```

从普通储蓄账户中可以看出，SaverAccount 类实现了所有继承自接口 IBankAccount 的方法，否则编译会报错。普通储蓄账户有存钱（PayIn）、取钱（Withdraw）和获取账户余额（Balance）的功能。

步骤 3：下面再定义一个接口 2，接口 2 中包含高级银行账户的一些额外功能。代码如下：

```
1  //账户接口2（高级银行账户要继承此接口）
2    public interface IBankAdvancedAccount
3    {
4        void DealStartTip();      //交易开始提示功能
5        void DealStopTip();       //交易结束提示功能
6    }
```

步骤 4：定义一个金卡账户，命名为 GoldAccount，这个金卡账户必须实现接口 1，同时还要实现接口 2。代码如下：

```
1  //账户类2，金卡账户
2    public class GoldAccount : IBankAccount, IBankAdvancedAccount
3    {
4        private decimal balance;
5      public void PayIn(decimal account)
6      {
7            balance = balance + account;
8      }
9      public bool Withdraw(decimal amount)
10      {
11          if (balance > amount)
12          {
13              balance = balance - amount;
14              return true;
15          }
```

```
16              Console.WriteLine("余额不足!");
17              return false;
18      }
19      public decimal Balance
20      {
21          get
22          {
23              return balance;
24          }
25      }
26      public override string ToString()
27      {
28          return String.Format("Saver Bank balance:", balance);
29      }
30      public void DealStartTip() //金卡客户，在交易开始的时候必须实现这个方法
31      {
32          Console.WriteLine("交易开始，请注意周围环境");
33      }
34      public void DealStopTip() //金卡客户，在交易结束的时候必须实现这个方法
35      {
36          Console.WriteLine("交易结束，请带好您的贵重物品，欢迎下次光临!");
37      }
38  }
```

由金卡账户类 GoldAccount 可以看出，它除了具有普通储蓄账户类 SaverAccount 所具有的存钱、取钱、查询余额的功能外，还具有一些金卡账户彰显尊贵身份的独特功能，那就是 DealStartTip()和 DealStopTip()等提示用户注意安全的功能。

为了方便读者学习，本节将接口和类写在了一起。整个项目的完整代码可以下载配套资源查看。

由程序的入口处可以看出，普通储蓄账户 SaverAccount 只能存钱、取钱和查看余额；金卡账户 GoldAccount 还能在交易开始和结束的时候收到银行额外的关怀（提示用户注意安全）。

由此可以想到：首先，接口具有约束作用，可以限定类必须实现某些功能；其次，接口减少了代码量，便于扩展，例如银行账户等级越高，所具有的功能就越多（实现更多的接口）；再次，接口可以规范多个开发人员的代码编写。

5.2　委托

为了实现方法的参数化，提出了委托的概念。委托是一种引用方法的类型，即委托是方法的引用，一旦为委托分配了方法，委托将与该方法具有完全相同的行为。另外，.NET 中为了简化委托方法的定义，提出了匿名方法的概念。

5.2.1　委托的定义

委托是一个类，它定义了方法的类型，使得可以将方法当作另一个方法的参数来进行传递。这种将方法动态地赋给参数的做法，可以避免在程序中大量使用 if…else…(Switch)语句，同时使得程序具有更好的可扩展性。委托与函数指针的区别如下。

（1）安全性：C/C++的函数指针只是提取了函数的地址，并将其作为一个参数进行传递，没有类型安全性，可以把任何函数传递给需要函数指针的地方；而.NET 中的委托是类型安全的。

（2）与实例的关联性：在面向对象编程中，几乎没有方法是孤立存在的，原因是在调用方法前通常需要与类实例相关联。委托可以获取到类实例中的信息，从而实现与实例的关联。

（3）函数指针本质上是一个指针变量，分配在栈中；委托类型声明的是一个类，将类实例化为一个对象，分配在堆中。

（4）委托可以指向不同类中具有相同类型返回参数和签名的函数，而函数指针不可以。

5.2.2 委托的声明

委托类型声明的语法格式如下：

【修饰符】delegate【返回值类型】【委托名称】(【参数列表】)

其中，【修饰符】是可选项，【返回值类型】、【委托名称】和关键字 delegate 是必需项，【参数列表】用来指定委托所匹配方法的参数列表。

一个与委托类型相匹配的方法必须满足以下两个条件。

① 这二者具有相同的签名，即具有相同的参数数目，并且类型相同、顺序相同、参数的修饰符也相同。

② 这二者具有相同的返回值类型。

委托是方法的类型安全的引用，委托之所以是安全的，是因为委托和其他所有的 C#成员一样，是一种数据类型，并且任何委托对象都是 System.Delegate 的某个派生类的一个对象，委托的类结构如图 5.1 所示。

从图 5.1 所示的结构可以看出，任何自定义委托类型都继承 System.Delegate 类，并且该类封装了许多委托的特性和方法。

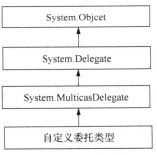

图 5.1 委托的类结构

5.2.3 委托的应用

下面通过例子来说明委托的应用。

某公司在进行野外拓展训练时让 3 个员工各自带一样东西出门，并带回一只动物。这可以理解为一种委托。3 个人执行委托的方法各不相同，如 1 号员工带回的猎物是麻雀，是打猎获取的，用的工具是弓；2 号员工带回的是兔子，是他花钱买的；3 号员工带回的猎物是一条鱼，是他用网捞的。

从上面的例子可以看出，生成委托有 4 步：

- 声明委托类型；
- 有一个方法包含了执行的代码；
- 创建委托实例；
- 调用委托实例。

【例 5.2】 创建一个控制台应用程序，首先定义一个实例方法 Add()，将该方法作为自定义委托类型 MyDelegate 的匹配方法。然后在控制台应用程序的默认类 Program 中定义一个委托类 MyDelegate，接着在应用程序的入口方法 Main()中创建该委托类型的实例 md，并绑定到 Add()方法上。

步骤 1：创建一个项目 test5_2。
步骤 2：输入以下代码。

```
1  using System;
2  namespace test5_2
3  {
```

```
4      public class TestClass
5      {
6           public int Add(int x, int y)
7         { return x + y; }
8      }
9      class Program
10     {
11         public delegate int MyDelegate(int x, int y); //定义一个委托类型
12         static void Main(string[] args)
13         {
14             TestClass tc = new TestClass();
15             MyDelegate md = tc.Add;
16             int intSum = md(2, 3);
17             Console.WriteLine("运算结果是: "+intSum.ToString());
18             Console.Read();
19         }
20     }
21 }
```

步骤 3：按 F5 键调试，运行结果如图 5.2 所示。

图 5.2　运行结果

代码中的 MyDelegate 自定义委托类型继承自 System.MulticastDelegate，并且该自定义委托类型包含一个名为 Invoke() 的方法，该方法接受两个整型参数并返回一个整数值，由此可见 Invoke() 方法的参数及返回值类型与 Add() 方法完全相同。实际上程序在进行委托调用时就是调用了 Invoke() 方法，所以上面的委托调用完全可以写成下面的形式。

```
int intSum = md.Invoke(2,3);
```

【例 5.3】 下面通过一个热水器的工作情况来说明委托。假设有台电热水器，给它通上电，当水温超过 95℃的时候：①扬声器会开始发出语音，告诉用户水的温度；②液晶屏也会改变水温的显示，提示水快烧开了。编写代码实现这两个功能。

思路分析如下。

一般热水器由 3 部分组成：热水器、警报器、显示器。它们来自不同厂商并进行了组装。那么，热水器应该仅仅负责烧水，它不能发出警报也不能显示水温；在水烧开时由警报器发出警报；显示器显示提示和水温。

如何在水烧开的时候通知报警器和显示器？在继续进行之前，先了解 Observer 设计模式，Observer 设计模式中主要包括如下两类对象。

● Subject：监视对象，它往往包含其他对象所感兴趣的内容。在本例中，热水器就是一个监视对象，它包含的其他对象所感兴趣的内容就是 temperature 字段，当这个字段的值快到 100 时，它会不断把数据发给监视它的对象。

● Observer：监视者，它监视 Subject，当 Subject 中的某件事发生的时候，Subject 会告知 Observer，而 Observer 则会采取相应的行动。在本例中，Observer 有警报器和显示器，它们采取的行动分别是发出警报和显示水温。

在本例中，事情发生的顺序应该是这样的。

① 警报器和显示器告诉热水器，它们对它的温度比较感兴趣（注册）。

② 热水器知道后保留对警报器和显示器的引用。

③ 热水器进行烧水动作，当水温超过95℃时，通过对警报器和显示器的引用，自动调用警报器的 MakeAlert()方法、显示器的 ShowMsg()方法。

Observer 设计模式定义了对象间的一种一对多的依赖关系，以便于当一个对象的状态改变时，其他依赖于它的对象会被自动告知并更新。Observer 模式是一种松耦合的设计模式。

步骤 1：创建一个控制台应用程序，命名为 Delegate。

步骤 2：输入程序代码如下。

```
1  using System;
2  using System.Collections.Generic;
3  using System.Text;
4  using System.Threading;
5  namespace Delegate
6  {
7      // 热水器
8      public class Heater
9      {
10         private int temperature;
11         public string type = "RealFire 001";    //添加型号作为演示
12         public string area = "China Xi'an";     //添加产地作为演示
13          //声明委托
14         public delegate void BoiledEventHandler(Object sender, BoiledEventArgs e);
15         public event BoiledEventHandler Boiled; //声明事件
16         //定义 BoiledEventArgs 类，传递给 Observer 所感兴趣的信息
17         public class BoiledEventArgs : EventArgs
18         {
19             public readonly int temperature;
20             public BoiledEventArgs(int temperature)
21             {
22                 this.temperature = temperature;
23             }
24         }
25         //可以供继承自 Heater 的类重写，以便继承类拒绝其他对象对它的监视
26         protected virtual void OnBoiled(BoiledEventArgs e)
27         {
28             if (Boiled != null)
29           { //如果有对象注册
30               Boiled(this, e); //调用所有注册对象的方法
31           }
32         }
33         //烧水
34          public void BoilWater()
35         {
36             for (int i = 0; i <= 100; i++)
37             {
38                 temperature = i;
39                 if (temperature > 95)
40                 {
41                     //建立 BoiledEventArgs 对象
42                     BoiledEventArgs e = new BoiledEventArgs(temperature);
```

```
43                    OnBoiled(e);  //调用 OnBolied()方法
44                }
45            }
46      }
47  }
48  //警报器
49  public class Alarm
50  {
51      public void MakeAlert(Object sender, Heater.BoiledEventArgs e)
52      {
53              Heater heater = (Heater)sender;
54          //访问 sender 中的公共字段
55          Console.WriteLine("Alarm: {0} - {1}: ", heater.area, heater.type);
56          Console.WriteLine("Alarm: 嘀嘀嘀，水已经 {0} ℃了: ", e.temperature);
57          Console.WriteLine();
58      }
59  }
60  //显示器
61  public class Display
62  {
63      public static void ShowMsg(Object sender, Heater.BoiledEventArgs e)
64      {  //静态方法
65          Heater heater = (Heater)sender;
66          Console.WriteLine("Display: {0} - {1}: ", heater.area, heater.type);
67          Console.WriteLine("Display:水快烧开了,当前温度:{0}℃。", e.temperature);
68          Console.WriteLine();
69          //在想要停顿的地方加上以下语句
70          Thread.Sleep(1000);  //停顿 1000ms
71      }
72  }
73  class Program
74  {
75      static void Main()
76      {
77          Heater heater = new Heater();
78          Alarm alarm = new Alarm();
79          heater.Boiled += alarm.MakeAlert;  //注册方法
80          heater.Boiled += (new Alarm()).MakeAlert;   //给匿名对象注册方法
81          heater.Boiled += new Heater.BoiledEventHandler(alarm.MakeAlert);
//也可以这样注册
82          heater.Boiled += Display.ShowMsg;    //注册静态方法
83          heater.BoilWater();  //烧水，会自动调用注册过对象的方法
84      }
85  }
86  }
```

步骤 3：按 F5 键调试，输出结果为：

```
Alarm: China Xian - RealFire 001:
 Alarm: 嘀嘀嘀，水已经 96 ℃了:
Alarm: China Xian - RealFire 001:
 Alarm: 嘀嘀嘀，水已经 96 ℃了:
Alarm: China Xian - RealFire 001:
```

```
 Alarm: 嘀嘀嘀，水已经 96 ℃了:
Display: China Xian - RealFire 001:
 Display: 水快烧开了，当前温度：96℃。
……
```

5.2.4　匿名方法

在 C#语言中，为了简化委托的可操作性，提出了匿名方法的概念，它在一定程度上降低了代码量，并简化了委托引用方法的过程。

匿名方法允许一个与委托关联的代码被内联地写入使用委托的位置，这使得代码对于委托的实例很直接。除了这种便利之外，匿名方法还可以共享对本地语句包含的方法成员的访问。匿名方法的语法格式如下：

```
delegate (【参数列表】)
{
    【代码块】
}
```

【例 5.4】　创建一个控制台应用程序 test5_4，首先定义一个无返回值参数为字符串的委托类 DelOutput，然后在主程序默认类 Program 中定义一个静态方法 NameMethod()，该方法与委托类型 DelOutput 相匹配，再在 Main()方法中定义一个匿名方法 delegate(string j)，并创建委托类型 DelOutput 的对象，最后通过委托 del 调用匿名方法和命名方法。

步骤 1：创建一个控制台应用程序 test5_4。

步骤 2：根据题意，编写代码如下。

```
1  using System;
2  using System.Collections.Generic;
3  using System.Linq;
4  using System.Text;
5  using System.Threading.Tasks;
6
7  namespace test5_4
8  {
9      delegate void DelOutput(string s);        //自定义委托类型
10     class Program
11     {
12         static void NamedMethod(string k)     //与委托匹配的命名方法
13         {
14             Console.WriteLine(k);
15         }
16         static void Main(string[] args)
17         {
18             //委托的引用指向匿名方法 delegate(string j){}
19             DelOutput del = delegate (string j)
20             {
21                 Console.WriteLine(j);
22             };
23             del.Invoke("匿名方法被调用");        //委托对象 del 调用匿名方法
24             //del("匿名方法被调用");             //委托也可使用这种方式调用匿名方法
25             Console.Write("\n");
26             del = NamedMethod;                  //委托绑定到命名方法 NamedMethod()
27             del("匿名方法被调用");              //委托对象 del 调用命名方法
```

111

```
28              Console.ReadLine();
29          }
30      }
31 }
```

步骤 3：按 F5 键调试，运行结果如图 5.3 所示。

图 5.3　运行结果

5.3　事件

C#中的事件是指某个类的对象在运行过程中遇到的一些特定事情，并把这些特定的事情通知给这个对象的使用者。当发生与某个对象相关的事件时，类会使用事件将这一对象通知给用户，这种通知被称为"引发事件"。引发事件的对象称为事件的源或发送者。对象引发事件的原因很多，如响应对象数据的更改、长时间运行的进程完成或服务中断等。

5.3.1　事件的定义

事件是 C#中另一个高级概念，它的使用方法和委托相关。例如，奥运会参加百米赛跑的田径运动员听到枪声后，立即进行比赛。其中枪声是事件，而运动员比赛就是这个事件发生后的动作。不参加该项比赛的人对枪声没有反应。枪声响起，就发生了一个事件。裁判员通知该事件发生，参加比赛的运动员仔细听枪声是否响起。运动员是该事件的订阅者，没有参赛的人不会注意，即没有订阅该事件。

5.3.2　事件的使用

C#中使用事件需要执行以下步骤：
① 创建一个委托；
② 将创建的委托与特定事件关联（.NET 类库中的很多事件都是已经定制好的，所以它们也就有相应的一个委托，在编写关联 C#事件处理程序也就是当有事件发生要执行方法的时候，需要有和这个委托相同的签名）；
③ 编写 C#事件处理程序；
④ 利用编写的 C#事件处理程序生成一个委托实例；
⑤ 把这个委托实例添加到产生事件对象的事件列表中，这个过程又叫订阅事件。

1．定义事件

定义事件时，发生者首先要定义委托，然后根据委托定义事件。定义事件的语法格式如下：

`<访问修饰符> event 委托名 事件名;`

2．事件的发布和订阅

由于委托能够引用方法，而且能够链接和删除其他委托对象，因此就能够通过委托来实现事件的"发布和订阅"这两个必要的条件。通过委托来实现事件处理的过程，通常需要执行以下 4 个步骤：
① 定义委托和其相关联的事件；
② 在发布器中写触发事件的条件（如方法、其他事件等）；
③ 在订阅器中编写处理事件的方法程序；
④ 通过事件订阅处理事件的方法程序。格式如下：

`<事件> += new <与事件关联的委托>( <处理事件的方法名> )`

【例 5.5】 以一家三口人吃饭的情景来加强对事件的理解。这一家人中母亲是事件的发布者，事件是吃饭了。儿子和父亲是事件的订阅者，各自的 Eat()方法是处理事件的方法。要求创建一个控制台应用程序，通过委托实现家人对母亲发布的"吃饭了"的指令后所做出的响应，步骤如下。

步骤 1： 定义一个委托类 mydelegate，其格式如下。

```
public delegate void mydelegate();          //声明一个委托类
```

步骤 2： 定义事件发布者母亲类。

```
class Mum{}
```

步骤 3： 定义订阅器儿子类。

```
class Son{}
```

步骤 4： 定义订阅器父亲类。

```
class Father{}
```

步骤 5： 在主程序中实例化 3 个类。

程序代码如下：

```
1  using System;
2  using System.Collections.Generic;
3  using System.Linq;
4  using System.Text;
5  using System.Threading.Tasks;
6  using System.IO;
7  /* C#中处理事件采用发布-订阅模型（publisher-subscriber model）
8   * 包含委托和事件申明的类是发布器
9   * 包含事件处理的类是订阅器 */
10  namespace test5_5
11  {
12    //定义一个"母亲"类，是发布器
13    class Mum {
14       //与事件关联的委托的定义
15        public delegate void mydelegate();
16        //事件的定义
17       public event mydelegate EatEvent;
18       public void Cook() {
19            Console.WriteLine("母亲：我饭做好了，快来吃饭了...");
20            //触发事件
21            EatEvent();
22       }
23    }
24    //定义一个"儿子"类，是订阅器
25    class Son {
26       //事件处理方法
27       public void Eat() {
28            Console.WriteLine("儿子：好，等会儿，妈，我写完成作业再吃...");
29       }
30    }
31    //定义一个"父亲"类，是订阅器
32    class Father {
33       //事件处理方法
34       public void Eat() {
35            Console.WriteLine("父亲：好，老婆，我来吃饭了...");
36       }
```

```
37      }
38    //主程序类
39    class Program
40    {
41        static void Main(string[] args)    //程序入口
42        {
43            /***********Main function************/
44            //实例化 3 个类
45            Mum mum = new Mum();
46            Father father = new Father();
47            Son son = new Son();
48            //事件订阅方法(订阅 son 和 father 的 Eat()方法)
49            mum.EatEvent += new Mum.mydelegate(son.Eat);
50            mum.EatEvent += new Mum.mydelegate(father.Eat);
51            mum.Cook();
52            /*************************************/
53            Console.ReadKey();
54        }
55    }
56  }
```

步骤 6：按 F5 键或单击工具栏上的启动按钮，运行结果如图 5.4 所示。

图 5.4　例 5.5 运行结果

5.4　实验　委托、事件与继承

【实验目的】
（1）掌握扩展方法的用法。
（2）掌握 C#委托和事件的用法。
（3）掌握 C#继承和多态概念。
（4）掌握常用接口的使用方法。

【实验内容】
认识委托、事件、接口与继承，并进行操作练习。

【实验环境】
操作系统：Windows 7/8/10（64 位）；Mac OS X 10.11 及以上版本。
处理器：4.0GHz 及以上。
内存：4GB 及以上。
GPU：有 DirectX 9（着色器模型 2.0）功能。

【实验步骤】

1. 编写一个静态类

编写一个静态类 MyExtensions，扩展.NET Framework 基本类的功能。

步骤 1：定义一个扩展方法 IsPalindrome()，扩展 String 类的功能，来判断字符串是否为回文（顺读和倒读内容都一样的文本）。为提高程序效率，该方法中不能直接调用 Reverse() 方法。

　　步骤 2：定义一个扩展方法 ReverseDigits()，允许 int 将自己的值倒置，例如将整型 1234 调用 ReverseDigits()，返回结果为 4321。

　　代码如下：

```
1  using System;
2  using System.Collections.Generic;
3  using System.Linq;
4  using System.Text;
5  using System.Threading.Tasks;
6  namespace test5_61
7  {
8      static class MyExtensions
9      {
10         public static bool IsPalindrome(this string str)
11         {
12             for(int i=0;i<str.Length;i++)
13             {
14                 if(str[i]!=str[str.Length-1-i])
15                 {
16                     return false;
17                 }
18             }
19             return true;
20         }
21         public static int ReverseDigits(this int num)
22         {
23             int j=0,Reverse_num = 0;
24           int[] a = new int[10];//数组中元素的数量应该是可变的
25             for(int i=0;;i++)//注意
26             {
27                 if (num == 0)
28                     break;
29                 a[i] = num % 10;
30                 j++;
31                 num /= 10;
32             }
33             for(int i=0;i<j;i++)
34             {
35                 Reverse_num += (int)(a[i] * Math.Pow(10,j-i-1));
36  //这里一定要强制转换成 int
37             }
38             return Reverse_num;
39         }
40     }
41     class Program
42     {
43         static void Main(string[] args)
44         {
45         string str;
46         int a;
47         Console.Write("Enter a string: ");
48         str = Console.ReadLine();
49         Console.WriteLine("\""+str+"\""+(str.IsPalindrome()?" is ":" is
not ")+"a palindrome");
```

```
50              Console.Write("Enter an integer: ");
51                a=int.Parse(Console.ReadLine());
52                Console.WriteLine("The reverse of "+a+" is "+a.ReverseDigits());
53    Console.ReadKey();
54            }
55        }
56 }
```

步骤 3：按 F5 键，运行结果如图 5.5 所示。

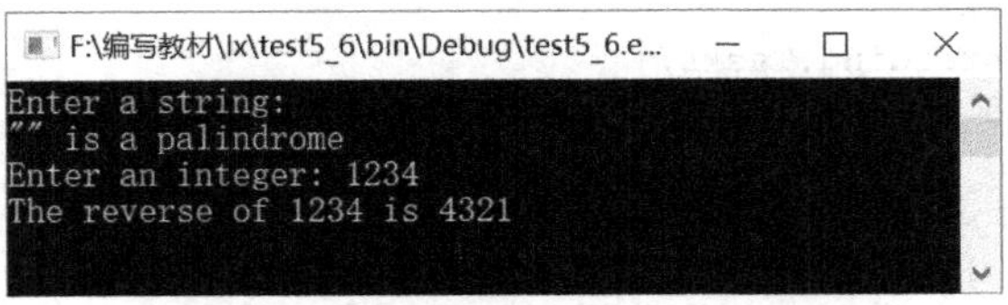

图 5.5　静态类运行结果

2. 应用委托知识

步骤 1：应用委托知识，完成以下程序。

```
1  using System;
2  using System.Collections.Generic;
3  using System.Linq;
4  using System.Text;
5  using System.Threading.Tasks;
6  namespace test5_62
7  {
8      class Program
9      {
10   //创建委托类型
11       public delegate bool NumberPredicate( int number );
12
13         static void Main( string[] args )
14       {
15         int[] numbers = { 1, 2, 3, 4, 5, 6, 7, 8, 9, 10 };
16         //生成委托实例
17         NumberPredicate evenPredicate = IsEven;
18         //利用委托变量调用 IsEven
19   Console.WriteLine( "Call IsEven using a delegate variable: {0}",evenPredicate(2));
20           //选出偶数
21         List< int > evenNumbers = FilterArray( numbers, evenPredicate );
22         //描述并输出
23          DisplayList( "Use IsEven to filter even numbers: ", evenNumbers );
24         //选出素数并输出
25         NumberPredicate primePredicate = IsPrime;
26         List<int> Prime = FilterArray_prime(numbers, primePredicate);
27         DisplayList_prime("Use IsPrime to filter even numbers: ", Prime);
28      }
29       private static List< int > FilterArray( int[] intArray,NumberPredicate
   predicate )
30       {
31         List<int> numbers=new List<int>();
32         for(int i=0;i<intArray.Length;i++)
33         {
34               if(predicate(intArray[i]))
```

```
35                    {
36                            numbers.Add(intArray[i]);
37                    }
38            }
39        return numbers;
40    }
41        private static List< int > FilterArray_prime( int[] intArray,
NumberPredicate predicate )
42    {
43        List<int> numbers=new List<int>();
44        for(int i=0;i<intArray.Length;i++)
45        {
46            if(predicate(intArray[i]))
47            {
48                numbers.Add(intArray[i]);
49            }
50        }
51        return numbers;
52    }
53    //偶数判断方法
54    private static bool IsEven( int number )
55    {
56        return ( number % 2 == 0 );
57    }
58    //判断是否为素数
59    private static bool IsPrime( int number )
60    {
61        bool flag=true;
62        if(number<=1)
63            return false;
64        else
65        {
66            for(int i=2;i<=Math.Sqrt(number);i++)
67            {
68                if(number%i==0)
69                {
70                    flag=false;
71                    break;
72                }
73            }
74        }
75        return flag;
76    }
77    //列表元素输出
78    private static void DisplayList(string description, List<int> list)
79    {
80        Console.Write(description);
81        foreach (int number in list)
82        {
83            Console.Write(number + " ");
84        }
85        Console.WriteLine();
86    }
87    private static void DisplayList_prime( string description, List< int > list )
88    {
```

```
89          Console.Write(description);
90          foreach(int number in list)
91          {
92                  Console.Write(number+" ");
93          }
94          Console.WriteLine();
95      }
96   }
97 }
```

步骤 2：按 Ctrl+F5 组合键，运行结果如图 5.6 所示。

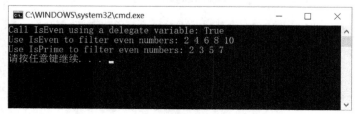

图 5.6　委托运行结果

3. 模拟连锁反应事件

步骤 1：创建 C#控制台应用程序 test5_63。

步骤 2：在程序中新建一个表示太阳的类 Sun，在其中定义一个事件 OnRise、一个成员方法 Rise()，并在方法中引发事件。参考源代码如下（太阳只有一个，所以将其定义为静态类）。

```
1 public static class Sun {
2    public static event EventHandler OnRise;
3    public static void Rise() {
4        Console.WriteLine("太阳从东方升起! ");
5        if (OnRise != null)
6        OnRise(null, null);
7    }
8 }
```

步骤 3：在程序中新建一个公鸡类 Cock，在其中定义私有字段 _name，针对 Sun.OnRise 事件的处理方法 Sun_OnRise()、事件 OnSing，以及引发该事件的方法 Sing()；在类的构造函数中初始化字段，并将事件处理方法与事件相关联。

参考源代码如下（Sun_OnRise()方法中调用了 Sing()方法，表示太阳升起会使公鸡打鸣）：

```
1 public class Cock
2 {
3    private string _name;
4    public Cock(string name) {
5      _name = name;
6      Sun.OnRise += new EventHandler(Sun_OnRise);
7    }
8  private void Sun_OnRise(object sender, EventArgs e)
9    {
10       Console.WriteLine("公鸡{0}: ", _name);
11       Console.WriteLine("雄鸡一声天下白! ");
12       this.Sing();
13  }
14
15    public event EventHandler OnSing;
16    public void Sing() {
```

```
17        Console.WriteLine("喔喔喔…");
18        if (OnSing != null)
19        OnSing(this, null);
20      }
21  }
```

步骤 4：在程序中新建一个主人类 Host，在其中同样定义字段_name、起床事件 OnGetup、起床方法 Getup()（引发起床事件）、养鸡方法 Foster()，以及 Cock.OnSing 事件的处理方法 c1_OnSing()，并在 Foster()方法中与事件相关联。

参考源代码如下（c1_OnSing()方法中调用了 Getup()方法，表示公鸡打鸣会使主人起床）：

```
1  public class Host {
2      private string _name;
3      public Host(string name) { _name = name; }
4      public event EventHandler OnGetup;
5      public void Getup() {
6        Console.WriteLine("日出而作…");
7        if (OnGetup != null)
8        OnGetup(this, null)
9      }
10     public void Foster(Cock c1)
11     {
12        c1.OnSing += new EventHandler(c1_OnSing);
13     }
14     private void c1_OnSing(object sender, EventArgs e)
15      {
16   Console.WriteLine("主人{0}: ", _name);
17        Console.WriteLine("闻鸡起舞! ");
18        this.Getup();
19     }
20  }
```

步骤 5：参照 Cock 类和 Host 类中的代码，新建狗类 Dog 和猫类 Cat，在其中定义字段_owner 以记录其主人对象，定义 owner_OnGetup()方法以处理 Host.OnGetup 事件（主人起床时，输出狗叫声"汪汪"和猫叫声"喵喵"），通过属性 Owner 封装字段_owner，并在其 set()访问方法中关联事件和事件处理方法。

Dog 类的代码如下：

```
public class Dog
    {
        private string _name;
        private Host _owner;
        public Dog(string name)
        {
            _name = name;
        }
        public Host Owner
        {
            get { return this._owner; }
            set
            {
                this._owner = value;
                Owner.OnGetup += new EventHandler(owner_OnGetup);
            }
        }
        private void owner_OnGetup(object sender, EventArgs e)
```

```
                {
                    Console.Write("狗 {0}: ", _name);
                    Console.WriteLine("汪汪");
                }
            }
        }
```

Cat 类的代码如下：

```
public class Cat
    {
        private string _name;
        private Host _owner;
        public Cat(string name)
        {
            _name = name;
        }
        public Host Owner
        {
            get { return this._owner; }
            set
            {
                this._owner = value;
                Owner.OnGetup += new EventHandler(owner_OnGetup);
            }
        }
        private void owner_OnGetup(object sender, EventArgs e)
        {
            Console.Write("猫 {0}: ", _name);
            Console.WriteLine("喵喵");
        }
    }
```

步骤 6： 在程序主方法中依次创建鸡、主人、狗、猫对象，而后调用 Sun.Rise()方法。参考源代码如下：

```
1  static void Main() {
2      Cock cock1 = new Cock("花花");
3      Host host1 = new Host("祖逖");
4      Host1.Foster(cock1);
5      Dog dog1 = new Dog("旺财");
6      dog1.Owner = host1;
7      Cat cat1 = new Cat("咪咪");
8      cat1.Owner = host1; Sun.Rise();
9  }
```

步骤 7： 编译运行程序，看看"太阳升起"这一事件会引发怎样的连锁反应，结果如图 5.7 所示。

图 5.7 "太阳升起"连锁反应事件的运行结果

为方便读者完成实验，本实验的完整代码如下：

```
1  using System;
2  using System.Collections.Generic;
3  using System.Linq;
4  using System.Text;
5  using System.Threading.Tasks;
6  namespace test5_63
7  {
8  //步骤 2 代码
9    public static class Sun
10   {
11        public static event EventHandler OnRise;   //EventHandler 为委托名
12        public static void Rise()
13        {
14              Console.WriteLine("太阳从东方升起！");
15              if (OnRise != null)
16                  OnRise(null, null);
17        }
18   }
19  //步骤 3 代码
20    public class Cock
21   {
22        private string _name;
23        public Cock(string name)
24        {
25            _name = name;
26            Sun.OnRise += new EventHandler(Sun_OnRise);
27        }
28        private void Sun_OnRise(object sender, EventArgs e)
29        {
30              Console.WriteLine("公鸡{0}: ", _name);
31              Console.WriteLine("雄鸡一声天下白！");
32              this.Sing();
33        }
34        public event EventHandler OnSing;
35        public void Sing()
36        {
37              Console.WriteLine("喔喔喔…");
38            if (OnSing != null)
39                OnSing(this, null);
40        }
41   }
42  //步骤 4 代码
43    public class Host
44   {
45        private string _name;
46        public Host(string name) { _name = name; }
47        public event EventHandler OnGetup;
48        public void Getup() {
49            Console.WriteLine("日出而作…");
50            if (OnGetup != null)
51                  OnGetup(this, null);
52   }
```

```
53      public void Foster(Cock c1)
54      {
55          c1.OnSing += new EventHandler(c1_OnSing);
56      }
57      private void c1_OnSing(object sender, EventArgs e)
58      {
59          Console.WriteLine("主人{0}: ", _name);
60          Console.WriteLine("闻鸡起舞! ");
61          this.Getup();
62      }
63   }
64  //步骤 5 中 Dog 类代码
65   public class Dog
66   {
67      private string _name;
68      private Host _owner;
69      public Dog(string name)
70      {
71          _name = name;
72      }
74
75      {
76          get { return this._owner; }
77          set
78          {
79              this._owner = value;
80              Owner.OnGetup += new EventHandler(owner_OnGetup);
81          }
82      }
83      private void owner_OnGetup(object sender, EventArgs e)
84      {
85          Console.Write("狗 {0}: ", _name);
86          Console.WriteLine("汪汪");
87      }
88   }
89  //步骤 5 中 Cat 类代码
90  public class Cat
91  {
92      private string _name;
93      private Host _owner;
94      public Cat(string name)
95      {
96          _name = name;
97      }
98      public Host Owner
99      {
100         get { return this._owner; }
101      set
102      {
103          this._owner = value;
104              Owner.OnGetup += new EventHandler(owner_OnGetup);
105      }
106     }
107     private void owner_OnGetup(object sender, EventArgs e)
108     {
```

```
109            Console.Write("猫 {0}: ", _name);
110             Console.WriteLine("喵喵");
111     }
112     }
113   //步骤6代码
114   class Program
115   {
116    static void Main(string[] args)
117    {
118          Cock cock1 = new Cock("花花");
119          Host host1 = new Host("祖逖");
120          host1.Foster(cock1);
121          Dog dog1 = new Dog("旺财");
122          dog1.Owner = host1;
123          Cat cat1 = new Cat("咪咪");
124          cat1.Owner = host1;
125          Sun.Rise();
126         Console.ReadKey();
127      }
128     }
129    }
```

4. 接口使用

练习接口的使用：设计一个 Person 类，带有 FirstName 和 LastName 属性，带有的 Birthday 属性（DateTime 类型），使之实现 IComparable 接口，并按 LastName 进行比较；如果 LastName 相同，就按 FirstName 进行比较。

分析：Array 类的 Sort() 方法需要数组中的元素实现 IComparable 接口，简单类型如 int 等已实现了 IComparable 接口，所以可以排序；如果 Person 对象的排序方式与上述不同，就可以自己创建一个类，实现 IComparer 接口，其中定义了方法 Compare()，它独立于要比较的类，因此需要两个参数进行比较；可以写一个 PersonComparer 类继承 IComparer，使得能够按 Birthday 进行排序；写一个测试类，生成如下 Person 数组，调用 Sort() 方法进行两种方式的排序。

```
1 new Person[] {
2 new Person { FirstName = "Damon", Lastname = "Hill", Birthday = new DateTime(1990,
5, 1) },
3 new Person { FirstName = "Niki", Lastname = "Lauda", Birthday = new DateTime(1995,
10, 4) },
4 new Person { FirstName = "Ayrton", Lastname = "Senna", Birthday = new DateTime(1992,
6, 23) },
5 new Person { FirstName = "Graham", Lastname = "Hill", Birthday = new DateTime(1994,
9, 15) }}
```

步骤 1： 创建一个控制台应用程序 test5_64。

步骤 2： 在控制台应用程序的默认类 Program 中输入以下源程序。

```
1 using System;
2 using System.Collections.Generic;
3 using System.Linq;
4 using System.Text;
5 using System.Threading.Tasks;
6 namespace test5_64
7 {
8   public class Person : IComparable<Person>
9   {
10       public string FirstName;
```

123

```
11          public string LastName;
12          public DateTime Birthday;
13          public Person() { }
14          public Person(string FirstName, string LastName, DateTime Birthday)
15          {
16              this.FirstName = FirstName;
17              this.LastName = LastName;
18              this.Birthday = Birthday;
19          }
20          public int CompareTo(Person p)
21          {
22              if (this.LastName.CompareTo(p.LastName) == 0)
23              {
24                  return this.FirstName.CompareTo(p.FirstName);
25              }
26              else
27                  return this.LastName.CompareTo(p.LastName);
28          }
29          public override string ToString()
30          {
31              return "FirstName=" + FirstName + ", " + "LastName=" + LastName + ",
  " + "Birthday=" + Birthday;
32          }
33      }
34      class PersonComparer : Person,IComparer<Person>
35      {
36          public PersonComparer()
37          {
38              this.Birthday = Birthday;
39          }
40          public int Compare(Person p1, Person p2)
41          {
42              return p1.Birthday.CompareTo(p2.Birthday);
43          }
44      }
45  class Program
46  {
47      static void Main(string[] args)
48      {
49          Person[] persons = new Person[] {
50          new Person { FirstName = "Damon", LastName = "Hill", Birthday = new
DateTime(1990, 5, 1) },
51          new Person { FirstName = "Niki", LastName = "Lauda" , Birthday = new
DateTime(1995, 10, 4) },
52          new Person { FirstName = "Ayrton", LastName = "Senna" , Birthday = new
DateTime(1992, 6, 23) },
53          new Person { FirstName = "Graham", LastName = "Hill" , Birthday = new
DateTime(1994, 9, 15) }
54          };
55          Console.WriteLine("Order by name:");
56          Array.Sort(persons);
57          foreach (var p in persons)
58          Console.WriteLine(p);
59          Console.WriteLine("Order by Birthday:");
60          Array.Sort(persons, new PersonComparer());
61          foreach (var p in persons)
62          Console.WriteLine(p);
```

```
63          Console.ReadKey();
64      }
65    }
66 }
```

步骤 3：按 F5 键或单击工具栏中启动按钮，运行结果如图 5.8 所示。

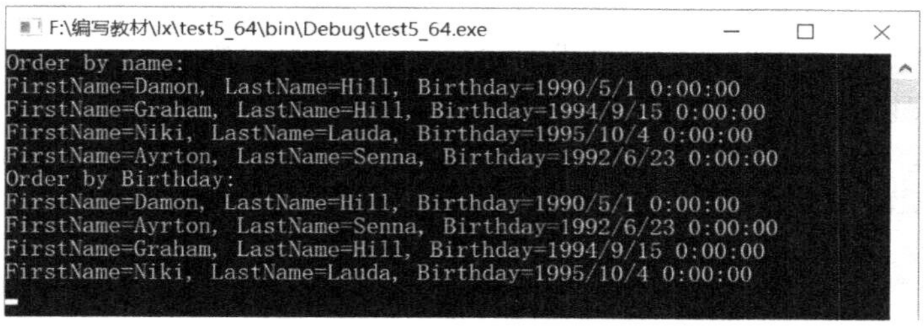

图 5.8　接口实验运行结果

5. 继承与多态

通过以下实例练习继承与多态。

步骤 1：在程序中新建一个电子收款机类 POS，在其中定义一个保护字段 _area 及其封装属性 Area，用于表示收款机所在地区的代码。

步骤 2：在程序中新建一个 IPayable 接口，为其定义一个表示支付的 Pay()方法，方法原型为 void Pay(decimal money, POS pos)。

步骤 3：在程序中新建一个银行卡类 BankCard，在其中定义保护字段 _account 和 _savings，分别表示银行卡账号和余额；为其定义带参构造函数，以及用于查询、取款和存款的成员方法。参考源代码如下（其中 Math.Round()方法用于将金额舍入到小数点后两位）：

```
1  public BankCard(string account)
2  { account = account;}
3  public virtual void Query () // 查询
4  {
5  Console.WriteLine ("银行卡{0}上余额为{1}",_account, _savings);
6  }
7  public virtual void Deposit (decimal money) // 存款
8  {
9  _savings += money;
10  _savings = Math.Round(_savings, 2);
11  }
12  public virtual void Draw (decimal money) // 取款
13  {
14  if (_savings > money)
15  {
16  _savings-=money;
17  _savings = Math.Round(_savings, 2);
18  }
19  else
20  Console.WriteLine("余额不足");
```

步骤 4：在程序中新建一个支付卡类 PayableCard，它继承了 BankCard 类和 IPayable 接口，并实现了接口的 Pay()方法，即当卡上余额大于支付金额时，从余额中减去支付金额并输出消息"支付 XXX 元"；否则输出信息"余额不足，无法进行支付"。

步骤 5：从 PayableCard 派生出本地卡类 LocalCard 和通行卡类 GlobalCard，二者均包含字段 _area，用于表示支付卡的地区代码。GlobalCard 还包含字段 _rate，表示异地支付的手续费比例（简单起见，这里设为 0.01）。在这两个类中重载基类的构造函数和 Pay()方法。当支付卡与所用 POS 机的地区代码不同时，本地卡不支持异地支付，通行卡则需要扣除手续费。

步骤 6：从 PayableCard 派生出信用卡类 CreditCard，在其中定义字段_limit、_rate，以及只读属性 Overdraw，分别表示透支额度、还款利率（可简单地设为 0.01），以及目前欠款（余额为正时欠款为 0，否则为余额的相反数）。在类中重载 Pay()、Query()和 Deposit()方法，其中支付不能超过透支额度；查询时应输出信用卡的额度、欠款和余额；存款时如果存在欠款，那么需要扣除存款利息。

步骤 7：在程序主方法中使用如下代码来测试上述类型，并解释程序的输出结果。

```
1   static void Main()
2   {
3   POS pos1 = new POS("010");
4   POS pos2 = new POS("021");
5   BankCard[] cards = new Card[4];
6   cards[0] = new BankCard("bj10000001") ;
7   cards [1] = new LocalCard ("bj90000009", "010");
8   cards [2] = new GlobalCard("sh30000001", "021");
9   cards[3] = new CreditCard("sh80000008", 10000);
10  for (int i = 0; i < cards.Length; i++)
11  {
12  cards[i]. Deposit(2200);
13  Console.WriteLine (" {0}支付前", cards [i]);
14  cards[i].Query();
15  if (cards[i] is IPayable)
16  {
17  ((IPayable)cards[i]).Pay(1000, pos1);
18  ((IPayable)cards[i]).Pay(1190, pos2);
19  }
20  Console .WriteLine (" {0}支付后", cards[i]);
21  cards[i].Query();
22  Console.WriteLine();
23  }
24  }
```

步骤 8：源程序如下。

```
1   using System;
2   using System.Collections.Generic;
3   using System.Linq;
4   using System.Text;
5   using System.Threading.Tasks;
6   namespace test5_65
7   {
8    public class POS
9    {
10   private string area;
11   public POS(string area)
12   {
13     this.area = area;
14   }
15    public string Area { get; set; }
16   }
17   public interface IPayable
18   {
19    void Pay(decimal money, POS pos);
```

```
20      }
21   class BankCard
22   {
23        private string _account;
24        decimal _savings;
25        public BankCard(string account)
26        {
27             _account = account;
28        }
29        public virtual void Query() //查询
30        {
31           Console.WriteLine("银行卡{0}上余额为{1}", _account, _savings);
32        }
33        public virtual void Deposit(decimal money) //存款
34        {
35             _savings += money;
36             _savings = Math.Round(_savings, 2);
37        }
38        public virtual void Draw(decimal money)   //取款
39        {
40             if (_savings > money)
41             {
42                  _savings -= money;
43                  _savings = Math.Round(_savings, 2);
44             }
45             else
46                  Console.WriteLine("余额不足");
47        }
48        class PayableCard : BankCard, IPayable
49        {
50            public PayableCard(string account)
51                 : base(account)
52            {
53                 _account = account;
54            }
55         public virtual void Pay(decimal money, POS pos)
56         {
57         if (_savings >= money)
58         {
59         _savings -= money;
60         _savings = Math.Round(_savings, 2);
61         Console.WriteLine("支付{0}元", money);
62         }
63          else
64          Console.WriteLine("余额不足，无法进行支付");
65         }
66      }
67      class LocalCard : PayableCard
68      {
69          private string area;
70          public LocalCard(string account, string area1)
71              : base(account)
72          {
73               _account = account;
```

```
74                    area = area1;
75                }
76            public override void Pay(decimal money, POS pos)
77            {
78                if (area == pos.Area)
79                {
80                    if (_savings >= money)
81                    {
82                        _savings -= money;
83                        _savings = Math.Round(_savings, 2);
84                        Console.WriteLine("支付{0}元", money);
85                    }
86                    else
87                        Console.WriteLine("余额不足，无法进行支付");
88
89                }
90                else      //当前银行卡都支持异地支付，该else语句可以省略
91                {
92                    Console.WriteLine("本地卡不支持异地支付.");
93                }
94            }
95        }
96    class GlobalCard : PayableCard
97    {
98        private string area;
99         decimal _rate = 0.01m;
100         public GlobalCard(string account, string area1)
101             : base(account)
102         {
103             _account = account;
104             area = area1;
105         }
106         public override void Pay(decimal money, POS pos)
107         {
108           if (area != pos.Area)
109           {
110             _savings -= money * (1 + _rate);
111             _savings = Math.Round(_savings, 2);
112           Console.WriteLine("支付{0}元,手续费{1}元", money * (1 + _rate),
money*_rate);
113                }
114                else
115                {
116                    _savings -= money;
117                    _savings = Math.Round(_savings, 2);
118                    Console.WriteLine("支付{0}元", money);
119                }
120         }
121    }
122    class CreditCard : PayableCard
123    {
124        decimal _limit;
125        decimal overdraw;
126        public CreditCard(string account, decimal limit)
127             : base(account)
```

```
128                    {
129                        _account = account;
130                        _limit = limit;
131                    }
132            public override void Pay(decimal money, POS pos)
133                    {
134                        if (_savings < 0)
135                            overdraw = -_savings;
136                        else
137                            overdraw = 0;
138                        if (_savings + _limit < money)
139                        {
140                            Console.WriteLine("支付超出透支额度.");
141                        }
142                        else
143                        {
144                            _savings -= money;
145                            _savings = Math.Round(_savings, 2);
146                            Console.WriteLine("支付{0}元", money);
147                        }
148                    Console.WriteLine("透支额度为{0}", _limit);
149                        Console.WriteLine("欠款为{0}, 余额为{1}", overdraw, _savings);
150                    }
151        }
152    class Program
153    {
154        static void Main(string[] args)
155        {
156                POS pos1 = new POS("010");
157                POS pos2 = new POS("021");
158                BankCard[] cards = new BankCard[4];
159                cards[0] = new BankCard("bj10000001");
160                cards[1] = new LocalCard("bj90000009", "010");
161                cards[2] = new GlobalCard("sh30000001", "021");
162                cards[3] = new CreditCard("sh80000008", 10000);
163                for (int i = 0; i < cards.Length; i++)
164                {
165                    cards[i].Deposit(2200);
166                    Console.WriteLine("{0}支付前", cards[i]);
167                    cards[i].Query();
168                    if (cards[i] is IPayable)
169                    {
170                        ((IPayable)cards[i]).Pay(1000, pos1);
171                        ((IPayable)cards[i]).Pay(1190, pos2);
172                    }
173                    Console.WriteLine("{0}支付后", cards[i]);
174                    cards[i].Query();
175                    Console.WriteLine();
176                }
177            Console.ReadKey();
178        }
179    }
180 }
181 }
```

步骤 9：按 F5 键或单击工具栏上的启动按钮，运行结果如图 5.9 所示

图 5.9 继承和多态实验运行结果

本章小结

本章主要讲解了接口、委托和事件的基本概念及应用，难点是委托和事件的应用。

接口是把隐式公共方法和属性组合起来，以封装特定功能的一个集合。一旦类实现了接口，类就可以支持接口所指定的所有属性和方法。一个类可以支持多个接口，多个类也可以支持相同的接口。

委托是对方法的封装，可以当作给方法的特征指定一个名称，而事件则是委托的一种特殊的形式，当发生有意义的事件时，事件对象会处理通知过程。委托是一种引用方法的类型，一旦为委托分配了方法，委托将与该方法具有完全相同的行为。

习题

1. 阅读以下代码，完成习题。

```
interface IControl { void Paint();}
interface ITextBox : IControl { void SetText(string text);}
interface IComboBox : ITextBox, IControl { }
```

（1）指出接口 **IComboBox** 中的成员有哪些。

（2）根据给定的接口代码，判断下面程序的正确性，如果错误，请改正。

```
class p : IComboBox,IControl
{
    public void Paint()
    {
        Console.WriteLine("绘图");
    }
}
```

2. 判断以下程序的输出结果。

```
class Test
```

```
{
    private delegate void myDelegate(int x);
    private void fun1(int a)
    {
        System.Console.WriteLine("调用了 fun1()方法的平方为: " + a * a);
    }
    private void fun2(int b)
    {
        System.Console.WriteLine("调用了 fun2()方法,参数值为: " + b);
    }
    private void fun3(int c)
    {
        System.Console.WriteLine("调用了 fun3()方法,参数值为: " + c);
    }
    public void Go()
    {
        myDelegate my1 = new myDelegate(fun1);
        myDelegate my2 = new myDelegate(fun2);
        myDelegate my3= new myDelegate(fun3);
        myDelegate my = my1 + my2 + my3;
        my(3);
        System.Console.Read();
    }
}
class Program
{
    static void Main(string [] args)
    {
        Test t = new Test();
        t.Go();
    }
}
```

3. 分析将第 2 题程序中类 Test 改成如下代码后的输出结果。

```
    class Test
{
public delegate void myDelegate(int x);
public event myDelegate OnDelegate;
public Test()
{
OnDelegate += new myDelegate(fun1);
OnDelegate +=new myDelegate (fun2);
}
private void fun1(int a)
{
System.Console.WriteLine("调用了 fun1()方法的平方为: " + a * a);
}
private void fun2(int b)
{
System.Console.WriteLine("调用了 fun2()方法,参数值为: " + b);
}
public void Go()
{
OnDelegate(5);
}
}
```

06

第 6 章　目录与文件管理

【学习目的】
- 掌握目录与文件的基本概念和分类。
- 了解 System.IO 命名空间。
- 掌握 File 类和 FileInfo 类的使用方法。
- 掌握 Directory 类和 DirectoryInfo 类的使用方法。
- 掌握 Path 类和 DriveInfo 类的使用方法。

　　目录和文件是操作系统的重要组成部分，.NET 框架提供了 System.IO 命名空间，其中包含多种用于对目录、文件夹和数据进行操作的类。本章简单介绍目录和文件管理以及文件读写的基本操作。

6.1　System.IO 命名空间

　　System.IO 命名空间是在 C#中对文件和流进行操作时必须引用的命名空间，该命名空间中有很多的类和枚举，用于进行数据文件和流的读写操作，这些操作可以同步进行，也可以异步进行。System.IO 命名空间中常用的类及说明如表 6.1 所示。

表 6.1　　　　　　　　　　System.IO 命名空间中常用的类及说明

类	说明
BinaryReader	用特定的编码将基本数据类型读作二进制值
BinartWriter	以二进制形式将基本元素类型写入流，并支持用特定的编码写入字符串
BufferedStream	给另一流上的读写操作添加一个缓冲区。无法继承此类
Directory	公开用于创建、移动和枚举通过目录和子目录的静态方法。无法继承此类
DirectoryInfo	公开用于创建、移动和枚举目录和子目录实例方法。无法继承此类
DriveInfo	提供对有关驱动器信息的访问
File	用于创建、复制、删除、移动和打开文件的静态方法，协助创建 FileStream 对象
FileInfo	用于创建、复制、删除、移动和打开文件的实例方法，协助创建 FileStream 对象
FileStream	公开以文件为主的 Stream，既支持同步读写操作，也支持异步读写操作
IOException	发生 I/O 错误时引发的异常
MemoryStream	创建其支持存储区为内存的流
Path	对包含文件或目录路径信息的 String 实例执行操作，以跨平台的方式执行
Stream	提供字节序列的一般视图
StreamReader	实现一个 TextReader，使其以一种特定的编码从字节流中读取字符

续表

类	说明
StreamWriter	实现一个 TextWriter，使其以一种特定的编码向流中写入字符
StringReader	实现从字节中读取的 TextReader
StringWriter	实现用于将信息写入字符的 TextWriter。该信息存储在基础 StringBuilder 中
TextReader	表示可读取连续字符系列的读取器
TextWriter	表示可以编写一个有序字符系列的编写器

System.IO 命名空间中常用的枚举及说明如表 6.2 所示。

表 6.2　　　　　　　　　　　　System.IO 命名空间中常用的枚举及说明

枚举	说明
DriveType	定义驱动器类型常数，包括 CDRom、Fixed、Network、NoRootDirectory、Ram、Removable、Unknown
FileAccess	定义用于文件读取、写入或读取/写入访问权限的常数
FileAttributes	提供文件和目录的属性
FileMode	指定操作系统打开文件的方式
FileOptions	用于创建 FileStream 对象的高级选项
FileShare	包含用于控制其他 FileStream 对象对同一文件可以具有的访问类型的常数
NotifyFilers	指定要在文件或文件夹监视的更改
SearchOption	指定是搜索当前目录，还是搜索当前目录及其所有子目录
SeekOrigin	指定在流中的位置为查找使用
WatcherChangeTypes	可能会发生的文件或目录更改

6.2　目录管理

在 C#的 System.IO 命名空间中，.NET 框架提供的 Directory 类和 DirectoryInfo 类用于对磁盘和目录进行操作管理；File 类和 FileInfo 类用于对文件进行创建、复制、移动、删除和打开等操作；StreamReader 和 StreamWriter 等类可以用于对文件以"流"的方式进行读写操作。

DirectoryInfo 类与 Directory 类的不同点在于 DirectoryInfo 类必须被实例化后才能使用，而 Directory 类只提供静态的方法。在实际编程中，如果多次使用某个对象，一般用 DirectoryInfo 类；如果仅执行某一个操作，则使用 Directory 类提供的静态方法效率更高一些。DirectoryInfo 类的构造函数形式如下：

```
public DirectoryInfo( string path);
```

参数 path 表示目录所在的路径。表 6.3 和表 6.4 分别为 DirectoryInfo 类的主要属性和 Directory 类提供的静态方法。

表 6.3　　　　　　　　　　　　　DirectoryInfo 类的主要属性

属性名	说明
Attributes	获取或设置当前 FileSystemInfo 的 FileAttributes。例如，DirectoryInfo d = new DirectoryInfo(@"c:\MyDir"); d.Attributes = FileAttributes.ReadOnly;
Exists	获取指定目录是否存在的布尔值
FullName	获取当前路径的完整目录名

续表

属性名	说明
Parent	获取指定子目录的父目录
Root	获取根目录
CreationTime	获取或设置当前目录创建时间
LastAccessTime	获取或设置上一次访问当前目录的时间
LastWriteTime	获取或设置上一次写入当前目录的时间

表 6.4　　　　　　　　　　　　　　Directory 类提供的静态方法

方法	说明
CreateDirectory()	创建指定路径中的所有目录
Delete()	删除指定的目录
Exists()	确定给定路径是否引用磁盘上的现有目录
GetCreationTime()	获取目录的创建日期和时间
GetCurrentDirectory()	获取应用程序的当前工作目录
GetDirectories()	获取指定目录中子目录的名称
GetFiles()	返回指定目录中的文件的名称
GetFileSystemEntries()	返回指定目录中所有文件和子目录的名称
GetLastAccessTime()	返回上次访问指定文件或目录的日期和时间
GetLastWriteTime()	返回上次写入指定文件或目录的日期和时间
GetParent()	检索指定路径的父目录，包括绝对路径和相对路径
Move()	将文件或目录及其内容移到新位置
SetCurrentDirectory()	将应用程序的当前工作目录设置为指定的目录
SetLastAccessTime()	设置上次访问指定文件或目录的日期和时间
SetLastWriteTime()	设置上次写入目录的日期和时间

6.2.1　目录的创建、删除与移动

1．目录的创建

Directory 类的 CreateDirectory()方法用于创建指定路径中的所有目录。方法原型为：

```
public static DirectoryInfo CreateDirectory (string path)
```

其中参数 path 为要创建的目录路径。

如果指定的目录不存在，程序中调用该方法后，系统会按 path 指定的路径创建所有目录和子目录。例如，在 C 盘根目录下创建一个名为 test 的目录的代码为：

```
Directory.CreateDirectory("c:\\test");
```

使用 CreateDirectory()方法创建多级子目录时，也可以直接指定路径。例如，同时创建 test 目录和其下的 t1 一级子目录和 t2 二级子目录的代码为：

```
Directory.CreateDirectory("c:\\test\\t1\\t2");
```

2．目录的删除

Directory 类的 Delete()方法用于删除指定的目录，该方法有两种重载的形式。

形式 1：

```
public static void Delete (string path)
```

参数 path 为要移除的空目录的名称。path 参数不区分大小写，可以是相对于当前工作目录的相对路径，也可以是绝对路径。注意，此目录必须为空才可以删除，否则将引发异常。

如果希望获取当前工作目录，可使用 GetCurrentDirectory()方法。

如果在 path 参数中指定的目录包含文件或子目录，则此方法会引发 IOException。

形式 2：

```
public static void Delete (string path, bool recursive)
```

其中：

path 为要移除的目录的名称，不区分大小写；recursive 是一个布尔值，若要移除 path 中的目录、子目录和文件，则 recursive 为 true，否则为 false。

例如，删除 C 盘根目录下的 test 目录，且 test 目录为空的代码如下：

```
Directory.Delete("c:\\test");
```

删除 C 盘根目录下的 test 目录，并移除 path 中的子目录和文件，代码如下：

```
Directory.Delete("c:\\test",true);
```

【例 6.1】 创建并删除指定的目录。

代码如下：

```
1  using System;
2  using System.IO;
3  class Test
4  {
5  public static void Main()
6  {
7  //指定要操作的目录
8  string path = @"c:\MyDir";
9  try
10  {
11  //确定目录是否存在
12  if (Directory.Exists(path))
13  {
14  Console.WriteLine("目录已存在");
15  Console.ReadKey();
16  return;
17  }
18  //创建目录
19  DirectoryInfo di = Directory.CreateDirectory(path);
20  Console.WriteLine("成功创建目录: {0}", Directory.GetCreationTime(path));
21  Console.ReadKey();
22  //删除目录
23  di.Delete();
24  Console.WriteLine("目录已删除");
25  Console.ReadKey();
26  }
27  catch (Exception e)
28  {
29  Console.WriteLine("程序异常: {0}", e.ToString());
30  }
31  }
32  }
```

3. 目录的移动

Directory 类的 Move()方法能够重命名或移动目录。方法原型为：

```
public static void Move (string sourceDirName, string destDirName)
```

其中：

sourceDirName 为要移动的文件或目录的路径；destDirName 为指向 sourceDirName 的新位

置的目标路径。

注意 destDirName 参数指定的目标路径应为新目录。如将"c:\mydir"移到 "c:\public"，并且"c:\public"已存在，则此方法会引发 IOException 异常。

【例 6.2】 移动指定的目录，并捕获典型的 I/O 异常。

代码如下：

```
1  using System;
2  namespace test6_2
3  {
4  class Class1
5  {
6  static void Main(string[] args)
7  {
8  Class1 snippets = new Class1();
9  string path = System.IO.Directory.GetCurrentDirectory();
10  string filter = "*.exe";
11  snippets.PrintFileSystemEntries(path);
12  snippets.PrintFileSystemEntries(path, filter);
13  snippets.GetLogicalDrives();
14  snippets.GetParent(path);
15  snippets.Move("C:\\proof", "C:\\Temp");
16   Console.ReadKey();
17  }
18  //显示文件系统目录路径
19  void PrintFileSystemEntries(string path)
20  {
21  try
22  {
23  //获取文件系统目录路径
24  string[] directoryEntries = System.IO.Directory.GetFileSystemEntries(path);
25  foreach (string str in directoryEntries)
26  {
27  System.Console.WriteLine(str);
28  }
29  }
30  catch (ArgumentNullException)
31  {
32  System.Console.WriteLine("路径为空引用");
33  }
34  catch (System.Security.SecurityException)
35  {
36  System.Console.WriteLine("检测到安全性错误");
37  }
38  catch (ArgumentException)
39  {
40  System.Console.WriteLine("路径是一个零长度字符串");
41  }
42  catch (System.IO.DirectoryNotFoundException)
43  {
44  System.Console.WriteLine("指定的路径无效");
45  }
```

```
46 }
47 //PrintFileSystemEntries()方法重载
48 void PrintFileSystemEntries(string path, string pattern)
49 {
50 try
51 {
52 //获取文件系统目录路径
53 string[] directoryEntries =
54 System.IO.Directory.GetFileSystemEntries(path, pattern);
55 foreach (string str in directoryEntries)
56 {
57 System.Console.WriteLine(str);
58 }
59 }
60 catch (ArgumentNullException)
61 {
62 System.Console.WriteLine("路径为空引用");
63 }
64 catch (System.Security.SecurityException)
65 {
66 System.Console.WriteLine("检测到安全性错误");
67 }
68 catch (ArgumentException)
69 {
70 System.Console.WriteLine("路径是一个零长度字符串");
71 }
72 catch (System.IO.DirectoryNotFoundException)
73 {
74 System.Console.WriteLine("指定的路径无效");
75 }
76 }
77 //显示系统所有逻辑驱动器
78 void GetLogicalDrives()
79 {
80 try
81 {
82 string[] drives = System.IO.Directory.GetLogicalDrives();
83 foreach (string str in drives)
84 {
85 System.Console.WriteLine(str);
86 }
87 }
88 catch (System.IO.IOException)
89 {
90 System.Console.WriteLine("输入输出异常");
91 }
92 catch (System.Security.SecurityException)
93 {
94 System.Console.WriteLine("检测到安全性错误");
95 }
96 }
97 //检索指定路径的父目录
98 void GetParent(string path)
99 {
```

```
100  try
101  {
102  System.IO.DirectoryInfo directoryInfo = System.IO.Directory.GetParent(path);
103  System.Console.WriteLine(directoryInfo.FullName);
104  }
105  catch (ArgumentNullException)
106  {
107  System.Console.WriteLine("路径为空引用");
108  }
109  catch (ArgumentException)
110  {
111  System.Console.WriteLine("路径是一个零长度字符串");
112  }
113  }
114  //移动目录
115  void Move(string sourcePath, string destinationPath)
116  {
117  try
118  {
119  System.IO.Directory.Move(sourcePath, destinationPath);
120  System.Console.WriteLine("移动目录完成");
121  }
122  catch (ArgumentNullException)
123  {
124  System.Console.WriteLine("路径为空引用");
125  }
126  catch (System.Security.SecurityException)
127  {
128  System.Console.WriteLine("检测到安全性错误");
129  }
130  catch (ArgumentException)
131  {
132  System.Console.WriteLine("路径是一个零长度字符串");
133  }
134  catch (System.IO.IOException)
135  {
136  System.Console.WriteLine("试图将一个目录移到已存在的卷或目标");
137    }
138   }
139  }
140  }
```

6.2.2　FolderBrowserDialog 控件

　　Visual Studio 提供的 FolderBrowserDialog 控件，用于显示用户选择文件夹的对话框。FolderBrowserDialog 类属于 System.Windows.Forms 命名空间，无法继承该类。

　　调用 FolderBrowserDialog 类的 ShowDialog()方法，可以打开对话框，提示用户浏览、创建并最终选择一个文件夹。该方法只能选择文件系统中的文件夹，不能选择虚拟文件夹；只允许用户选择文件夹而非文件。文件夹的浏览通过树控件完成。如果用户在对话框中单击"确定"按钮，则对话框返回结果为 DialogResult.OK，否则为 DialogResult.Cancel。

　　表 6.5 所示为 FolderBrowserDialog 控件的主要属性。

表 6.5　　　　　　　　　　　　　　FolderBrowserDialog 控件的主要属性

属性名	说明
Description	获取或设置对话框中在树视图控件上显示的说明文本
RootFolder	获取或设置从其开始浏览的根文件夹
SelectedPath	获取或设置用户选定的路径
Tag	获取或设置一个对象，该对象包含控件的数据（从 CommonDialog 继承）
CanRaiseEvents	获取一个指示组件是否可以引发事件的值（从 Component 继承）

表 6.6 所示为 FolderBrowserDialog 控件的主要成员方法。

表 6.6　　　　　　　　　　　　　FolderBrowserDialog 控件的主要成员方法

方法	说明
Dispose()	释放由 Component 占用的资源（从 Component 继承）
Equals()	确定两个 Object 实例是否相等（从 Object 继承）
Reset()	将属性重置为其默认值
ShowDialog()	运行通用对话框（从 CommonDialog 继承）
GetService()	返回一个对象，该对象表示由 Component 或它的 Container 提供的服务（从 Component 继承）

通常在创建新的 FolderBrowserDialog 控件后，将 RootFolder 属性设置为开始浏览的位置。或者，可将 SelectedPath 属性设置为最初选定的 RootFolder 属性子文件夹的绝对路径。也可以选择设置 Description 属性为用户提供附加说明。最后，调用 ShowDialog()方法将对话框显示给用户。如果该对话框关闭并且 ShowDialog()方法显示的对话框为 DialogResult.OK ，则 SelectedPath 属性选定的路径是一个包含选定文件夹路径的字符串。

FolderBrowserDialog 是模式对话框，因此，在对话框被显示时，不能对对话框以外的对象进行任何操作，即阻止应用程序其他部分的运行，直到用户选定了文件夹。

【例 6.3】 单击 Windows 窗体按钮，打开 FolderBrowserDialog 对话框。

步骤 1： 启动 Visual Studio 2019，创建一个名为 test6_3 的 Windows 应用程序项目。

步骤 2： 在 Form1.cs 的 "设计" 窗口中, 将 Form1 的 "Text" 属性值改为 "FolderBrowserDialog 示例"。打开工具箱，在 "对话框" 选项卡中选择 FolderBrowserDialog 控件，将其拖入 Form1 窗体中。

图 6.1　界面效果

步骤 3： 在 Form1 窗体中,使用工具箱展开 "所有 Windows 窗体" 选项卡，依次添加标签控件 label1、文本框控件 textBox1、按钮控件 button1，然后修改对应的 Text 属性，界面效果如图 6.1 所示。

步骤 4： 双击 "打开文件夹" 按钮，添加对应的 Click 事件代码。

```
1  private void button1_Click(object sender, EventArgs e)
2  {
3  DialogResult result = folderBrowserDialog1.ShowDialog();
4  if (result == DialogResult.OK)
5  {
6  textBox1.Text = folderBrowserDialog1.SelectedPath;
7  }
8  else
9  {
10  textBox1.Text = "";
11  }
```

```
12   }
```

步骤 5：按 Ctrl+F5 组合键编译并运行代码，单击"打开文件夹"按钮，弹出浏览文件夹对话框，如图 6.2 所示。选择文件夹，单击"确定"按钮，已选择的文件夹就会显示在文本框 textBox1 中。

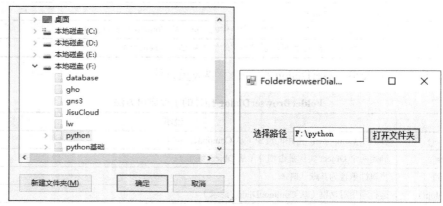

图 6.2　例 6.3 运行结果

6.3　文件管理

File 类和 FileInfo 类为 FileStream 对象的创建和文件的创建、复制、移动、删除、打开等提供了支持。使用 File 类和 FileInfo 类对文件进行操作时，用户必须具备相应的权限，如读、写等权限，否则将会引发异常。

FileInfo 类与 File 类均能完成对文件的操作，不同点在于 FileInfo 类必须被实例化，并且每个 FileInfo 类的实例必须对应系统中一个实际存在的文件。由于所有 File 类提供的方法都是静态的，所以如果只想执行一个操作，那么使用 File 类提供的方法的效率比使用相应的 FileInfo 类提供的实例方法可能更高。如果打算多次重用某个对象，可考虑使用 FileInfo 类的实例方法，而不是 File 类的相应静态方法。

6.3.1　文件复制、删除与移动

File 类和 FileInfo 类属于 System.IO 命名空间，提供文件管理操作，本节仅介绍 File 类。

1．文件复制

File 类的 Copy()方法用于将现有文件复制到新文件。方法原型为：

```
public static void Copy (string sourceFileName,string destFileName)
```

其中参数 sourceFileName 为要复制的文件；destFileName 为目标文件的名称，它不能是一个目录或现有文件。

【例 6.4】　将文件复制到指定路径。

```
1    using System;
2    using System.IO;
3    class Test
4    {
5    public static void Main()
6    {
7    string path = @"c:\temp\MyTest.txt";
8    string path2 = @"c:\temp\MyTest1.txt";
```

```
9    try
10   {
11   File.Delete(path2);
12   File.Copy(path, path2);
13   Console.WriteLine("{0}复制到{1}", path, path2);
14   //再次复制相同的文件，操作失败
15   File.Copy(path, path2);
16   Console.WriteLine("再次复制相同的文件，操作失败");
17   }
18   catch (Exception e)
19   {
20   Console.WriteLine("不允许进行二次复制");
21   Console.WriteLine(e.ToString());
22     }
23   }
24 }
```

2. 文件删除

File 类的 Delete()方法用于删除指定的文件。如果指定的文件不存在，则不引发异常。
方法原型为：

```
public static void Delete (string path)
```

参数 path 为要删除的文件的路径。

【例 6.5】 删除 C:\MyDir 目录下的所有文件。

```
1    using System;
2    using System.IO;
3    class FileTest
4    {
5    public static void Main()
6    {
7    Console.WriteLine("确定要删除指定目录下的所有文件?");
8    Console.WriteLine("单击'Y' 键继续，任意键取消");
9    int a = Console.Read();
10   if(a == 'Y' || a == 'y')
11   {
12    Console.WriteLine("正在删除文件...");
13   }
14   else
15   {
16   Console.WriteLine("操作被取消");
17   return;
18   }
19   DirectoryInfo dir = new DirectoryInfo(@"C:\MyDir");
20   foreach (FileInfo f in dir.GetFiles())
21   {
22   f.Delete();
23     }
24   }
25 }
```

值得一提的是，使用 File.Delete()方法时，文件删除后在 Windows 的回收站中找不到，但是使用 Norton Unerase Wizard 或者其他工具软件却能成功地找到并恢复被删除的文件。由于 File.Delete()方法并不是彻底地抹去文件的内容，而只是对被删除的文件做出某个标记，因此如果在删除之后没有重新向文件所在的介质中写入新内容，则除了文件名的第一个字符无法恢复

外，其他部分都能完整地恢复。

3. 文件移动

File 类的 Move()方法用于将指定文件移到新位置，并提供指定新文件名的选项。方法原型为：

```
public static void Move (string sourceFileName, string destFileName)
```

参数 sourceFileName 为要移动的文件名称，destFileName 为文件的新名称。

【例 6.6】 移动一个文件。

```
1   using System;
2   using System.IO;
3   class Test
4   {
5   public static void Main()
6   {
7   string path = @"c:\temp\MyTest.txt";
8   string path2 = @"c:\temp2\MyTest.txt";
9    try
10   {
11   if (!File.Exists(path))
12   {
13   FileStream fs = File.Create(path);
14   fs.Close();
15   }
16   if (File.Exists(path2))
17   {
18   File.Delete(path2);
19   }
20   //移动文件
21   File.Move(path, path2);
22   Console.WriteLine("文件由{0}移动到{1}", path, path2);
23   //判断文件是否存在
24   if (File.Exists(path))
25   {
26   Console.WriteLine("源文件存在");
27   }
28   else
29   {
30   Console.WriteLine("源文件不存在");
31   }
32   }
33   catch (Exception e)
34   {
35   Console.WriteLine("操作取消: {0}", e.ToString());
36    }
37   }
38 }
```

6.3.2 文件属性与设置

1. 文件属性枚举值

FileAttributes 枚举用于获取或设置目录或文件的属性，部分枚举值如表 6.7 所示。

表 6.7　　　　　　　　　　　　　　**FileAttributes 部分枚举值**

成员名	说明
Archive	文件的存档状态。应用程序使用此属性为文件加上备份或移除标记
Compressed	文件已压缩
Directory	文件为一个目录
Hidden	文件是隐藏的，因此没有包括在普通的目录列表中
ReadOnly	文件为只读
SparseFile	文件为稀疏文件。稀疏文件一般是数据通常为零的大文件
System	文件为系统文件。文件是操作系统的一部分或由操作系统以独占方式使用
Temporary	文件是临时文件。文件系统试图将所有数据保留在内存中以便更快地访问，而不是将数据刷新回大容量存储器中。不再需要临时文件时，应用程序会立即将其删除

2．文件属性的设置

对文件的属性 FileAttributes 进行设置，可以使用 File 类的 SetAttributes()方法。方法原型为：
`public static void SetAttributes (string path, FileAttributes fileAttributes)`
参数 path 为该文件的路径，fileAttributes 为所需的 FileAttributes 枚举值。

3．文件属性的获取

获取指定路径上文件的属性 FileAttributes，可以使用 File 类的 GetAttributes()方法。方法原型为：
`public static FileAttributes GetAttributes (string path)`
参数 path 为该文件的路径。

【例 6.7】 设置指定文件的 Archive 和 Hidden 属性。

```
1   using System;
2   using System.IO;
3   using System.Text;
4   class Test
5   {
6   public static void Main()
7   {
8   string path = @"c:\temp\MyTest.txt";
9   //如果文件存在，则删除文件
10  if (!File.Exists(path))
11  {
12  File.Create(path);
13  }
14  if ((File.GetAttributes(path) & FileAttributes.Hidden) == FileAttributes.
Hidden)
15  {
16  //显示文件
17  File.SetAttributes(path, FileAttributes.Archive);
18  Console.WriteLine("{0}文件取消隐藏", path);
19  }
20  else
21  {
22  //隐藏文件
23  File.SetAttributes(path, File.GetAttributes(path) | FileAttributes.Hidden);
24  Console.WriteLine("{0}文件隐藏", path);
25  }
26  }
27  }
```

6.4 文件的读写

System.IO 命名空间提供了多个类，用于进行数据文件和数据流的读写操作。

6.4.1 文件和流

文件（File）和流（Stream）既有区别又有联系。文件是在各种存储设备上（如可移动磁盘、硬盘、光盘等）永久存储的数据的有序集合。它是一种进行数据读写操作的基本对象。通常情况下，文件按照树状目录进行组织，每个文件都有文件名、文件所在路径、创建时间、访问权限等属性。

流是字节序列的抽象概念，例如文件、输入输出设备、内部进程通信管道或者 TCP/IP 套接字等均可以看成流。简言之，流是一种向后备存储器写入字节和从后备存储器读取字节的方式。

流也是进行数据读取操作的基本对象，流为我们提供了连续的字节流存储形式。虽然数据实际存储的位置可以不连续，甚至可以分布在多个磁盘上，但我们看到的是封装以后的数据结构，是连续的字节流抽象结构，这和一个文件也可以分布在磁盘上的多个扇区一样。

文件流就是和磁盘文件直接相关的流。流还有多种其他类型，如网络流、内存流和磁盘流等。

所有表示流的类都是从抽象基类 Stream 继承的。

流有如下几种操作。

* 读取：从流中读取数据到变量中。
* 写入：把变量中的数据写入流中。
* 定位：重新设置流的当前位置，以便随机读写。

File 类的静态方法主要用于创建 FileStream 类。一个 FileStream 类的实例实际上代表一个磁盘文件，使用 FileStream 类可以对文件系统上的文件进行读取、写入、打开和关闭操作，也可以对其他与文件相关的操作系统句柄进行操作，如管道、标准输入和标准输出。由于 FileStream 类能够对输入输出进行缓冲，因此可以提高系统的性能。

6.4.2 文件的打开

打开指定路径上的 FileStream 类，可以使用 File 类的 Open()方法、OpenRead()方法或 OpenText()方法。利用 Open()方法打开文件的方式有 3 种，如表 6.8 所示。

表 6.8 Open()方法打开文件的方式

名称	说明
File.Open (String, FileMode)	打开指定路径上的 FileStream 类，具有读取/写入访问权限
File.Open (String, FileMode, FileAccess)	以指定的模式和访问权限打开指定路径上的 FileStream 类
File.Open (String, FileMode, FileAccess, FileShare)	打开指定路径上的 FileStream 类，具有指定的读取、写入或读取/写入访问模式以及指定的共享选项

FileMode 值用于确定在文件不存在时是否创建该文件，并确定是保留还是改写现有文件的内容；FileAccess 值可以指定对文件执行的操作；FileShare 值指定其他线程所具有的对该文件的访问类型。

6.4.3 文本文件的读写

利用 Open()方法打开文件后，可以用 StreamReader 类来读取文件的内容，用 StreamWriter

类向文件写入内容，它们提供了按文本模式读写数据的方法。下面示例中用到的 OpenText()方法是 File 类的一个静态方法，不能被某个具体的 File 类的实例调用，它表示从一个已经存在的文本文件中读取一个文本流，并将该文本流保存在一个 StreamReader 实例中。

【例 6.8】从一个文本文件中读取内容并将内容显示在屏幕上。

```
1   using System;
2   using System.IO;
3   class FileTest
4   {
5   public static void Main()
6   {
7   StreamReader sr;
8   try
9   {
10  sr = File.OpenText("c:\\c#\\file1\\file1.txt");
11  }
12  catch
13  {
14  Console.WriteLine("文件打开失败");
15  return;
16  }
17  while (sr.Peek()!=-1)
18  {
19  String str = sr.ReadLine();
20  Console.WriteLine (str);
21  }
22  Console.WriteLine ("到达文件结尾");
23  sr.Close();
24  }
25  }
```

【例 6.9】向文本文件中写入文本流。

```
1   using System;
2   using System.IO;
3   class FileTest
4   {
5   public static void Main()
6   {
7   StreamWriter sw;
8   try
9   {
10  sw = File.CreateText("c:\\c#\\file1\\file2.txt");
11  }
12  catch
13  {
14  Console.WriteLine("文件创建失败");
15  return;
16  }
17  sw.WriteLine ("网址:");
18  sw.WriteLine ("www.sohu.com");
19  sw.WriteLine ("www.263.net");
20  sw.WriteLine ("www.microsoft.com/china");
21  sw.WriteLine ("www.sina.com.cn");
22  sw.Close();
```

```
23    }
24   }
```

6.4.4 二进制文件的读写

System.IO 还为我们提供了 BinaryReader 类和 BinaryWriter 类，用于按二进制模式读写文件。它们提供的一些读写方法是对称的，例如针对不同的数据结构，BinaryReader 类提供了 ReadByte()、ReadBoolean()、ReadInt()、ReadInt16()、ReadDouble()、ReadString()等方法，而 BinaryWriter()类则提供了 WriteByte()、WriteBoolean()、WriteInt()、WriteInt16()、WriteDouble()、WriteString()等方法。

【例 6.10】 将内存中随机产生的二进制数据写入文件，并验证写入结果是否正确。

```
1     using System;
2     using System.IO;
3     class BinaryRW
4     {
5     static void Main()
6     {
7     int i = 0;
8     //创建随机数据写入流
9     byte[] writeArray = new byte[1000];
10    new Random().NextBytes(writeArray);
11    BinaryWriter binWriter = new BinaryWriter(new MemoryStream());
12    BinaryReader binReader = new BinaryReader(binWriter.BaseStream);
13    try
14    {
15    //将数据写入流
16    Console.WriteLine("正在写数据…");
17    for(i = 0; i < writeArray.Length; i++)
18    {
19    binWriter.Write(writeArray[i]);
20    }
21    //流定位到文件开始位置
22    binReader.BaseStream.Position = 0;
23    //读取流中的数据
24    for(i = 0; i < writeArray.Length; i++)
25    {
26    if(binReader.ReadByte() != writeArray[i])
27    {
28    Console.WriteLine("写数据出错");
29    return;
30    }
31    }
32    Console.WriteLine("数据已写入");
33    }
34    //捕获 EndOfStreamException 异常，输出错误信息
35    catch(EndOfStreamException e)
36    {
37    Console.WriteLine("写数据出错\n{0}", e.GetType().Name);
38    }
39    }
40   }
```

6.5　实验　编写贪吃蛇游戏

【实验目的】

（1）掌握在 C#中开发控制台小游戏的方法。

（2）掌握 C#程序的结构。

【实验内容】

编写一个贪吃蛇的控制台游戏。

【实验环境】

操作系统：Windows 7/8/10（64 位）；Mac OS X 10.11 及以上版本。

处理器：4.0GHz 及以上。

内存：4GB 及以上。

GPU：有 DirectX 9（着色器模型 2.0）功能。

【实验步骤】

1.　编写贪吃蛇 Game 类

步骤 1： 在控制台应用程序建立新项目 ConsoleApplication3。

步骤 2： 在默认类的代码前需要添加 System.Threading 库，因为程序需要用到同步线程活动和访问数据的类。添加一个 Game 类，并在该类中声明相关参数，参考代码如下：

```
1     class Game
2     {
3     Thread readKeyThread;
4     Snake[] p = new Snake[81];
5     Map[,] map = new Map[26, 22];
6     const ConsoleKey UP = ConsoleKey.UpArrow;//上
7     const ConsoleKey DOWN = ConsoleKey.DownArrow;//下
8     const ConsoleKey LEFT = ConsoleKey.LeftArrow;//左
9     const ConsoleKey RIGHT = ConsoleKey.RightArrow;//右
10    int n = 4;//n 用来记录蛇身长度，初始为 4 节
11    int guan;//用来记录关卡
12    int T;//用来记录蛇的移动速度
13    int t1 = 0, t2 = 0, t3 = 0;//用来记录已用时间
14    int HP = 5;//记录蛇的生命值，初始化为 5
15    int food = 0;//用来记录所吃到的食物数
16    int x = 12, y = 12;//记录食物所在地
17    bool pause = false;//记录是否暂停
18    }
```

2.　在 Game 类中添加坐标、地图、计时等方法

参考代码如下：

```
1     public struct Snake
2     {
3         public int x;//蛇身所在横坐标
4         public int y;//蛇身所在纵坐标
5         public ConsoleKey direction;//行走方向
6     }
7     public struct Map
8     {
```

```
9          public int food;//此map[x][y]处是否有食物，如果有则food的值为1
10         public int star;//此map[x][y]处是否有星星，如果有则star的值为1
11         public int barrier;//此map[x][y]处是否有障碍物，如果有则barrier的值为1
12     }
13 public void c(ConsoleColor k)//改变输出字体的颜色
14 {
15        Console.ForegroundColor = k;
16 }
17  public int time()//用来计时
18 {
19        DateTime dt = System.DateTime.Now;//记录当前程序已用时间
20        return dt.Second;
21 }
22 public void gotoxy(int x, int y)  //移动坐标
23 {
24         Console.SetCursorPosition(x, y);
25 }
26 public int random()//用来输出随机值
27 {
28        Random rd = new Random();
29         return rd.Next();//返回随机数
30 }
31 public void ycgb(bool k)//隐藏光标
32 {
33         Console.CursorVisible = k;  //隐藏光标
34 }
35 public void Sleep(int s)
36 {
37         System.Threading.Thread.Sleep(s);
38 }
```

3. 在Game类中添加方法

在Game类中添加各类的功能方法，主要有以下几个方法，具体代码可查看程序源代码。

```
1  public void start()//绘制墙/绘制启动画面以及隔墙
2  public void guanka()//用来选择关卡并根据关卡设置蛇的移动速度
3  void data()//用来记录和判断游戏的各种状态数据
4  void qp()//用来清除屏幕
5  void show()//用来随机产生障碍物、食物和生命药水以及用来判断游戏的各种参数
6  void key()//用户是否操作键盘
7  public bool game()
```

4. 在Main()方法实现游戏功能

在主类中实例化Game类，并运行程序输出，参考代码如下：

```
1     static void Main(string[] args)
2     {
3          Game game = new Game();
4          game.ycgb(false);//隐藏光标
5          game.start();//绘制启动画面以及隔墙
6          while (true)
7          {
8               game.guanka();//用来选择关卡并根据关卡设置蛇的移动速度
```

```
9                 game.ycgb(false);//隐藏光标
10                    if (!game.game()) break;//游戏运行
11             }
12     }
```

5. 运行游戏程序

按 **Ctrl+F5** 组合键或单击工具栏中的启动按钮，程序运行结果如图 6.3 所示。

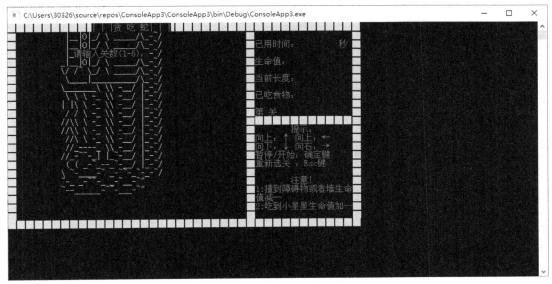

图 6.3　贪吃蛇游戏程序运行结果

本章小结

C#中一切都是对象，对于文件操作，主要有两个静态类，分别是 File 类和 Directory 类。

（1）File 类。静态类，用来对文件进行复制、删除、剪切等操作。

（2）Directory 类。静态类，用来操作目录（文件夹）。

（3）DirectoryInfo 类。文件夹的类，用来描述一个文件夹对象，获取指定目录下的所有目录时，返回一个 DirectoryInfo 数组。

（4）FileInfo 类。文件类，用来描述一个文件对象，获取指定目录的所有文件时，返回 FileInfo 数组。

（5）Stream 类。文件流，抽象类，分类如下：

① FileStream 类，文件流，包括 MemoryStream、NetworkStream；

② StreamReader 类，用于快速读取文本文件；

③ StreamWriter 类，用于快速写入文本文件。

（6）对于文件路径的操作主要通过 Path 类来实现，其主要功能如下：

① 修改字符串的后缀名，利用 Path.ChangeExtensio(path,".avi")；

② 合并两个路径，利用 Path.Combine(s1,s2)；

③ 获取路径的目录部分，分别为 Path.GetDirectoryName、Path.GetFileName、Path.GetFileNameWithoutExtension、Path.GetExtensiion、Path.GetFullPath；

④ 获取临时目录，利用 Path.GetTempPath()。

习题

一、选择题

1. 下列（　　）类可以用来读取文件的内容。

　　A. File　　　　　　　B. FileInto　　　　　　C. BinaryReader　　　D. TextWriter

2. 指定操作系统读取文件方式中的 FileMode .Create 的含义是（　　　）。

　　A. 打开现有文件

　　B. 指定操作系统应创建文件，如果文件存在，将出现异常

　　C. 打开现有文件，若文件不存在，出现异常

　　D. 指定操作系统应创建文件，如果文件存在，将被改写

二、编程题

根据以下要求，完成程序的编写。

（1）检测指定目录是否存在。

（2）获取指定目录中所有文件列表。

（3）获取指定目录中所有子目录列表。

（4）获取指定目录及子目录中所有文件列表。

（5）检测指定目录是否为空。

（6）检测指定目录中是否存在指定的文件。

07

第 7 章 WinForm 应用程序开发

【学习目的】

- 掌握 WinForm 编程的基础知识。
- 掌握开发 WinForm 应用程序的步骤。
- 了解 WinForm 的属性、方法和事件。
- 熟悉常用 Windows 控件的使用方法，掌握菜单、工具栏和状态栏的设计方法。
- 掌握对话框的各种应用方法。

WinForm 是 Windows 窗体（Windows Form）的简称。Visual Studio 提供了很多开发 WinForm 和 Web 应用程序的控件，本章结合应用程序案例介绍常用控件的属性、方法、事件及其具体应用，通过对一些实例的介绍学习，使读者能够对 WinForm 应用程序开发有进一步的了解和认识，能够运用 Visual Studio 开发基于 WinForm 的应用程序。

7.1 WinForm 编程基础

WinForm 是用于.NET Framework 的智能客户端技术，是一组简化读取和写入文件系统等常见应用程序任务的托管库。使用 Visual Studio 等开发环境时，可以创建 WinForm 智能客户端应用，以显示信息、请求用户提供输入，以及通过网络与远程计算机通信。

在 WinForm 中，窗体是一种可视界面，可在其上对用户显示信息。通常情况下，通过向窗体添加控件和开发对用户操作（如单击鼠标或按键）的响应来构建 WinForm 应用程序。控件是离散的用户界面（User Interface, UI）元素，用于显示数据或接收数据输入。

当用户对窗体或窗体控件执行某个操作时，该操作将生成一个事件，应用程序通过使用代码对这些事件做出反应，并在事件发生时对其进行处理。

WinForm 包含各种可以向窗体添加的控件：显示文本框、按钮、下拉列表框、单选按钮甚至网页的控件等。使用 Visual Studio 拖放 Windows 窗体设计器，可以轻松创建 WinForm 应用程序。只需用鼠标指针选中控件，然后将它们添加到窗体中所需的位置即可。设计器提供诸如网格线和对齐线的工具，可简化对齐控件的操作。

7.1.1 创建 WinForm

窗体（Form）是存放各种控件（包括 TextBox、Button、Label 等）的容器，可用来向用户显示信息。一个 Windows 应用程序可由多个窗体构成。要编写基于窗体的 Windows 应用程序有两种方式：使用 Visual Studio 开发环境或文本编辑器编写代码。下面介绍如何使用两种方式创建窗体。

1. 使用 Visual Studio 2019 开发环境创建窗体

添加一个 WinForm 应用程序的操作步骤是：选择"开始"→"Visual Studio 2019"→"创建新项目"，打开创建新项目对话框；按图 7.1 所示选择"Windows 窗体应用（.NET Framework）"→"下一步"，输入相应的项目名称，默认名为"WindowsFApp1"；选择"项目保存位置"→"创建"按钮，默认添加一个名为"Form1"的窗体，效果如图 7.2 所示。或者在 Visual Studio 2019 开发环境中：选择"文件"→"新建"→"项目"命令，打开图 7.1 所示对话框；选择"Windows 窗体应用（.NET Framework）程序"，输入项目名称；选择保存路径，单击"创建"按钮，即可创建一个图 7.2 所示的 WinForm 应用程序。

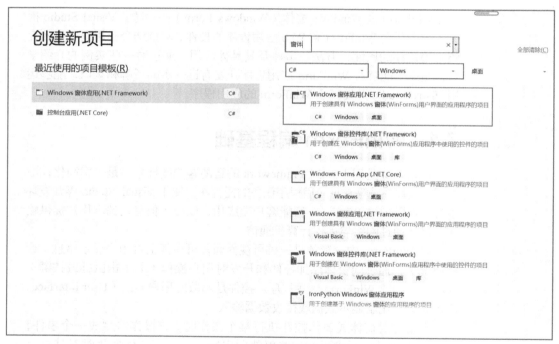

图 7.1 "创建新项目"对话框

WinForm 应用程序创建完成后，可以通过鼠标拖动 Form1 的边框和修改 Form1 的 Size 属性的方法来改变 Form1 的大小。通常一个窗体无法满足 Windows 应用程序开发，例如游戏登录窗体，除了给老用户提供登录窗体外，还需要给新用户提供注册窗体，这时就需要增加窗体来实现注册功能，具体步骤是：鼠标右键单击解决方案资源管理器中的项目名称，选择"添加"→"窗体（Windows 窗体）"，弹出"添加新项"对话框，如图 7.3 所示，单击"添加"按钮，完成窗体添加，默认新添加窗体名为 Form2.cs，此时在解决方案资源管理器窗口会看到增加的窗体 Form2.cs。

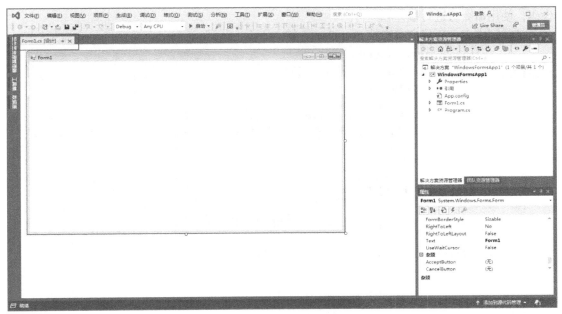

图 7.2　创建的 WinForm 应用程序

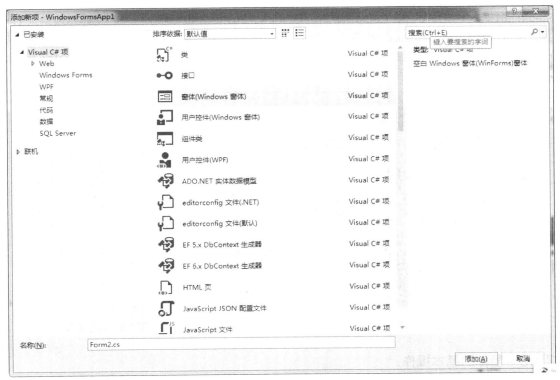

图 7.3　"添加新项"对话框

2. 利用文本编辑器创建窗体

大多数情况下，我们通过 Visual Studio 2019 开发环境来创建 WinForm 应用程序，但也可以使用文本编辑器编写然后编译它，从而创建 WinForm 应用程序。下面演示在文本编辑器中输入

153

代码，使用命令行进行编译和运行。

打开记事本，新建文本文档 Form2.txt，输入下面的代码：

```
1       using System;//添加引用
2       using System.Windows.Forms;//添加引用
3       namespace NotepadForms
4       {
5     public class MyForm:System.Windows.Forms.Form
                    //指明要创建的 MyForm 派生于 MyForm:System.Windows.Forms.Form
6       {
7       public MyForm()
8       {
9       this.Text="记事本创建窗体";
10      }
11      static void Main() //Main()方法是 C#应用程序入口
12      {
13      Application.Run(new MyForm()); //启动时运行 MyForm
14        }
15      }
16 }
```

完成代码编写后，将文件保存在 Visual Studio 2019 安装目录下（如 C:\），将文件名改为 Form2.cs。首先编译程序，采用 SDK 命令行编译器，打开方式如下：选择"开始"→"Visual Studio 2019"→"Developer Command Prompt for VS 2019"，更改命令目录到文件存放目录 D:\ 盘，输入命令"csc Form2.cs"如图 7.4 所示。

完成编译后，系统会自动生成 Form2.exe 文件，可直接双击或在 SDK 命令提示光标位置输入"Form2"，按 Enter 键运行，运行窗口如图 7.5 所示。

图 7.4　编译创建窗体应用程序

图 7.5　运行窗口

7.1.2　窗体的基本操作

1.　创建新窗体

在 Visual Studio 2019 开发环境 Form1 窗体中，可以通过工具箱向其添加各种控件来设计窗体界面。具体操作步骤是：用鼠标指针选中工具箱中要添加的控件，将其拖放到窗体中指定的位置或者双击控件即可。如在工具栏中分别双击 Label、TextBox 和 Button 两次，向窗体中添加两个 Label 控件、两个 TextBox 控件和两个 Button 控件，并拖动鼠标指针调整各个控件的位置，界面设计效果如图 7.6 所示。

2. 设置属性

在窗体中选择指定控件，在"属性"窗口中对控件的相应属性进行设置如下。

label1：Text 属性，设置值是"用户名:"。

label2：Text 属性，设置值是"密码:"。

textBox1：Text 属性，设置值是"空"。

textBox2：Text 属性，设置值是"空"。

button1：Text 属性，设置值是"登录"。

button2：Text 属性，设置值是"退出"。

设置属性后的效果如图 7.7 所示。

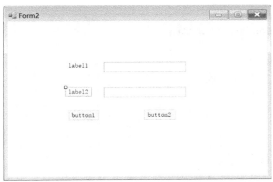

图 7.6 界面设计效果

图 7.7 设置属性后效果

3. 编写程序代码

在窗体中双击 Button 控件即可进入代码编辑器，并自动触发 Button 控件的 Click 事件，在该事件中即可编写代码，代码如下：

```
private void label1_Click(object sender, EventArgs e)
{

}

private void button1_Click_1(object sender, EventArgs e)
{

}
```

4. 保存、运行项目

单击工具栏中的保存按钮或单击"文件"中的"全部保存"命令，即可保存当前项目。然后单击工具栏中的启动按钮或按 F5 键运行程序，效果如图 7.7 所示。

5. 窗体交互

窗体交互是我们在应用程序开发中需要经常使用的技巧，接下来通过实例来讲解窗体参数的传递和调用。

【例 7.1】 在 test7_1 中，创建一个窗体 Form1，再添加一个窗体 Form2，在 Form1 中添加 1 个 Button 控件和 1 个 TextBox 控件，修改 button1 的 Text 的属性为"跳转到 Form2"，在 Form2 中添加 2 个 Button 控件和 1 个 TextBox 控件，并参照图 7.8 右边 Form2 窗体修改 Button 控件的

属性。

步骤 1：新建 WinForm 项目 test7_1，自动创建 Form1 窗体，再添加一个 Form2 窗体。

步骤 2：双击工具栏中的 Button、TextBox 控件，分别在 Form1 和 Form2 窗体中按要求的数量和位置创建 button 和 textBox 控件。

步骤 3：在窗体的属性窗口中按要求分别修改其属性。

步骤 4：双击 Form1 的 button1 进入 Form1.cs 代码编写，并自动产生 button1 的 Click 事件，本案例中通过声明全局变量进行传值。Form1 的代码如下：

```
1    public partial class Form1 : Form
2    {
3    public Form1()
4    {
5    InitializeComponent();
6    }
7    public static string str; //声明全局变量 str
8    private void button1_Click(object sender, EventArgs e)
9    {
10   Form2 f2 = new Form2();//新建窗体对象 f2
11   str = textBox1.Text;//定义 str 为文本 1 的 text 值
12   f2.Show(); //显示窗体 f2
13   this.Hide(); //隐藏本窗体
14   }
15   }
```

步骤 5：双击 Form2 的 button1 进入 Form2 代码编写。

Form2 窗体实现接收 Form1 的 textBox1 的 Text 值并设置 Form2 的 textBox1 值。参考代码如下：

```
1    public partial class Form2 : Form
2    {
3    public Form1 f1;//新建窗体对象 f1
4    public Form2()
5    {
6    InitializeComponent();
7    }
8    private void Form2_Load(object sender, EventArgs e)
9    {
10   this.textBox1.Text = Form1.str;
11   }
12    private void button1_Click(object sender, EventArgs e)
13    {
14   f1.Show();//显示窗体 1
15   this.Close(); //关闭窗体
16   }
17   private void button2_Click(object sender, EventArgs e)
18   {
19   Application.Exit();//结束程序
20   }
21   }
```

步骤 6：完成后，运行程序效果如图 7.8 所示。

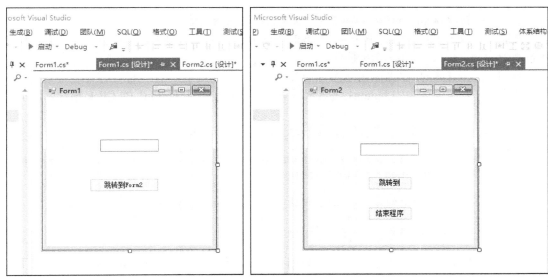

图 7.8　Form1 和 Form2 的窗体运行效果

小结：本例中，通过声明全局变量 str 传递 Form1 的 textBox1 的 Text 值到 Form2，使用了窗体显示、隐藏及关闭方法，使用了结束程序方法。

7.1.3　控件的常用属性、方法和事件

1. 控件焦点

何为焦点？当控件对象具有焦点时，才能接收用户的输入。例如，在文本框中输入内容时，焦点就是等待输入文字的文本框。

Enabled 属性决定控件是否回应由用户产生的事件；Visible 属性决定控件是否可见。只有当控件的 Enabled 和 Visible 属性值为 true 时，才能接收焦点，但不是所有控件都具备接收焦点的能力，例如 GroupBox、PictrueBox、Timer 等控件不能接收焦点。下面通过实例来讲解如何设置控件焦点。

【例 7.2】简易加法器制作，参照图 7.9 所示的简易加法器界面设计程序，添加控件顺序为 button1、button2、label1、textBox1、label2、textBox2、label3、textBox3，参照图片修改相应控件的 Text 属性。

图 7.9　简易加法器

步骤 1： 新建 WinForm 项目 test7_2，创建简易加法器窗体。

步骤 2： 双击工具栏中的 Button、Label、TextBox 工具，分别在窗体中按要求的数量和位置创建 Button、Label 和 TextBox 控件。

步骤 3： 在窗体的属性窗口中按要求分别修改其属性。

步骤 4： 双击窗体中的 button1 进入代码编写，并自动产生 button1 的 Click 事件。添加代码如下：

```
1  private void button1_Click(object sender, EventArgs e)
2  {
3  int str = Convert.ToInt32(textBox1.Text) + Convert.ToInt32(textBox2.Text);
4  textBox3.Text =Convert.ToString(str);
5  }
6  private void button2_Click(object sender, EventArgs e)
7  {
8  Application.Exit();
9  }
```

步骤 5： 按 F5 键运行程序后，会发现鼠标指针停留在计算控件 button1 上，正常情况下运行程序时鼠标指针应停留在 textBox1 控件上。

步骤 6： 根据用户习惯调整 Tab 键来转移控件的焦点，修改控件的 TabIndex 属性值，将 textBox1 的 TabIndex 值设为 "0"，其他控件的 TabIndex 根据习惯依次增加数值即可。

步骤 7： 按 F5 键运行程序后，运行效果达到要求，鼠标指针停留在 testBox1 控件上。

2. 窗体的常用属性

在 Visual Studio 中，所有控件都派生于 Control 类，故它们具有很多通用属性、方法和事件的定义，窗体也不例外，可以通过修改控件的属性进行设置，属性窗口可以根据字母排序或分类排序，如图 7.10 所示。

下面介绍一些可以在设计时更改的常用公共窗体属性。

（1）name 属性。

窗体名称，唯一标识一个控件的 ID，不能与其他控件重名。

（2）Text 属性。

Text 属性用于设置窗体标题栏显示的文本，是button、label 等控件常用属性。

（3）BackColor 属性和 BackgroundImage 属性。

BackColor 属性用于设置控件背景颜色。BackgroundImage 属性用于添加窗体使用的背景图片，可以是位图、图标或其他图形文件；可以根据窗体大小，对图片进行平铺、拉伸、居中或缩放等调整。

图 7.10　Form1 窗体的属性窗口排序

（4）Font 属性、ForeColor 属性和 FormBorderStyle 属性。

Font 属性对控件显示文本设置，此项是复合属性，包括字体名、字号以及样式；ForeColor 属性是窗体中文本和图形的默认前景色；FormBorderStyle 属性控制窗体边框的外观和类型，默认设置为 Sizeable。

（5）Icon 属性。

Icon 属性指定在窗体的 System 菜单和 Microsoft Windows 任务中显示的图标，也可以通过代码来设置：System.Drawing.Bitmap.FormFile(IconPath)。

（6）MaximizeBox 属性、MaximumSize 属性、MinimizeBox 属性和 MinimizeSize 属性。

MaximizeBox 属性指定是启用还是禁用 System 菜单和标题栏上的"最大化"命令；MaximumSize 属性指定窗体最大的大小，默认大小为(0,0)，表示没有限制；MinimizeBox 属性指定是启用还是禁用 System 菜单和标题栏上的"最小化"命令；MinimizeSize 属性指定窗体最小的大小。

（7）Size 属性。

Size 属性用于设置窗体首次打开的大小，分成 Width 和 Height 两个属性（分别表示控件的高度和宽度）。

（8）Enable 属性。

确定控件是否响应用户的事件，它有 true 和 false 两个值，其默认值为 true，如果设置为 false，则只可以移动窗体的位置、调整大小、关闭或最大最小化，不能操作窗体内的控件等。该属性也可以通过代码实现，例如 Form1.Enable=false。

（9）Visible 属性。

Visible 属性可以控制窗体是否隐藏，同样有 true 和 false 两个值，也可以使用代码实现，例如 Form1.Visible = true。

3．常用方法与事件

（1）Show()方法。

Show()方法用来显示窗体，它有两种重载形式，分别如下：

```
public void Show()
public void Show( I Win32Windows owner)
```

Owner：任何实现 I Win32Windows（表示将拥有此窗体的顶级窗口）的对象。

例如，通过使用 Show()方法显示 Form1 窗体，代码如下：

```
Form1.frm=new Form1();          //创建窗体
frm.Show();                     //调用 Show()方法显示窗体 Form1
```

（2）Hide()方法。

Hide()方法用来隐藏窗体，语法如下：

```
public void Hide()
```

例如，通过使用 Hide()方法隐藏 Form1 窗体，代码如下：

```
Form1.frm=new Form1();          //创建窗体
frm.Hide();                     //调用 Hide()方法隐藏窗体
```

（3）Close()方法。

Close()方法用来关闭窗体，语法如下：

```
public void Close()
```

例如，通过使用 Close()方法关闭 Form1 窗体，代码如下：

```
Form1.frm=new Form1();          //创建窗体
frm.Close();                    //调用 Close()方法关闭窗体
```

（4）Click 事件、DoubleClick 事件。

Click 为单击事件，单击鼠标左键触发该事件，并执行相应的代码，而 DoubleClick 为双击事件。

（5）Load 事件。

载入事件，当窗体加载时触发该事件，并执行相应的代码，在窗体空白处双击会自动生成载入事件，其语法格式如下：

```
public event EventHandler Load
```

例如，Form1 窗体的默认 Load 事件代码如下：

```
private void Form1_Load(object sender, EventArgs e)      //窗体的 Load 事件
{

}
```

（6）FormClosing 事件。

当窗体关闭时，触发窗体的 FormClosing 事件，其语法格式如下：

```
public event FormClosingEventHandler FormClosing
```

例如，Form1 窗体的默认 FormClosing 事件代码如下：

```
private void Form1_FormClosing(object sender, FormClosingEventArgs e)
{

}
```

（7）其他事件。

还可以通过属性窗口根据程序需求选择相应的事件，如图 7.11 所示。

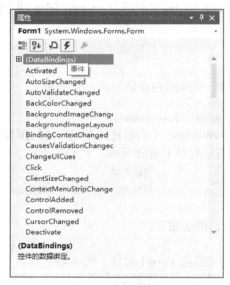

图 7.11　事件选择

7.1.4　Button 控件

Button 控件表示简单的命令按钮，派生于抽象类 ButtonBase，是程序开发常用的控件，主要用于接收用户 Click 事件。当用户单击或按 Enter 键时，就会触发 Click 事件，执行相应的代码。

命令按钮具备控件所共有的基本属性，常用属性与事件如表 7.1 所示。

表 7.1　　　　　　　　　　　　　　　　Button 控件常用属性与事件

常用成员		描述
属性	Text	定义标题
	Name	指明名称
	Image	设置控件显示图片
	Location	修改按钮位置
事件	Click	单击按钮时触发该事件

7.1.5　Label 控件与 LinkLabel 控件

（1）Label 控件即标签控件，通常只用来显示一些描述性的文字和信息，如图 7.12 所示。

把 Label 控件放在适当位置后，只需要在控件属性窗口的 Text 属性中输入标识的文字即可。如需要调整 Text 文本在此控件中的位置，可以通过 TextAlign 属性来实现，但要注意的是，需将 AutoSize 属性修改为 true。除了前面介绍的常用属性或事件（例如 Text、Size 等）外，还有其他属性、事件，如表 7.2 所示。

图 7.12　Label 控件

表 7.2　　　　　　　　　　　　　　Label 控件常用属性与事件

属性/事件	使用说明
AutoSize 属性	控制 Label 控件是否根据显示的文本自动调整控件的大小。属性值为 true 和 false，默认值为 true
BorderStyle 属性	用于设置 Label 控件的边框样式，有 3 个属性值：0-Name，表示没有边框；1-FixeSingle，表示具有单线边框；2-Fixed3D，表示具有 3D 样式边框
Click、DoubleClick 事件	与通用控件单击、双击事件用法一样
MouseHover 事件	当鼠标指针悬停在控件时发生 MouseHover 事件

（2）LinkLabel 为带链接的标签，该控件可以在窗体上创建 Web 样式的链接。可以使用 Label 控件的地方，通常都可以使用 LinkLabel 控件，还可以将文本的一部分设置为指向某个对象或 Web 页的链接。LinkLabel 控件除了具有 Label 控件的所有属性、方法和事件外，还有一些自己的常用属性，如表 7.3 所示。

表 7.3　　　　　　　　　　　　　LinkLabel 控件常用属性与事件

属性/事件	使用说明
LinkArea 属性	用于获取或设置文本中被作为超链接的文本区域，例如该控件的 Text 属性值为 "visual2019"，要使用 "2019" 设置链接，将该属性改为 "7,10" 即可
LinkColor 属性	设置未访问超链接之前的默认颜色
LinkVisited 属性	指示链接是否应显示为如同被访问过的链接
LinkVisitedColor 属性	当 LinkVisited 属性为真时，设置超链接的颜色
ActiveLinkColor 属性	单击时超链接的颜色
LinkClicked 事件	单击链接时触发的事件

7.1.6　TextBox 控件

TextBox 控件通常用于可编辑文本，不过也可使其成为只读控件。文本框可以显示多个行，可以对文本换行使其符合控件的大小以及添加基本的格式设置。TextBox 控件仅允许在其中显示或输入的文本采用一种格式。TextBox 控件常用属性与事件如表 7.4 所示。

表 7.4　　　　　　　　　　　　　TextBox 控件常用属性与事件

属性/事件	使用说明
Text 属性	设置与返回文本框的文本内容。可使用属性窗口与代码，例如，textBox1.Text="基于游戏编程教材";

续表

属性/事件	使用说明
MaxLength 属性	设置文本框输入字符串的最大长度是否有限，默认为 0，表示只受系统内存限制，如果大于 0，则表示能够输入的最大字符串长度。可用属性窗口与代码设置，如 textBox1.MaxLength= 100; //textBox1 中最多能接收 100 个字符
MultiLine 属性	是否多行显示，有 true 和 false 两个值，默认为 false
ScollBars 属性	设置文本框是否有垂直或水平滚动条。有 4 种属性值，分别是：0-None，没有滚动条；1-Horizontal，有水平滚动条；2-Vertical，有垂直滚动条；3-Both，有水平也有垂直滚动条。同样可以用代码来实现
PasswordChar 属性	设置文本框中是否显示用户输入的字符，如果属性值设置为字符，则用户输入的内容为指定字符，也可以用代码设置，如 textBox1.PasswordChar="*"; //textBox1 的密码字符为 "*"
SelectedText 属性	返回在文本框中选择的文本。若程序运行时需操作当前文本，则可以通过该属性来操作
ReadOnly 属性	设置文本框中的文本内容是否只读
TextChanged 事件	当文本框内容发生改变就触发这个事件，类似 Click 的使用方式
KeyPress 与 KeyUp 事件	KeyPress 事件在用户按键和松开键时被触发，KeyUp 事件则是用户松开一个键时触发

7.1.7 PictureBox 控件

PictureBox 控件可以显示来自位图、图标或者元文件，以及来自增强的元文件、JPEG 或 GIF 文件的图形。如果控件不足以显示整幅图像，则裁剪图像以适应控件的大小。它最重要的属性是 Image 属性，该属性用于设置显示图片的图片框。找到 PictureBox 控件的 Image 属性，单击右边…按钮，通过打开的"选择资源"对话框进行设置，如图 7.13 所示。

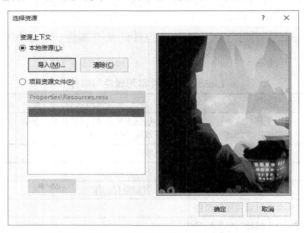

图 7.13　PictureBox 控件"选择资源"对话框

在"选择资源"对话框中，可选择"本地资源"或"项目资源文件"进行图片设置，也可以通过代码进行设置，例如：

```
pictureBox1.Image = System.Drawing.Bitmap.FormFile("C:/bj.jpg");//pictureBox1 显示图片
```

7.1.8 Timer 控件

Timer 控件为时钟控件，也称计时器控件，主要用于计时。通过引发 Timer 事件，Timer 控件可以有规律地隔一段时间执行一次代码。该控件常用属性和事件有 Enable 属性、Interval 属性和 Tick 事件，如表 7.5 所示。

表 7.5　　　　　　　　　　**Timer 控件常用属性与事件**

属性/事件	说明
Enable 属性	设置 Timer 控件是否启用，有 true 和 false 两个值
Interval 属性	设置 Timer 计时器事件之间的间隔时间，其值为 0~64767ms
Tick 事件	在 Timer 的 Enable 属性为真时，间隔指定的时间触发一次 Tick 事件

7.1.9　容器类控件

在程序开发过程中，最常用的窗体是容器类控件，常用的容器类控件有 GroupBox（框架控件）、Panel（面板控件）。它们都可以将其他控件放入本身容器内形成一个整体，然后就可将容器控件和子控件一起移动，结合子控件可以完成组的操作。GroupBox 控件最常用的属性有 Text 和 Visible 两种。Panel 控件派生于 ScrollableControl，除了具有所有控件共有的属性外，还有较为重要的 AutoScroll 和 BorderStyle 属性，如表 7.6 所示。

表 7.6　　　　　　　　　**AutoScroll 和 BorderStyle 属性**

属性	说明
AutoScroll	有 true 和 false 两个值，默认值为 false。为 true 时可以滚动容器中的控件，以便显示更多控件及内容
BorderStyle	设置 Panel 控件是否显示边框，有 3 种选择：None，无边框；FixedSingle，边框为单实线；Fixed3D，3D 边框。默认为无边框

7.1.10　RadioButton 控件

单选按钮一般用于从多个选项中选择一项，RadioButton 控件同样具有 Text、Name 等属性，当然也有它不同的属性和事件。这里介绍 Checked 属性和 CheckedChanged 事件，Checked 属性判断该控件是否选中，CheckedChanged 事件为选择触发事件。下面通过案例演示该控件的使用方法。

【例 7.3】　选择两种不同菜品的程序。

添加 GroupBox 控件、Label 控件以及 RadioButton 控件，效果如图 7.14 所示。

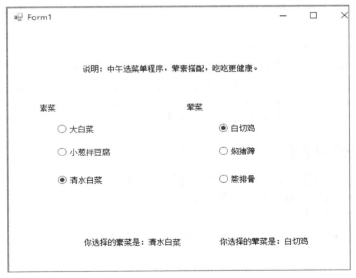

图 7.14　控件的使用效果

思路：此案例在 RadioButton 控件添加 CheckedChanged 事件完成获取用户选择的是哪一种菜名。

步骤 1： 按图 7.14 要求，完成窗体控件的设计。

步骤 2： 按图 7.14 要求，完成窗体控件的属性设置。

步骤 3： 双击控件，打开代码编辑器，编写代码如下。

```
1   private void radioButton1_CheckedChanged(object sender, EventArgs e)
2   {
3   if (radioButton1.Checked)
4   label2.Text = "你选择的素菜是："+radioButton1.Text;
5   }
6   private void radioButton3_CheckedChanged(object sender, EventArgs e)
7   {
8   if (radioButton2.Checked)
9   label2.Text = "你选择的素菜是：" + radioButton2.Text;
10  }
11  private void radioButton2_CheckedChanged(object sender, EventArgs e)
12  {
13  if (radioButton3.Checked)
14  label2.Text = "你选择的素菜是：" + radioButton3.Text;
15  }
16  private void radioButton4_CheckedChanged(object sender, EventArgs e)
17  {
18  if (radioButton4.Checked)
19  label3.Text = "你选择的荤菜是：" + radioButton4.Text;
20  }
21  private void radioButton5_CheckedChanged(object sender, EventArgs e)
22  {
23  if (radioButton5.Checked)
24  label3.Text = "你选择的荤菜是：" + radioButton5.Text;
25  }
26  private void radioButton6_CheckedChanged(object sender, EventArgs e)
27  {
28  if (radioButton6.Checked)
29  label3.Text = "你选择的荤菜是：" + radioButton6.Text;
30  }
```

注意 以上程序代码是使用 RadioButton 控件的 Checked 属性和 CheckedChanged 事件完成的，如果希望简化代码，可以使用数组控件与选择语句。

步骤 4： 保存程序，按 F5 键运行，实现结果。

7.1.11 CheckBox 控件

CheckBox 为复选框控件，复选框控件允许用户选择一项或多项。下面通过案例来讲述 CheckBox 控件的使用方法。

【例 7.4】 选择感兴趣的版块。

添加 Label、CheckBox 和 Button 控件来完成，使用界面如图 7.15 所示。

步骤 1： 按图 7.15 要求，完成窗体控件的设计。

步骤 2： 按图 7.15 要求，完成窗体控件的属性设置。

图 7.15 复选框的使用界面

步骤 3：Button1 的单击事件代码如下。

```
1   private void button1_Click(object sender, EventArgs e)
2   {
3   string mk = "";
4   CheckBox[] array =
5   {
6   checkBox1,checkBox2,checkBox3,checkBox4,checkBox5,checkBox6 };
7   //采用以控件序号、数组方式存储
8   for (int i = 0; i < array.Length; i++)
9   {
10  if (array[i].Checked)
11  mk += array[i].Text + ",";
12  }
13  MessageBox.Show("选择您感兴趣的版块：" + mk);
14  //使用 MessageBox 消息框弹出信息
15  }
```

7.1.12　MenuStrip 控件

在 WinForm 中，菜单一般在应用程序中提供各种操作，例如记事本程序中左上方有"文件""编辑""格式""查看""帮助"等菜单，每一个菜单又有下拉菜单，这样可以给用户提供方便的程序操作，提高用户体验。

菜单的基本作用有两个：一是提供人机对话的接口，方便用户选择应用程序的各种功能；二是管理应用程序，操作各种功能模块。

1. MenuStrip 控件

MenuStrip 控件是提供窗体的下拉式菜单，通过单击菜单可以下拉出子菜单，选择命令可以执行相关的操作。

将 MenuStrip 控件添加到窗体后，会自动生成名为 menuStrip1 的菜单控件（在窗体的底部），而在窗体顶部将出现主菜单设计器，通过主菜单设计器，可以方便地创建窗体的菜单系统。

2. ContextMenuStrip 控件

ContextMenuStrip 控件也称为右菜单或弹出式菜单，它指用户在控件或窗体特定区域上单击鼠标右键时弹出的菜单，该快捷菜单通常用于组合来自窗体的下拉菜单的不同菜单项，便于用户在给定的应用程序上下文中使用。例如在文本程序中，菜单栏上有"编辑"菜单且有子菜单，当用户在文本编辑窗体空白处单击鼠标右键会出现与"编辑"菜单一样的子菜单。ContextMenuStrip 控件也有它常用的属性与事件，如表 7.7 所示。

表 7.7　　　　　　　　　　　　　ContextMenuStrip 控件常用属性与事件

属性/事件	说明
ShortcutKeys 属性	该属性用于激活菜单项的快捷键，这时就不需要使用鼠标菜单项，而是直接使用键盘就可以实现菜单项中的命令
ShowShortcutKeys 属性	用于设置是否显示菜单项的快捷键，如果设为 true，菜单项快捷键可见；设为 false，则不可见
Checked 属性	类似单选项或复选框控件，判断返回菜单是否被选中
Click 事件	该事件为单击事件，当用户单击菜单项时触发该事件

下面将通过一个例子介绍如何使用 MenuStrip 控件来创建菜单并把它们添加到窗体上；如何通过捕获菜单事件并添加代码，完成当用户单击一个菜单项时，响应菜单对应的命令；如何创建 ContextMenuStrip 控件弹出式菜单。

【例 7.5】 创建 rtf/txt 文本编辑器程序，通过 MenuStrip 与 ContextMenuStrip 等控件实现新建、复制、剪切等操作，完成文本的基本操作。

步骤 1： 新建项目。打开 Visual Studio 2019 开发环境，新建 test7_5 项目。

步骤 2： 打开"文本编辑器"，设置 Size 为"600,480"。

步骤 3： 添加 MenuStrip 控件，在"工具箱"分类中选择 MenuStrip 控件，以双击或拖放的方式将控件添加到窗体里。在窗体底部会出现名为"menuStrip1"的控件，窗体的顶部会出现"请在此处键入"字样的菜单项，如图 7.16 所示。

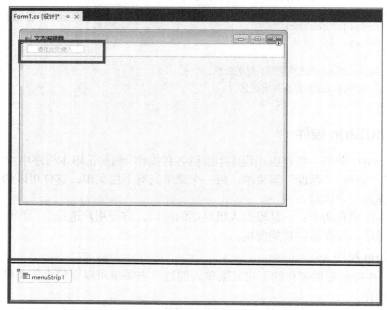

图 7.16　添加 MenuStrip 控件后的效果

步骤 4： 设置 MenuStrip 菜单项。

单击菜单栏上的"请在此处键入"文本框，输入"文件"并按 Enter 键，完成后在文件菜单的下方和右方都会出现"请在此处键入"的标识，其中右边是与"文件"同级的菜单，下方为文件的子菜单。

用同样的操作方法，依次添加"文件"的子菜单"新建""打开""保存""打印""退出"等。

再添加两个与"文件"菜单同级的菜单，即"编辑"和"帮助"。其中"编辑"的子菜单有"复制""剪切""粘贴""字体"，"帮助"子菜单有"版本"，如图 7.17～图 7.19 所示。

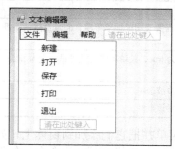
图 7.17　"文件"菜单栏

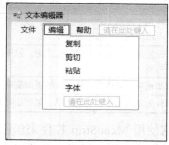
图 7.18　"编辑"菜单栏

图 7.19　"帮助"菜单栏

步骤 5：为菜单设置快捷键。

在文本菜单栏单击鼠标右键，在弹出菜单中，选择"编辑 DropDownItems…"命令，会弹出"项集合编辑器"对话框，找到相应的子菜单设置快捷方式。例如，"新建"菜单设置快捷键为 Ctrl+N，在"成员"选择框中单击"新建 ToolStripMenuItem"，在右边属性框中找到"ShortcutKeys"属性值，选择为"Ctrl+N"即可，如图 7.20 所示。

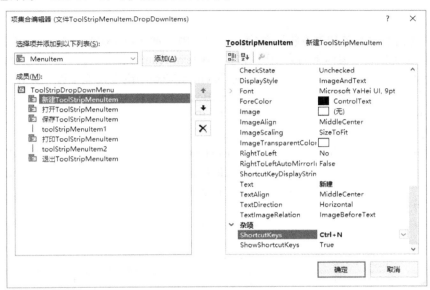

图 7.20　项集合编辑器

参照同样的操作，用户可以根据自己的使用习惯自行添加其他快捷键。

步骤 6：添加 rtf 文本框。

在工具栏上找到 RichTextBox 控件，并添加到窗体中，将其 Dock 属性设置为"Fill"，即将控件填满整个窗体。

步骤 7：添加菜单事件。

为程序完成功能操作后，需要对各个菜单添加触发事件。本案例先完成新建、复制、剪切、粘贴、退出触发事件的操作，其他事件代码将在 7.1.13 小节介绍。双击"新建"菜单，会自动生成"新建"菜单的单击事件，代码如下：

```
1  private void 新建ToolStripMenuItem_Click(object sender, EventArgs e)
2  {
3  richTextBox1.Clear();
4  this.Text = "新建文本";
5  }
```

参照上面同样的方法，分别为复制、剪切、粘贴、退出完成触发事件代码编写，代码如下：

```
1  private void 复制ToolStripMenuItem_Click(object sender, EventArgs e)
2  {
3  richTextBox1.Copy();
4  }
5  private void 剪切ToolStripMenuItem_Click(object sender, EventArgs e)
6  {
7  richTextBox1.Cut();
8  }
9  private void 粘贴ToolStripMenuItem_Click(object sender, EventArgs e)
```

```
10  {
11  richTextBox1.Paste();
12  }
13  private void 退出ToolStripMenuItem_Click(object sender, EventArgs e)
14  {
15  Application.Exit();
16  }
```

步骤 8：添加 ContextMenuStrip 控件并设置弹出菜单项。

找到工具箱中"菜单和工具栏"类别，在窗体中添加 ContextMenuStrip 控件，该控件和 MenuStrip 控件类似，在窗体下面会出现名为"ContextMenuStrip1"的控件，并在窗体顶部出现 ContextMenuStrip 菜单。采用同样的方法，为"ContextMenuStrip"菜单添加"复制""剪切""粘贴""退出"。完成操作后，需要将 richTextBox1 控件的 ContextMenuStrip 属性设置为 "ContextMenuStrip1"，以确保弹出菜单在 richTextBox1 控件可用。

步骤 9：添加弹出菜单事件。

单击弹出菜单事件中的"复制"，会在 Visual Studio 2019 的右下角出现"复制"菜单的属性，单击"闪电"图标，即事件属性，找到 Click 事件，选择"复制 ToolStripMenuItem_Click"即可。"复制"事件与菜单事件的功能是一样的，采用同样的方法将剪切、粘贴、退出全部功能完成，如图 7.21 所示。

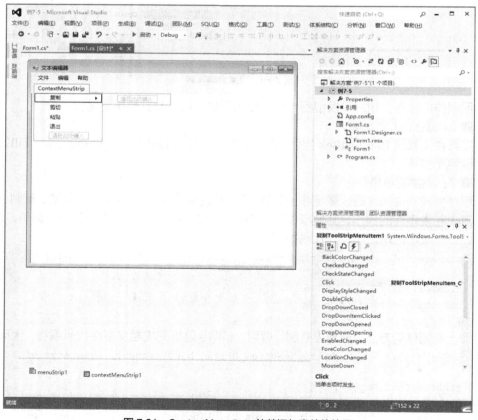

图 7.21　ContextMenuStrip 控件添加事件的效果

步骤 10：调试并运行。

完成以上操作后，直接运行，实现部分菜单的功能操作，并实现弹出菜单的操作。

7.1.13　对话框设计

在例 7.5 中，需要完成文件的打开、保存等操作，退出时为防止用户误操作，需要弹出对话框询问"是否确定要关闭"等信息，这就需要用到对话框。对话框的类型有很多，有时也会用到 MessageBox 对话框，.NET Framework 包含了一些通用预定义对话框，如表 7.8 所示。

表 7.8　　　　　　　　　　　　　通用预定义对话框

名称	说明
OpenFileDialog	打开文件对话框
SaveFileDialog	保存文件对话框
ColorDialog	从调色板选择颜色对话框
FontDialog	字体设置对话框
PageSetupDialog	打印页面设置对话框
PrintDialog	打印机设置对话框
PrintPreviewDialog	打印预览对话框

下面详细讲解 OpenFileDialog、SaveFileDialog 和 FontDialog 对话框的使用方法。

1.　OpenFileDialog 对话框

OpenFileDialog 对话框用于从磁盘打开一个或多个文件，其常用的属性和方法如表 7.9 所示。

表 7.9　　　　　　　　　　OpenFileDialog 对话框常用属性和方法

属性/方法	说明
Title 属性	设置对话框的标题，默认为"打开"
FileName 属性	获取或设置第一个在对话框显示的文件或用户选择的最后一个文件，代码如下： OpenFileDialog.FileName=" program";
Filter 属性	对话框的文件筛选器，限定哪些文件类型可以显示出来，格式之间用竖线隔开，代码如下： OpenFileDialog.Filter="doc 文档|*.doc|所有文件|*.*";
IntiaDircectory 属性	用于设置文件对话框显示的初始目录。代码如下： OpenFileDialog. IntiaDircectory="d:\\";
MultiseLect 属性	用于确定是否可以选择多个文件，如果为 true 则可以选择多个文件，如果为 false 则只能选择一个文件
ShowDialog()方法	用于显示对话框，代码如下： OpenFileDialog.ShowDialog();

2.　SaveFileDialog 对话框

SaveFileDialog 对话框的外观和使用方法与 OpenFileDialog 对话框基本上是相同的，SaveFileDialog 有下面两个重要的属性。

CreatePrompt 属性：当保存的文件不存在时，询问是否创建该文件。

OverwritePrompt 属性：当保存的文件存在时，询问是否覆盖该文件。

3.　FontDialog 对话框

FontDialog 对话框为字体设置对话框，它有如下两个专属属性。

Font 属性：设置选定的字体。

Color 属性：设置选定字体的颜色。

【例 7.6】打开例 7.5，完成"打开"子菜单操作后，添加保存、打印、退出、版本等操作，完成代码编写。

操作步骤如下。

步骤 1： 打开例 7.5，在窗体中单击"打开"菜单，自动生成单击触发事件。代码参考如下：

```
1    private void 打开ToolStripMenuItem_Click(object sender, EventArgs e)
2    {
3    OpenFileDialog = new OpenFileDialog();
4    openfiledialog.InitialDirectory = "C:\\";
5    openfiledialog.Filter = "rtf 文件(*.rtf) | *.rtf | txt 文档(*.txt)| *.txt |doc
文件(*.doc)| *.doc";
6    openfiledialog.FilterIndex = 1;
7    openfiledialog.RestoreDirectory = true;
8    if (openfiledialog.ShowDialog() == DialogResult.OK)
9        {
10       try
11       {
12    richTextBox1.LoadFile(openfiledialog.FileName);
13     }
14    catch (Exception ex)
15    {
16    MessageBox.Show(ex.Message);
17     }
18   }
19   }
```

步骤 2： 参照同样的方法，在"保存"菜单中的触发事件中输入 SaveFileDialog 控件代码。参考代码如下：

```
1    private void 保存ToolStripMenuItem_Click(object sender, EventArgs e)
2    {
3    SaveFileDialog savefiledialog = new SaveFileDialog();
4    savefiledialog.InitialDirectory = "C:\\";
5    savefiledialog.Filter = "rtf 文件(*.rtf) | *.rtf | txt 文档(*.txt)| *.txt |doc
文件(*.doc)| *.doc";
6    savefiledialog.RestoreDirectory = true;
7    if (savefiledialog.ShowDialog() == DialogResult.OK)
8    richTextBox1.SaveFile(savefiledialog.FileName);
9    }
```

步骤 3： 完成"打印"菜单要用到 PrintDocument 控件，在工具栏找到"打印"分类中的 PrintDocument 控件，将其添加到窗体中，系统会自行添加名为 printDocument1 的控件。采用同样的方法在"打印"菜单事件中输入代码，参考代码如下：

```
1    private void 打印ToolStripMenuItem_Click(object sender, EventArgs e)
2    {
3    PrintDialog printdialog = new PrintDialog();
4    printdialog.Document = printDocument1;
5    if (printdialog.ShowDialog() == DialogResult.OK)
6    {
7    printDocument1.Print();
8    }
9    }
```

步骤 4： 使用 FontDialog 控件，双击"字体"菜单，会自动生成"字体 ToolStripMenuItem_Click"事件，在事件代码中输入字体对话框的功能。参考代码如下：

```
1    private void 字体ToolStripMenuItem_Click(object sender, EventArgs e)
2    {
3    FontDialog fontdialog = new FontDialog();
```

```
4    fontdialog.ShowColor = true;
5    fontdialog.Font = richTextBox1.SelectionFont;
6    fontdialog.Color = richTextBox1.SelectionColor;
7    if (fontdialog.ShowDialog() == DialogResult.OK)
8    {
9     richTextBox1.SelectionFont = fontdialog.Font;
10   richTextBox1.SelectionColor = fontdialog.Color;
11   }
12  }
```

步骤 5: 使用 MessageBox 控件,完成"版本"菜单。参考代码如下:

```
1  private void 版本ToolStripMenuItem_Click(object sender, EventArgs e)
2  {
3   MessageBox.Show("version1.0,版权所有: 作者", "版本及版权信息");
4  }
```

步骤 6: 完善"退出"和"新建"菜单。在软件使用的时候为了避免用户误操作,在退出操作和新建文本的时候添加 MessageBox 控件即可。参考代码如下:

```
1   private void 新建ToolStripMenuItem_Click(object sender, EventArgs e)
2   {
3    DialogResult result= MessageBox.Show("确定要新建吗","新建提示",
MessageBoxButtons.YesNo);
4    if (result == DialogResult.Yes)
5    {
6    richTextBox1.Clear();
7    this.Text = "新建文本";
8    }
9    private void 退出ToolStripMenuItem_Click(object sender, EventArgs e)
10   {
11   DialogResult result= MessageBox.Show("你确定要退出吗","退出操作",
MessageBoxButtons.YesNo);
12    if (result == DialogResult.Yes)
13    {
14   Application.Exit();
15    }
16  }
```

7.2　实验一　游戏登录与注册设计

【实验目的】

(1)掌握窗体常用属性及事件。

(2)掌握常用控件的属性及事件。

(3)掌握对话框、菜单的使用方法。

(4)了解 XML 文件存储、读取等操作。

【实验内容】

通过 Visual Studio 2019 开发环境完成模拟游戏登录、注册的程序,完成窗体、控件的布局,完成窗体及控件的属性设置,完成事件程序编写,完成 XML 文件存储等内容。

【实验环境】

操作系统: Windows 7/8/10(64 位);Mac OS X 10.11 及以上版本。

处理器: 4.0GHz 及以上。

内存：4GB 及以上。

GPU：有 DirectX 9（着色器模型 2.0）功能。

【实验步骤】

1. 游戏登录窗体设计

步骤 1：打开 Visual Studio 2019，新建一个 WinForm 应用（.NET Framework）项目，名称为 gamelogin，设定项目的存放路径。

步骤 2：修改 Form1 的相关属性，设置 Size 属性（Width：600；Height：480），BackgroundImage 的属性为 bj.jpg，在 Form1 窗体中添加 2 个 Label 控件、2 个 TextBox 控件、3 个 Button 控件，并修改相应的 Text 属性。参照图 7.22 进行设置。

图 7.22　Form1 窗体控件布局

2. 游戏注册窗体设计

步骤 1：在项目中添加新的窗体 Form2，添加 2 个 Label 控件、2 个 TextBox 控件、2 个 Button 控件、1 个 GroupBox 控件，在 GroupBox 控件中添加 3 个 RadioButton 控件。

步骤 2：参照图 7.23 修改相应的属性。

图 7.23　Form2 窗体控件布局

3. 游戏成功登录窗体设计

步骤 1： 在该项目中再添加一个 Form3 窗体，添加 3 个 Label 控件、1 个 PictureBox 控件、1 个 Button 控件。

步骤 2： 参照图 7.24 修改控件相应的属性。

图 7.24　Form3 窗体控件布局

4. 登录窗体及按钮代码编写

返回 Form1 为 button1 控件添加 Click 事件，其功能是跳转到 Form2 窗体，并隐藏 Form1 窗体。为 button3 控件添加 Click 事件，其功能是退出程序。button2 控件的事件在后面的步骤进行讲解，参考代码如下：

```
1  private void button1_Click(object sender, EventArgs e)
2  {
3  Form2 f2 = new Form2();
4  f2.Show();
5  this.Hide();
6  }
7  private void button3_Click(object sender, EventArgs e)
8  {
9  Application.Exit();
10  }
```

5. 注册窗体及按钮代码编写

打开 Form2 窗体，为 button1 和 button2 添加 Click 事件，其中，button1 的功能是实现新建 user.xml 文件，通过 XML 的写入数据功能实现将用户填写的相关信息存储到 XML 文件。button2 的功能是隐藏本窗体、显示 Form1 窗体。由于需要用到 File 和 XML 类，故需要引用 System 相关类，引用代码为 using System.Xml;和 using System.IO;，参考代码如下：

```
1  private void button1_Click(object sender, EventArgs e)
2  {
3  string r = "";
```

```
4    if (radioButton1.Checked) {
5    r = "rabbi";
6    }
7    else if (radioButton2.Checked)
8    {
9    r = "swordman";
10   }
11   else
12   {
13   r = "enchanter";
14   }
15   string path = System.AppDomain.CurrentDomain.SetupInformation.
ApplicationBase;
16   string XmlFileName = "user.xml";
17   if (!File.Exists(path + XmlFileName))
18   {
19   XmlDocument xmlDoc = new XmlDocument();
20   XmlDeclaration xmlSM = xmlDoc.CreateXmlDeclaration("1.0", "utf-8", null);
21   xmlDoc.AppendChild(xmlSM);
22   XmlElement userdata = xmlDoc.CreateElement("userdata");
23   xmlDoc.AppendChild(userdata);
24
25   XmlNode userdata_xml = xmlDoc.SelectSingleNode("userdata");
26   XmlElement rule = xmlDoc.CreateElement("rule");
27   XmlElement pw = xmlDoc.CreateElement("password");
28   XmlElement user = xmlDoc.CreateElement("user");
29   XmlElement part = xmlDoc.CreateElement("part");
30   userdata_xml.AppendChild(rule);
31   user.InnerText = textBox1.Text;
32   pw.InnerText = textBox2.Text;
33   part.InnerText=r;
34   rule.SetAttribute("id", user.InnerText);
35   rule.AppendChild(user);
36   rule.AppendChild(pw);
37   rule.AppendChild(part);
38
39   xmlDoc.Save(path + XmlFileName);
40   MessageBox.Show(XmlFileName + "已经创建在" + path + "目录下,"+"并成功注册! ");
41   }
42   else
43   {
44   XmlDocument xmlDoc = new XmlDocument();
45   xmlDoc.Load(path + XmlFileName);
46   XmlNode userdata_xml = xmlDoc.SelectSingleNode("userdata");
47   XmlElement rule = xmlDoc.CreateElement("rule");
48   XmlElement user = xmlDoc.CreateElement("user");
49   XmlElement pw = xmlDoc.CreateElement("password");
50   XmlElement part = xmlDoc.CreateElement("part");
51
52   user.InnerText = textBox1.Text;
53   pw.InnerText = textBox2.Text;
54   part.InnerText = r;
55   rule.SetAttribute("id", user.InnerText);
56   userdata_xml.AppendChild(rule);
57   rule.AppendChild(user);
58   rule.AppendChild(pw);
```

```
59    rule.AppendChild(part);
60    xmlDoc.Save(path + XmlFileName);
61    MessageBox.Show("成功注册");
62    }
63    }
64    private void button2_Click(object sender, EventArgs e)
65    {
66    Form1 f1 = new Form1();
67    f1.Show();
68    this.Hide();
69    }
```

在 Form1 窗体中添加 button2 的 Click 事件代码，功能是判断用户是否正确输入用户名及密码，若正确则自动跳转至 Form3 窗体。同时需要用到 File 和 XML 类，故在程序引用声明如下：

```
using System.Xml;
using System.IO;
```

另在程序编写过程中需要用到两个全局变量，在窗体中声明即可，两个全局变量如下：

```
public static bool b = false;
public static string str;
```

button2 控件为登录控件，其功能是根据用户输入的账号和密码遍历查找 XML 文件、查找相应的节点属性及元素值、判断是否输入正确。参考代码如下：

```
1     private void button2_Click(object sender, EventArgs e)
2     {
3         XmlDocument xmlDocument = new XmlDocument();
4         xmlDocument.Load("user.xml");
5         XmlNodeList nodelist = xmlDocument.SelectNodes("/userdata/rule");
6         if (textBox1.Text == "")
7     {
8      MessageBox.Show("请输入账号!");
9
10    }
11     foreach (XmlNode item in nodelist)
12    {
13    if (item.Attributes["id"].Value == textBox1.Text)
14    {
15    b = true;
16    if (textBox1.Text == item.ChildNodes[0].InnerText && textBox2.Text ==
item.ChildNodes[1].InnerText)
17    {
18    str = textBox1.Text;
19    Form3 f3 = new Form3();
20     f3.Show();
21     this.Hide();
22     }
23     else
24     {
25      MessageBox.Show("用户名或密码错! ");
26     }
27     }
28     }
29     if (b==false)
30     {
31    MessageBox.Show("账号是未注册的, 请先注册! ");
32     }
```

```
33    }
```

6. 进入游戏窗体及按钮代码编写

Form3 窗体的主要功能是显示用户相关信息，在 Form3_Load 添加代码，通过遍历查找 XML 文件，查找用户信息，并将 pictureBox1 的控件显示角色的图片 Button1 改为显示 Form1，隐藏 Form3 窗体。参考代码如下：

```csharp
1    private void Form3_Load(object sender, EventArgs e)
2    {
3    this.label2.Text = Form1.str;
4    XmlDocument xmlDocument = new XmlDocument();
5    xmlDocument.Load("user.xml");
6    XmlNodeList nodelist = xmlDocument.SelectNodes("/userdata/rule");
7    foreach (XmlNode item in nodelist)
8    {
9    if (item.Attributes["id"].Value == label2.Text)
10   {
11   if (item.ChildNodes[2].InnerText == "rabbi")
12   {
13   pictureBox1.ImageLocation = "rabbi.jpg";
14   label3.Text = "角色：" + "法师";
15   }
16   else if (item.ChildNodes[2].InnerText == "swordman")
17   {
18   pictureBox1.ImageLocation = "swordman.jpg";
19   label3.Text = "角色：" + "剑士";
20   }
21   else
22   {
23   pictureBox1.ImageLocation = "enchanter.jpg";
24   label3.Text = "角色：" + "魔法师";
25   }
26   }
27   }
28   }
29   private void button1_Click(object sender, EventArgs e)
30   {
31   Form1 f1 = new Form1();
32   f1.Show();
33   this.Hide();
34   }
```

按 F5 键或单击"启动"按钮，完成程序的调试运行。

7.3 实验二 简易计算器的设计

【实验目的】

通过实验掌握本章所学内容及其综合应用。

【实验内容】

用 C#开发一个简易计算器，实现基本的数字运用，如加、减、乘、除等功能。主要制作过程：窗体控件部署、数字按钮代码编写、计算按钮事件代码编写。

【实验环境】

操作系统：Windows 7/8/10（64 位）；Mac OS X 10.11 及以上版本。

处理器：4.0GHz 及以上。

内存：4GB 及以上。

GPU：有 DirectX 9（着色器模型 2.0）功能。

【实验步骤】

1. 设计步骤

步骤 1：窗体控件部署。简易计算器界面的设计效果如图 7.25 所示。

步骤 2：数字按钮事件代码编写。参考代码如下：

图 7.25　简易计算器界面的设计效果

```
1    namespace WindowsFormsApplication6
2    {
3    public partial class Form1 : Form
4    {
5    public Form1()
6    {
7    InitializeComponent();
8    }
9    private void button1_Click(object sender, EventArgs e)
10   {
11   Button btn = (Button)sender;
12   textBox1.Text += btn.Text;
13   }
14   private void button2_Click(object sender, EventArgs e)
15   {
16   Button btn = (Button)sender;
17   textBox1.Text += btn.Text;
18   }
19   private void button3_Click(object sender, EventArgs e)
20   {
21   Button btn = (Button)sender;
22   textBox1.Text += btn.Text;
23   }
24   private void button4_Click(object sender, EventArgs e)
25   {
26   Button btn = (Button)sender;
27   textBox1.Text += btn.Text;
28   }
29   private void button5_Click(object sender, EventArgs e)
30   {
31   Button btn = (Button)sender;
32   textBox1.Text += btn.Text;
33   }
34   private void button6_Click(object sender, EventArgs e)
35   {
36   Button btn = (Button)sender;
37   textBox1.Text += btn.Text;
38   }
39   private void button7_Click(object sender, EventArgs e)
40   {
41   Button btn = (Button)sender;
42   textBox1.Text += btn.Text;
43   }
44   private void button8_Click(object sender, EventArgs e)
45   {
```

```
46    Button btn = (Button)sender;
47    textBox1.Text += btn.Text;
48    }
49    private void button9_Click(object sender, EventArgs e)
50    {
51    Button btn = (Button)sender;
52    textBox1.Text += btn.Text;
53    }
54    private void button10_Click(object sender, EventArgs e)
55    {
56    Button btn = (Button)sender;
57    textBox1.Text += btn.Text;
58    }
59    private void button11_Click(object sender, EventArgs e)
60    {
61    Button btn = (Button)sender;
62    textBox1.Text = textBox1.Text + " " + btn.Text + " ";
63    }
64    private void button12_Click(object sender, EventArgs e)
65    {
66    Button btn = (Button)sender;
67    textBox1.Text = textBox1.Text + " " + btn.Text + " ";
68    }
69    private void button13_Click(object sender, EventArgs e)
70    {
71    Button btn = (Button)sender;
72    textBox1.Text = textBox1.Text + " " + btn.Text + " ";
73    }
74    private void button14_Click(object sender, EventArgs e)
75    {
76    Button btn = (Button)sender;
77    textBox1.Text = textBox1.Text + " " + btn.Text + " ";
78    }
79    private void button16_Click(object sender, EventArgs e)
80    {
81    textBox1.Text = "";
82    }
```

步骤 3：计算按钮事件代码编写。参考代码如下：

```
1     private void button15_Click(object sender, EventArgs e)
2     {
3     Single r;
4     string t = textBox1.Text;
5     int space = t.IndexOf(' ');
6     string s1 = t.Substring(0, space);
7     char op = Convert.ToChar(t.Substring(space + 1, 1));
8     string s2 = t.Substring(space + 3);
9     Single arg1 = Convert.ToSingle(s1);
10    Single arg2 = Convert.ToSingle(s2);
11    switch (op)
12    {
13    case '+': r = arg1 + arg2; break;
14    case '-': r = arg1 - arg2; break;
15    1case '*': r = arg1 * arg2; break;
16    case '/':
17    if (arg2 == 0)
18    {
```

```
19    throw new ApplicationException();
20    }
21    else
22    {
23    r = arg1 / arg2;
24    }
25    break;
26    default:
27    throw new ApplicationException();
28    }
29    textBox1.Text = r.ToString();
30    }
31    private void button17_Click(object sender, EventArgs e)
32    {
33    Application.Exit();
34    }
35    }
36    }
```

2．程序调试

按 F5 键或单击"启动"按钮，测试各个按钮及运算是否正确。效果如图 7.26 所示。

图 7.26　简易计算器效果

本章小结

本章主要讲解了 Windows 应用程序开发的基础知识，包括 WinForm 的使用、常用控件的使用，以及菜单、工具栏和状态栏的使用。最后通过两个实例讲解了 WinForm 的综合应用。

习题

一、选择题

1．加载窗体时触发的事件是（　　）。

  A．Load　　　　B．GotFoucs　　　　C．DoubleClick　　　　D．Click

2．显示窗体的方法是（　　）。

  A．Show()　　　　B．Close()　　　　C．Hide()　　　　D．Click()

3．用于确定是否在文本框中显示某个字符的属性是（　　）。

  A．SelectionStart　　B．SelectedText　　C．ReadOnly　　D．PasswordChar

二、编程题

1．编程计算图 7.27 所示的窗体，其中有两个标签控件 label1 和 label2，两个文本框控件 textBox1 和 textBox2，两个命令按钮控件 button1 和 button2。在 textBox1 中输入数值，单击"转换"按钮，在 textBox2 中输出显示转换后的温度。单击"退出"按钮，结束程序。要求写出设计步骤和程序实现的主要代码。（转换函数公式：$C=5×(F-32)/9$）

2．设计一个简易的学生档案程序，具有基本信息、学籍信息、家庭信息、信息确认等功能。要求：每录入一个学生信息都将其以 TXT 文件格式保存到本地，窗体设计参照图 7.28～图 7.32。

图 7.27　华氏温度转换

179

图 7.28　学生档案基本信息窗体设计

图 7.29　学生档案个人信息窗体

图 7.30　学生档案家庭信息窗体设计

图 7.31　学生档案信息确认窗体设计

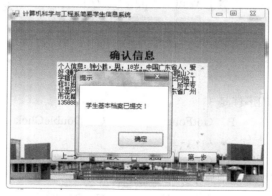

图 7.32　学生信息保存成功后效果

下篇

C#在 Unity 游戏引擎中的应用

　　游戏引擎 Unity 支持 C#脚本语言编写代码。在 Unity 中使用的 C#与微软.NET 平台下的 C#很像但又不完全相同。Unity 内的 C#运行于 Mono 虚拟机，该虚拟机是一个开源软件平台，以微软的.NET 开发框架为基础，能够实现跨平台开发。在 Unity 中使用 C#不但能调用 Unity 引擎本身的功能，还能调用.NET 平台提供的大部分功能。

　　本篇主要以游戏开发案例为主线，讲解 C#在 Unity 游戏引擎中的应用，包括认识 Unity 游戏引擎、C#脚本语言、交互和物理引擎、Unity 游戏开发综合案例等。

　　第 8 章讲解认识 Unity 游戏引擎，第 9 章讲解 C#脚本语言，第 10 章讲解交互和物理引擎，第 11 章讲解动画与 UGUI，第 12 章讲解 Unity 游戏开发综合案例，第 13 章讲解 Unity 游戏开发中常见的设计模式。

08 第 8 章 认识 Unity 游戏引擎

【学习目的】
- 了解 Unity 游戏引擎,包括 Unity 游戏引擎的现状、版本、应用领域。
- 掌握 Unity 游戏引擎的安装方法。
- 熟悉 Unity 游戏引擎的操作界面、主要功能及常用菜单。
- 掌握使用 Unity 游戏引擎制作小程序的方法。

8.1 Unity 简介

8.1.1 Unity 概述

Unity(也称 Unity 3D)是一套包括图形、声音、物理等功能的跨平台游戏引擎,它提供了一个强大的图形界面编辑器,支持大部分 3D 软件格式,全面支持 2D 游戏,也支持 C#、JavaScript 等多种高级语言。开发者无须了解底层复杂的技术,即可利用其快速开发出高性能、高品质的游戏产品。使用 Unity 编写游戏比专门用代码一点点地编写游戏要容易,用它来做游戏更方便。Unity 不仅能够用来做游戏,还能用来制作其他有互动效果的软件或应用。

游戏是一个有互动效果的软件,它一般具有角色、场景、交互以及评价机制等基本元素。人们一般玩的游戏叫"娱乐游戏",现在还有一些游戏(如虚拟实验、VR/AR 等),具备游戏的基本元素场景、角色、互动,甚至还有评价体系,但就是没有娱乐性,这类具备游戏的元素但没有娱乐性的应用叫作"严肃游戏"。实际上,"互动应用"的概念更宽泛,也就是说只要有场景、有角色、有互动,不一定有评价机制的应用,也称为互动应用,但有互动的应用未必都是游戏。

而从游戏引擎发展史来看,近几年推出的游戏引擎依旧延续了总体的发展趋势,不断追求游戏中的真实互动效果。一个好的游戏引擎,应该提供跨平台的游戏开发功能、最新的动画技术或绘图技术,以及实用的游戏创作工具。目前利用 Unity 引擎开发游戏不必有太专业的技术,其操作简易,可提高代码的重用性,并降低游戏开发成本,也大幅度降低了游戏开发的门槛,这已成为一种新的游戏开发趋势。而在这种趋势下,Unity 成为被业界所广泛使用的跨平台直观式的游戏引擎。Unity 不仅是目前世界上非常优秀的实时开发平台,它还是一个强大的生态系统。

8.1.2　Unity 的发展历程

1. Unity 的诞生

2002 年，来自丹麦的约阿金（Joachion）、德国的尼古拉斯·弗朗西斯（Nicholas Francis）和冰岛的大卫（David）成立团队，开发了第一代版本的 Unity 引擎。Unity 公司于 2004 年成立，并在 2005 年将公司总部设立在美国旧金山，同时发布了 Unity 1.0 引擎版本。至此，Unity 引擎正式诞生。

2. Unity 引擎的变革

（1）2005 年，Unity 与 Mac。Unity 在 2005 年刚刚被发布时，使用的平台是 Mac 平台。

（2）2008 年，Unity 与 Windows。在计算机硬件和操作系统等发展的推动下，2008 年，Unity 推出了 Windows 版本，并开始支持 iOS 和 Wii，顺应了当时的发展趋势。

（3）2010 年，Unity 与 Android。Unity 引擎经过在 Windows 平台的使用，在游戏开发领域已被很多人关注。2010 年，Unity 引擎正式开始应用在 Android 平台，Unity 引擎也成为游戏开发的常用工具。

（4）2011 年，Unity 与 PS3 和 Xbox 360。2011 年，Unity 开始支持 PS3（家用游戏机）和 Xbox 360（微软公司发行的 128 位 TV 游戏机）。

（5）Unity 游戏时代。

经过漫长的发展，Unity 所拥有的强大的兼容性、高品质的画面、广阔的应用平台、优秀的兼容性以及简单的操作，被众多游戏开发者所喜爱，通过 Unity 引擎开发的游戏也涉及各种类型，更有众多开发的作品脱颖而出。Unity 引擎体系成为游戏开发中最强大的游戏引擎之一，也成为国内外最受欢迎的游戏引擎之一。

从市场角度来看，对于国内市场，Unity 引擎自进入我国游戏开发市场以来，发展迅速，开发了众多深受广大游戏玩家喜爱的游戏作品，也受到很多个体独立游戏开发者和独立游戏开发商的喜爱。在国际市场中，Unity 引擎使用的频率更高，代表作品更是数不胜数，拥有稳定庞大的市场和广阔的发展。例如，早期的《坎巴拉太空计划》《唯舞独尊》《神庙逃亡》《捣蛋猪》等都是借助 Unity 引擎开发的游戏，在当时的游戏界大放异彩；第一款支持 VR 设备的第一人称体验型的潜水游戏《World of Diving》、具有真实感极强的第一人称生存类游戏《The Forest》、第一人称冒险独立游戏《Stranded Deep》、给玩家以第一人称视角体验高尔夫球的乐趣的体验游戏《The Golf Club》、集换式卡牌游戏《炉石传说：魔兽英雄传》《仙剑奇侠传 6》《Ghost of A Tale》等都是使用 Unity 引擎开发出来的。

8.1.3　Unity 的版本

自 2005 年 Unity 1.0 发布以来，Unity 一直坚持让游戏开发大众化，不断更新发布新的版本，如图 8.1 所示，并对功能进行增加和优化。

Unity 2020.x　Unity 2019.x　Unity 2018.x　Unity 2017.x　Unity 5.x　Unity 4.x　Unity 3.x

图 8.1　Unity 版本

2007 年 10 月，Unity 2.0 发布，增加了地形引擎，实时动态阴影，支持 DirectX 9 并具有内置的网络多人联机功能。

2010 年 9 月，Unity 3.0 发布，增加了对 Android 平台的支持。

2012 年 11 月，Unity 4.0 发布，主要加入了 Mecanim 动画系统，以及对 DirectX 11 的支持。

2013 年 11 月，Unity 4.3 发布，主要加入了 2D 开发工具。标志着 Unity 不再是单一的 3D 工具，而是真正能够同时支持 2D 和 3D 内容的开发与发布。

2014 年 11 月，Unity 4.6 发布，突出增强了系统的 UI 特性等。

2015 年 3 月，Unity 5.x 版本发布。该版本在图形渲染、质量及稳定性、性能与效率、平台四个方面均有了明显改善，同时也改善了产品发布与上线流程，极力保证引擎升级后的稳定性，并规避新功能对现有项目带来的影响。按照 Unity 官方的说法，从 5.x 之后，Unity 已经成为一款全世界使用范围最广的全方位开发引擎。

2017 年，Unity 5.6 版本发布之后，Unity 公司采用了全新的命名规则，即使用年份命名取代数字命名，新版本不再是 Unity 6.x 而是 Unity 2017.x 的命名方式。

2017 年 7 月，Unity 2017.x 版本发布。该版本最突出的三大特征是：更加强大的图像处理能力；全新的动态烘焙 NavMesh 技术；全新的功能影视动画编辑器 Timeline 技术。另外，Unity 2017.x 版本还在 Unity 2D、特效文字 UI 等方面做了进一步扩充和优化。

2018 年 5 月，Unity 2018.x 版本发布。其中在 Unity 2018.3 中改进和添加了预制件、粒子系统、脚本限制等功能，本书即选择使用 2018.3.5 版本进行讲解。

2019 年 4 月，Unity 2019.x 版本发布。

2020 年 7 月，Unity 2020.x 版本发布。到 2020 年 12 月底，Unity 官方网站上发布的最新版本是 Unity 2020.2.1 版本。

Unity 各个版本都提供专业版、加强版和个人版 3 个版本类型，其中专业版适合企业团队和专业开发者，加强版适合高要求的个人开发者及初步成立的小企业，个人版是免费版本，仅供个人学习及年收入低于 10 万美元的公司用户使用。在功能上，Unity 5.0 之后的专业版和个人版就没有太大的区别了，只是专业版会提供一些额外的云端服务。如果公司的收入超过一定额度，则必须购买专业版。对于学生或个人开发者，选择个人版即可。使用个人版同样可以发布商业化的游戏，并不受版本类型的限制。

Unity 引擎向下兼容，用户不用担心高版本编辑器打不开低版本工程的问题。

8.2 Unity 的基本功能

8.2.1 Unity 引擎自身的基本功能

Unity 引擎自身具备所有大型三维游戏引擎的基本功能，如高质量渲染系统、高级光照系统、粒子系统、动画系统、地形编辑系统、UI 系统和物理引擎等，而且 Unity 引擎最大的优势在于支持多平台发布和低廉的软件授权费用。

8.2.2 Unity 引擎编辑器的基本功能

引擎编辑器就是游戏引擎中最直观的交互平台。一套成熟完整的游戏引擎编辑器一般包含以下几部分：场景地图编辑器、场景模型编辑器、角色模型编辑器、动画特效编辑器和任务编辑器。不同的编辑器负责不同的制作任务，以供不同的游戏制作人员使用。

所有的引擎编辑器中，最为重要的就是场景地图编辑器，其他编辑器制作完成的对象最后都要加入场景地图编辑器中，也可以说整个游戏内容的搭建和制作都是在场景地图编辑器中完成的。

8.3 实验　下载、安装与激活 Unity

【实验目的】

掌握 Unity 游戏引擎的下载、安装与激活方法。

【实验内容】

（1）下载 Unity 游戏引擎。

（2）安装 Unity 游戏引擎。

（3）注册激活 Unity 游戏引擎。

【实验环境】

操作系统：Windows 7/8/10（64 位）；Mac OS X 10.11 及以上版本。

内存：8GB 及以上。

GPU：有 DirectX 9（着色器模型 2.0）功能。

【实验步骤】

1. 下载 Unity 游戏引擎

步骤 1：登录 Unity 官方网站，打开图 8.2 所示的页面。

图 8.2　Unity 官网主页

步骤 2：单击页面中的"下载 Unity"按钮，打开图 8.3 所示的页面。

步骤 3：在"所有版本"区域选择要下载的 Unity 2018.x 版本，在 Unity 2018.x 版本的列表中选择 2018.3.5 版本，如图 8.4 所示。

步骤 4：在图 8.4 中选择"下载（Win）"按钮，打开下拉列表，在列表中选择"Unity Editor 64-bit"开始下载（此时会出现登录页面，用自己的账号、密码登录后就可以下载，如果没有账号，要先免费注册）。

步骤 5：如果想下载不同版本，在图 8.3 中选择相应版本进行下载即可。

2. 安装

步骤 1：双击已下载好的应用程序（注意：这是在线安装！从官网下载的只是一个 Unity 的安装的基本链接文件，所以整个安装过程需要网络的支持），打开安装窗口，如图 8.5 所示。

步骤2：单击"Next"按钮，打开图8.6所示的"License Agreement"许可协议对话框，阅读协议内容确认无误后，选中"I accept the terms of the License Agreement"复选框。

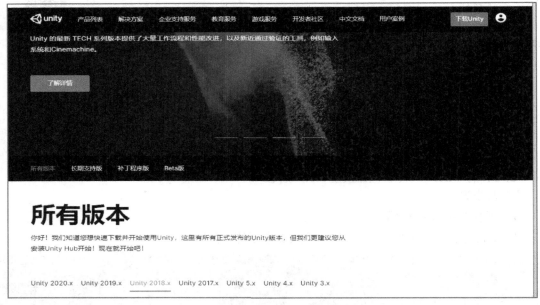

图8.3　Unity官网产品版本页面

图8.4　选择所要下载的版本

图8.5　安装窗口

图8.6　"License Agreement"许可协议对话框

　　步骤3：单击"Next"按钮，进入"Choose Components"选择组件对话框，如图8.7所示。选择开发时需要的组件安装，其中 Unity 的编辑器是必装的组件。Microsoft Visual Studio Community 2017 是针对 Visual Studio 的插件，如果要使用 Visual Studio 编写脚本，就必须安装这个插件（如果计算机上已经安装过该插件，窗口中就不显示该项，不用二次安装）。
　　步骤4：选择好组件后，单击"Next"按钮，进入"Choose Download and Install Locations"选择下载和安装路径对话框，在对话框中选择安装路径，如图8.8所示。

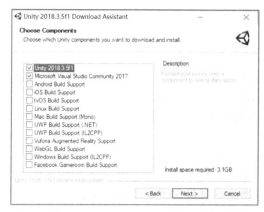

图 8.7 "Choose Components" 选择组件对话框

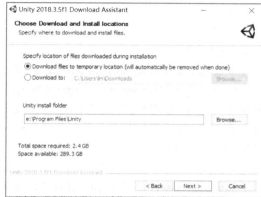

图 8.8 选择下载和安装路径

步骤 5：选择好下载和安装路径后，单击 "Next" 按钮，进入安装软件及工具对话框，选中 "I accept the terms of the License Agreement" 复选框，同意协议，依次单击 "Next" 按钮继续安装，出现图 8.9 和图 8.10 所示的界面。安装过程中会安装 Visual Studio 2017，因为在本书的 Unity 的编程过程中会使用到该编程环境。

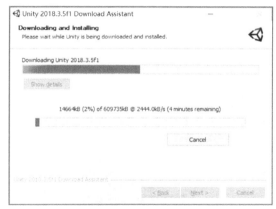

图 8.9 正在安装的界面

图 8.10 安装界面

安装完成后，出现图 8.11 所示的界面。

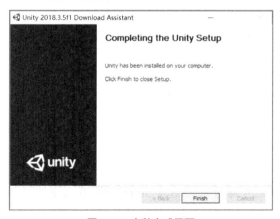

图 8.11 安装完成界面

步骤 6：单击"Finish"按钮，完成安装。在桌面上生成 Unity 2018.3.5f1 的快捷方式，说明安装成功。重启计算机，即可开始使用。

3. 注意事项

以上安装是在线安装，也可以离线安装。离线安装要依次安装 Unity 的编辑器 UnitySetup64、发布安卓所需的包 UnitySetup64-Android-Support-for-Editor、发布 PC 版所需的包 UnitySetup64-Windows-Support-for-Editor，以及 Unity 自带的标准资源包 UnityStandardAssetsSetup，安装步骤参考上述在线安装步骤。

4. 安装资源包

在 Unity 环境编辑过程中要用到多个标准组件和一些材质、天空盒等，这些称为 Unity 资源包（Standard Assets），在 Unity 2018.2.0 及以上版本内部包含了环境（Environment）资源包之类的标准资源包，因此不需要下载安装。低于 Unity 2018.2.0 的其他版本根据需要自行从网上下载并安装，安装后即可在 Unity 项目中使用。下载资源包网址可上网查找，找到相应的安装版本，在下载列表中选择"标准的资源"选项，下载相应的资源文件即可。

5. 激活 Unity

步骤 1：双击桌面上的快捷图标，启动 Unity，打开图 8.12 所示的登录界面（不同的版本，界面可能不同）。

图 8.12　登录界面

步骤 2：单击"Sign in"按钮，打开注册界面，如图 8.13 所示，在线注册一个 Unity 账号。也可以使用 Google 或者微信账号进行登录。

提示　这个账号非常有用，除了用来登录，也可以用来在 Asset Store 中购买插件，同时可以用这个账号在 Asset Store 中销售自己开发的插件或美术素材供别人使用。

图 8.13　注册界面

8.4　运行 Unity

8.4.1　创建工程文件

注册完成后，使用注册的账号和密码登录，打开图 8.14 所示导航界面。单击导航界面中的"New project"按钮或单击"□New"按钮新建一个工程，打开图 8.15 所示的创建新项目对话框。

在"Project name"文本框中输入工程名称（如 Example1），在"Location"文本框中输入工程保存位置（路径），在"Template"下拉列表框中选择工程模板"2D"或"3D"，单击"Create project"按钮，启动 Unity 编辑器，如图 8.16 所示。这样就创建了一个名为 Example1 的工程文件。

图 8.14　导航界面

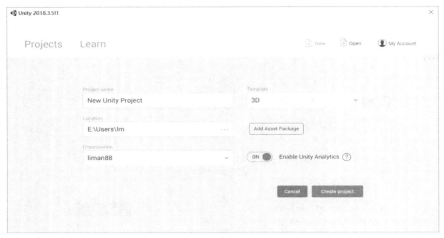

图 8.15　创建新项目对话框

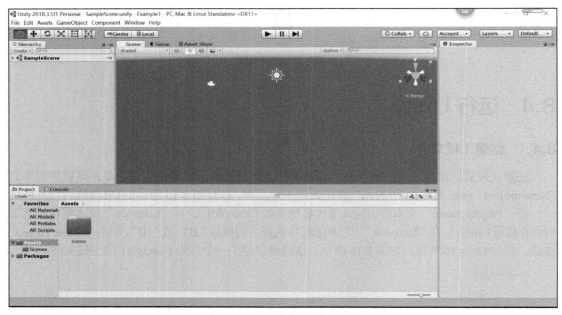

图 8.16　Unity 编辑器主界面

"Add Asset Package" 用于加载相应的组件，根据需要判断是否加载组件，本例中无须加载。

"Enable Unity Analytics" 用于控制一个物体是否在屏幕上渲染或显示。当物体不在屏幕上渲染或显示时，物体实际还是存在的，只是相当于隐身，而物体本身的碰撞体依然存在。本例中选择 "ON"，"Organization" 使用默认值。

工程文件创建好后，在工程文件的保存位置会生成一个以工程文件命名的文件夹，该文件夹中包含的文件及文件夹如图 8.17 所示。

图 8.17　工程文件包含的文件及文件夹

从图 8.17 可以看出，标准的 Unity 工程文件主要包括 5 个文件夹，其中重要的有 3 个：Assets 资源文件夹内包括所有的工程文件，也是最重要的一部分；Library 库文件夹内是工程的数据文件（可以删除，重新打开后会自动重建）；ProjectSettings 文件夹内保存的是工程的配置文件。不管哪个版本的 Unity 都包含这 3 个文件夹。Logs 文件夹是日志文件夹，Packages 文件夹是一个包文件夹，有些低版本没有这个文件夹。

> 什么是工程？工程就是一个独立的项目，从项目动工开始，到项目完工为止的所有内容加在一起称为工程。Unity 中的工程和 C++、C#中的工程有所不同，在 Unity 中，工程就是一个文件夹，所有的内容都在创建的工程文件夹中。

8.4.2　Unity 编辑器

从图 8.16 可以看出，Unity 编辑器主界面由多个部分组成，每个部分负责不同的功能，其中主要包括 Hierarchy（层级）、Scene（场景）、Project（工程）、Inspector（检视）和 Game（游戏）。认识 Unity 的界面布局和操作技巧是学习 Unity 的基础。

1. Hierarchy 视窗

Hierarchy 视窗用来显示当前场景中的游戏对象以及对象之间的关系。Hierarchy 视窗中会罗列出当前场景中所有游戏体（Game Object）的名称。可以通过名称选择场景中的游戏体，也可以修改游戏体的名称。Unity 允许场景中的游戏体重名。游戏体在 Scene 视窗中会显现，如摄像机和光源。

在 Hierarchy 视窗中除了能够看到对象的名字之外，还能观察到对象之间的父子关系等内容，因此对游戏对象的命名至关重要。游戏对象的名称不仅可以清晰地表达层次关系，更能帮助用户便捷地查找所需的对象，命名时要参照以下命名规则。

① 游戏对象的名字要有一定的意义，不能用无关的名字。

② 游戏对象的名字尽量不要用中文。

③ 要有明确清晰的父子层次关系。

Hierarchy 视窗中的操作技巧如下。

① Ctrl+D：快速地复制粘贴所选中的对象，复制出的对象的位置、材质、大小等其他相关属性与原对象完全相同。

② Ctrl+鼠标左键拖曳：一般的鼠标拖曳可以实现任意位置的移动，对于位置的精准对齐却不容易，此操作以所选对象的大小为单位进行位置移动，实现快速对齐。

③ 双击：在 Hierarchy 视窗中双击某一个对象名称，可实现此对象的快速对焦。

④ CreateEmpty：空对象的使用在 Unity 的场景创建中比较常见。空对象一般可以充当容器来实现父子关系，对物体进行管理，或者帮助用户实现某些特定的关系。

2. Scene 视窗

Scene 视窗主要用来显示和编辑场景中的游戏体，是场景搭建的主要区域，也是 Unity 常用的视窗之一，用户可以在此区域对游戏对象进行操作。在场景视窗中有一个摄像机、光源和坐标轴，这是场景视窗的几个基本元素。在场景中最常见的操作是调整游戏体的位置、方向、缩放大小等。在场景视窗中进行操作还需要重视坐标、视图等基本概念。

（1）Scene Gizmo 坐标工具。

在 Unity 右上角有个坐标指示图，即 Scene Gizmo 坐标工具，分别表示 X、Y、Z 坐标轴方向的位置。需要注意的是，一个项目在开始之前都需要一个统一规定的坐标轴属性。在一个真实的三维空间中，坐标决定着一个物体的位置，以及和其他物体的空间关系（只要符合自己的意愿和习惯就好）。在坐标工具中有如下两种视觉坐标。

● ISO（等角投影模式）：ISO 平行视野，不论物体距离摄像机远或近，给人的感觉都是大小一样的。

● Persp（透视视图）：是一种真实的三维空间效果模式，物体会有近大远小的效果。此模式是默认视野效果模式。

（2）在 Scene Gizmo 中还有 6 种场景的视角。

● Top（顶视图）：单击 Y 轴正方向呈现出顶视图模式。顶视图是以目光朝向 Y 轴正方向为标准的视图模式。

● Bottom（底视图）：单击 Y 轴负方向呈现出底视图模式。底视图是以目光朝向 Y 轴负方向为标准的视图模式。

● Front（前视图）：单击 Z 轴正方向呈现出前视图模式。前视图是以目光朝向 Z 轴正方向为标准的视图模式。

● Back（后视图）：单击 Z 轴负方向呈现出后视图模式。后视图是以目光朝向 Z 轴负方向为标准的视图模式。

● Right（右视图）：单击 X 轴正方向呈现出右视图模式。右视图是以目光朝向 X 轴正方向为标准的视图模式。

● Left（左视图）：单击 X 轴负方向呈现出左视图模式。左视图是以目光朝向 X 轴负方向为标准的视图模式。

（3）在 Scene 视窗中还有 Scene View Controller（场景视图控制栏），如图 8.18 所示。

图 8.18　场景视图控制栏

● Shaded ▼：可以给用户提供多种场景渲染显示模式，常用的 Shaded 模式是默认模式，这些模式只改变在场景中的显示，不会改变 Game 中的最终显示效果。

● 2D：切换场景在 2D 或 3D 模式下进行视图构建。

● ☀：场景中的灯光开关。

● ◀）：场景中的声音开关。

● ▣ ▼：切换天空盒、雾化效果、光晕等的显示与隐藏，默认为显示。

● Gizmos ▼：显示或隐藏场景中用到的光源、声音、动画、脚本等对象的图标。

● Q▼All：搜索框，用来查找相应的对象或者资源。在搜索框中输入要查找物体的名称，找到后就会在 Hierarchy 视窗上显示。

（4）在 Scene 视窗中，除了要重视视图坐标外还要注意一些基本的操作方法。

● Alt+鼠标左键：旋转视图，可以实现场景视窗的方位转换，从而可以从不同的角度观察场景中物体的位置。

● Alt+鼠标右键或滚动鼠标滑轮：推拉视点的位置。

● 鼠标右键：以场景的中心点为中心旋转物体。而"Alt+鼠标左键"是以物体为中心旋转场景。

● 鼠标中键拖曳：平移场景。

● F 键：快速锁定选中的目标。

3. Inspector 视窗

Inspector 视窗也叫属性面板，用来显示所选对象的属性和详细信息。一般包括对象的位置、旋转、缩放属性，组件，碰撞体等信息。

（1）Transform：是每个对象都会有的属性。其包含如下 3 个信息。

- Position：三维坐标。
- Rotation：旋转角度。
- Scale：每个坐标轴的放大或缩小比例。

 在 Inspector 视窗每个面板中都有 按钮，可以用来进行重置（Reset）、移除（Remove）、复制（Copy）等操作。

（2）Mesh Filter：用来控制物体的外形，可以通过 按钮来改变物体的形状。

（3）Collider：碰撞体面板，Mesh 碰撞体，为了防止物体被穿透。在后期的碰撞测试中，只有添加了 Collider 碰撞体属性才可以发生真实的碰撞效果。

（4）材质面板：可以用来设置物体的材质属性等。

4. Game 视窗

Game 视窗是游戏运行的环境，显示的是游戏实际运行的画面效果。在编辑器中运行游戏后，会自动切换到这个窗口。

5. Project 视窗

Project 视窗负责管理 Unity 全部的资源，如保存游戏场景中使用的所有素材、脚本、音频、视频、外部导入的建模模型等资源文件。在工程面板中所有的资源按照文件夹的目录结构存放。选择其中任何一个资源，单击鼠标右键，在显示的快捷菜单中选择 "Show In Explorer"，则会打开对应的目录位置。Project 视窗的目录结构与 Windows 存放的目录结构完全一致的，同一目录下的不同文件不能重名。单击 Assets 资源文件夹，可以在右侧看到文件夹的内容。

Project 视窗中的所有资源文件都放在 Assets 默认文件夹中，如果需要在一个工程中查找某个文件，可以通过 Project 视窗中的搜索框进行搜索。

 用户应该在 Unity 内部的 Project 工程文件中对文件资源进行移动或者重命名等操作。切不可在 Unity 编辑器外部进行文件的移动、重命名或删除等操作，以免造成不必要的麻烦。破坏了 Unity 文件之间的关联关系，有可能因此出现打不开的现象。

8.4.3　Unity 编辑器窗口布局

Unity 编辑器主界面针对不同的视窗会有一个默认的摆放位置，从上到下、从左到右分别为 Hierarchy 视窗、Scene 视窗、Game 视窗、Inspector 视窗、Project 视窗，因为 Scene 视窗是编辑器可视化场景搭建的主要区域，所以呈现出一个针对 Scene 场景搭建环境的包围布局。窗口的布局是可以改变的，用户可以根据自己的爱好、习惯和工作需求进行改变，改变方法如下。

（1）在 "Window" 菜单中选择 "Layouts" 命令，可以看到多种布局方式，如图 8.19 所示。

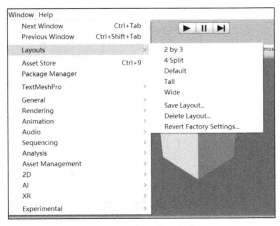

图 8.19　窗口布局方式

（2）如选择"Tall"，并将 Game 视窗拖至界面的下部，效果如图 8.20 所示，可以同时看到 Scene 视窗和 Game 视窗。

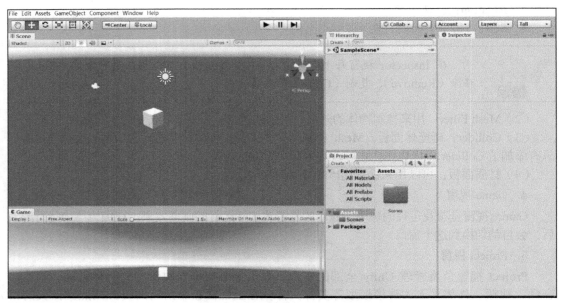

图 8.20　Tall 风格布局效果

（3）其实各个视窗都是可以拖动的，如果发现某个视窗找不到了，可以重复上面的操作，进行重新布局即可。

8.4.4　工程存储

工程存储需要存储工程的两方面的内容：一个是存储场景文件，另一个是存储工程文件。

1．存储场景文件

Unity 工程创建后，第一件事就是要存储场景。选择"File"→"Save As"命令，保存其场景（保存为 s1）。保存场景文件之后，在 Project 视窗下的 Assets 文件夹中会看到场景文件，如图 8.21 所示。

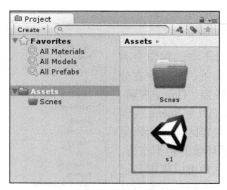

图 8.21　场景保存后的场景文件

双击在硬盘上创建的工程文件夹，可看到里面有 7 个文件夹，多了一个 Temp（临时）文件夹，如图 8.22 所示。

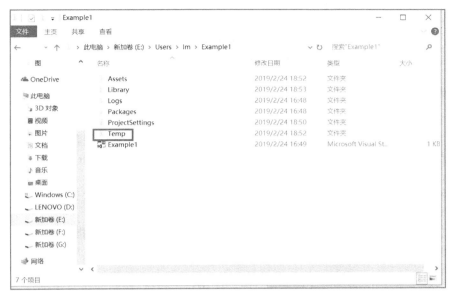

图 8.22　保存场景文件后的工程文件夹

Temp 文件夹会在 Unity 项目关闭后消失；ProjectSettings 文件夹和 Library 文件夹是系统自带的文件夹，其中的内容不可自行修改；Assets 文件夹与 Unity 编辑环境中的 Project 视窗中的 Assets 文件夹是对应的。无论将外部文件放到 Unity 编辑环境中 Project 视窗中的 Assets 文件夹，还是放到硬盘上的资源文件夹，其作用是一样的。

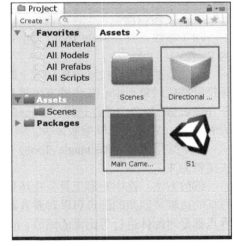

但是，在场景中看到的主摄像机和平行光源等游戏对象在资源文件夹中是没有的，这是因为这些游戏对象还不是以文件的形式存在的。若要让它们变成文件，可以用鼠标左键按住 Hierarchy 视窗中相应的游戏对象，将其拖曳到 Project 视窗中的 Assets 文件夹中，这样它们便形成了 prefab（预制件），如图 8.23 所示。

预制件是一个文件，它的作用就像一个模板，可以反复将其拖曳到场景中以产生相应的游戏对象。针对大量重复出现的游戏对象，预制件是一个比较好的建立方法。

2. 存储工程文件

选择 "File" → "Save Project" 命令，保存工程。

图 8.23　Assets 文件夹中的预制件

　　保存工程和保存场景有什么区别？很简单，以搭积木为例，工程就相当于保存所拥有的积木，场景就相当于保存摆好的积木的样子。

8.5　工具栏

Unity 工具栏位于 Unity 编辑器的下方，主要用于实现游戏对象的转换、游戏开发、连接账户信息、分层显示和布局摆放等不同的功能，如图 8.24 所示。

转换工具   转换辅助工具   播放控制工具   其他辅助工具

图 8.24　工具栏

8.5.1　转换工具

转换工具主要针对游戏对象进行操作，用于实现游戏对象的移动、缩放、旋转等操作。

（1）手形工具（Hand Tool）：在 Scene 视窗中对场景进行平移操作，快捷键为 Q。选中手形工具，按住鼠标左键可以实现对场景的平移；按住鼠标左键和 Alt 键可以对场景进行视角的变换。

（2）移动工具（Move Tool）：对场景中的游戏对象在 X、Y、Z 这 3 个轴上进行移动，快捷键为 W。红色为 X 轴，绿色为 Y 轴，蓝色为 Z 轴。

移动方法：可以拖曳对象分别沿着 X、Y、Z 轴进行移动；用鼠标指针按住中心点进行任意方式的移动；在 Inspector 视窗中通过选择"Transform"→"Position"中的 X、Y、Z 轴坐标来改变其位置。

（3）旋转工具（Rotate Tool）：对场景中的游戏对象按照围绕方式进行旋转。快捷键为 E。

旋转方法：可以拉动轴线使对象分别沿红色 X 轴、绿色 Y 轴或蓝色 Z 轴进行旋转；用鼠标指针按住流对象的任意一个空白处，进行任意旋转；在 Inspector 视窗中通过选择"Transform"→"Rotation"直接设定旋转的角度，并显示立体游戏对象沿着 X 轴、Y 轴或 Z 轴旋转了多少度。

（4）缩放工具（Scale Tool）：对场景中选中的游戏对象按照坐标轴进行缩放，快捷键为 R。

缩放方法：可以拉动坐标轴线上的小点，使对象沿着某一个坐标轴进行放大和缩小；用鼠标指针按住对象正中心灰色的方块将对象在 3 个坐标轴上统一进行缩放，即对象的整体缩放；在 Inspector 视窗中通过选择"Transform"→"Scale"直接设定缩放的比例，并显示游戏对象沿着 X 轴、Y 轴或 Z 轴缩放多少。

（5）矩形工具（Rectangle Tool）：对场景中选中的游戏对象进行相应方向上的缩放。快捷键为 T。

缩放方法：选中矩形工具，在场景中选中游戏对象，在对象中会出现矩形方框，拖动矩形方框的边框或四角的圆点可以对游戏对象进行相应方向上的缩放；按 Shift 键时无论拖动哪个边界点都是对物体进行等比例的缩放；也可以在 Inspector 视窗中通过选择"Transform"→"Scale"直接设定缩放的比例。

（6）同时移动、旋转或者缩放工具（Move Rotate or Scale Selected Objects Tool）：对场景中选中的游戏对象同时移动、旋转或者缩放，快捷键为 Y。方向键可实现移动功能；小方块为缩放功能；红、绿、蓝三色圆环分别代表移动轨迹。

8.5.2　转换辅助工具

1. Center/Pivot

Center/Pivot 用于显示游戏对象的中心参考点。

Center：以所有选中物体所组成的轴心作为游戏对象的轴心参考点，一般用于多个物体的整体移动，是默认值。

Pivot：模型坐标轴的真实位置。

2.　Global/Local

Global/Local 用于显示游戏对象的坐标方位。

Global：所选中的游戏对象使用场景的坐标方位，即世界坐标系。

Local：所选中的对象使用自己的坐标系。当一个游戏对象在进行了一定方向的旋转后，自身坐标系就会发生变化。

8.5.3　播放控制工具

播放控制工具在游戏视窗中实现仿真游戏的控制功能，分别是播放、暂停和单步执行按钮。

8.5.4　其他辅助工具

其他辅助工具用来控制与场景、发布、登录账户等信息有关的控制内容。

（1）Collab：协作控制，用来控制发布文件。

（2）　：Unity 网络云端协助服务链接。

（3）Account：Unity 的账户信息。

（4）Layers：分层下拉列表，用来控制游戏对象在 Scene 视窗中的显示。只有在下拉列表中显示的物体才会在 Scene 中被显示出来。

（5）Layout：布局下拉列表，用来切换在 Unity 主界面中各视窗的显示布局。用户也可以根据自己定制的布局来进行存储。

本章小结

本章主要讲解了 Unity 软件的下载、安装和注册、运行，对 Unity 软件的认识，以及 Unity 编辑器的基本使用方法，详细介绍了各视窗、面板及工具栏中各种工具的作用。

习题

1.　如何创建一个工程文件？
2.　工具栏中转换工具有哪几个？它们的快捷键是什么？功能分别是什么？
3.　转换辅助工具中 Global 和 Local 的区别是什么？
4.　如何在 Game 视窗中看到 Scene 视窗中的游戏对象？

09 第9章 C#脚本语言

【学习目的】

- 掌握创建 C#脚本的基本方法。
- 掌握对象和相关脚本创建关联的方法。
- 掌握 C#脚本的基本结构。
- 熟练掌握在 C#脚本中实现移动、旋转等基本操作的方法。

本章主要介绍在 Unity 中经常使用的 C#脚本以及在游戏创建过程中的一些基本知识，包括脚本编辑器、如何创建一个 C#脚本、脚本中常用的事件和游戏对象经常使用到的一些组件和方法等内容。

9.1 创建脚本

9.1.1 什么是脚本语言

脚本语言是为了缩短传统的编写-编译-链接-运行（Edit-Compile-Link-Run）过程而创建的计算机编程语言。很多软件都支持脚本语言，如 3ds Max 支持类似 C 语言的脚本语言，Flash 也有脚本语言。这些软件主要通过编程来改变模型、设计模型等。Unity 脚本语言是一种辅助游戏开发的编程语言。

那么在 Unity 中为什么要使用脚本语言呢？直接使用高级语言不能开发游戏吗？肯定能开发，但是直接用高级语言在底层一点点写游戏的脚本是非常困难的，成本也非常高，速度很慢。使用脚本语言的优势如下。

（1）成本低（学习成本、开发成本低，易于学习，易于维护）。

（2）风险低（可控性好）。

（3）效率高（很多功能都已封装好）。

脚本的用法与组件用法相同，脚本必须绑定到相应的游戏对象上才有效果。Unity 中内置的很多方法和资源包都可以被用户调用，大大提高了游戏开发的工作效率。Unity 的脚本编辑器则内置了 MonoDevelop，它具有使用简单、可跨平台使用的基本特性。

开发 Unity 有以下 3 种脚本语言。

（1）Boo 语言（已淘汰）。

（2）JavaScript 脚本语言。

（3）C#脚本语言（Unity 将来只能使用 C#脚本）。

经过统计，目前，全世界用 Unity 开发的程序员使用最多、最流行的是 C#脚本语言，使用比例占 90%以上。只有约 6%的人使用 JavaScript，JavaScript 面临被淘汰的风险，所以建议选择 C#脚本语言作为开发语言。

9.1.2 C#脚本语言与 C#语言的区别和联系

Unity 的 C#脚本语言和微软.NET 家族中的 C#是同一个语言，对于语言本身，二者是差不多的，但也有不同。

C#语言是微软推出的面向对象编程的语言，运行在.NET 平台上。它使得程序员可以快速地编写各种基于.NET 平台的应用程序。

C#脚本语言是基于开源的.NET 平台 Mono 的，运行在 Mono 平台上。Mono 提供了一个原生代码生成器，使得用户的应用运行效率尽可能高。同时，Mono 还提供了很多方便调用的原生代码的接口。

C#脚本语言的语法格式和 C#语言的基本上一样，但它们的"根"不是基于同一个平台做出来的。

在学习 C#语言的基础上学习 C#脚本语言，能够快速掌握 C#脚本语言并应用其开发游戏。

9.1.3 C#脚本文件

（1）C#脚本文件是资源。在硬盘上能够找到 C#脚本文件，甚至可以把这个资源放到其他组件中。

（2）C#脚本文件是组件。

（3）C#脚本文件是类，是面向对象编程的一个概念。

脚本文件是以".cs"类型保存到工程文件夹中的文件，因此，在每个工程中应该首先创建一个 Scripts 文件夹，把该工程中的某个模块下的文件都放置到此文件夹中，以便于对该工程中的所有脚本文件进行管理。

9.1.4 创建 C#脚本文件的方法

创建 C#脚本文件的方法是：在 Project 视窗中的 Scripts 文件夹中单击鼠标右键，在弹出的快捷菜单中选择"Create"→"C# Script"命令，在 Script 文件夹中创建一个默认名称为"NewBehaviorScript"的脚本文件，然后对此文件按照功能模式进行重命名，如"Move"。

在脚本文件生成后，用户可以在 Project 视窗中根据脚本的图标来辨别 C#脚本文件。

脚本文件在命名时需要注意以下几个问题。

（1）所有的脚本文件最好都不使用默认脚本文件名称，而改成能代表某种功能的名称，使仅通过名称就清晰地看出该脚本的功能。

（2）在名称中不使用中文。

（3）在名称中不能使用空格。如果名称中存在空格，会使系统在识别中出现错误，提示该脚本不存在等问题。

9.2 脚本编辑器

Unity 自带一个名为 MonoDeveloper 的工具，用来编辑脚本。如果在 PC 上安装 Unity 时安装了微软的 Visual Studio 的 C#部分，可用它代替 MonoDeveloper 工具。只需要在 Unity 编辑器中完成如下设置即可完成代替：选择"Edit"→"Preferences"打开设置窗口，如图 9.1 所示。在窗口中选择"External Tools"→"External Script Editor"，并将外部脚本编辑器设为 Visual

Studio，如图 9.1 所示。如果存在多个编辑器，用户可以根据自己的爱好自行设定默认编辑器，设置方式同上。

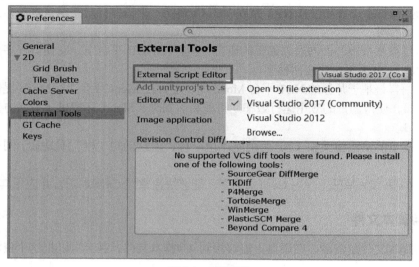

图 9.1　设置窗口

在生成 C# 脚本文件之后，双击脚本文件会自动以默认编辑器打开脚本文件，如图 9.2 所示。本书以编者计算机中已经安装好的 Visual Studio 2017 为默认编辑器。

图 9.2　Visual Studio 编辑器

在编辑器中会以不同的颜色显示不同的状态，如蓝色为关键字，绿色为注释，黑色为自定义变量、方法名称、基本语句等。

9.3　常用的事件方法

9.3.1　默认的事件方法

在新建的 Unity C#脚本中有几行默认的代码，其意义如下。

（1）Using：指包含了一些系统提供的命名空间。

（2）两个默认方法：一个是 Start()，另一个是 Update()。

① Start()：开始事件，用于游戏对象或游戏场景的初始化，在场景加载时被调用，只执行一次。

如在 Start()方法中增加以下代码，可以实现游戏运行过程中在输出平台 Console 视窗中输出一句话。

```
Void Start(){
      Debug.Log("Project Initial. ") ;
  }
```

在场景中新建一个 Empty 对象，命名为"Objecttest"，绑定上述脚本。

操作步骤：先选中该对象，单击选中 Move 脚本文件并将其拖入"Objecttest"的属性面板，作为"Objecttest"的一个组件绑定到该对象。其脚本绑定以后，在 Inspector 视窗中会增加刚才所添加的脚本属性。

至此，在场景中绑定脚本后，单击工具栏中的播放按钮，在 Console 视窗中可以查看工程的运行效果"Project Initial."字样。

② Update()：游戏运行时的循环调用方法，每一帧调用一次，一般用于表示游戏场景或者状态的变化。

9.3.2　其他常用的事件方法

（1）Awake()：唤醒方法，当脚本实例被创建时调用。常用于游戏对象的初始化，但是 Awake() 的调用顺序应该在 Start()之前，即先激活再初始化。

（2）FixedUpdate()：类似 Update()，但是与 Update()又不完全一样，该方法在一个固定时间间隔内被调用，一般场景的物理状态的变化会在此函数中实现。

脚本文件必须依附于某一个或者多个游戏对象，游戏对象的所有组件属性共同决定了对象的运行特征和效果，因此作为一个组件，脚本是无法脱离对象而独立运行的，它必须绑定到特定的对象上才会有相应的效果。

9.4　实验一　创建一个 Hello World 程序

【实验目的】

掌握运用 Unity 创建脚本程序的方法。

【实验内容】

运用 Unity 创建一个 Hello World 程序。

【实验环境】

Unity 2018.3.5f1。

实验说明：Unity 的底层是使用 C++开发的，但对于应用者，只需使用脚本语言进行游戏开发，从而回避了底层的复杂性，降低了开发难度。目前 Unity 支持的脚本语言包括 C#和

JavaScript。C#脚本语言使用最多，JavaScript 脚本语言已被放弃支持，即将被淘汰。

【实验步骤】

1. 编写脚本

使用 Unity 创建一个 Hello Word 的标准的 Windows 可执行程序。步骤如下。

步骤 1： 启动 Unity，创建一个新的工程 OneExample1，选择"File"→"Save As"命令，存储场景文件为 One。保存场景文件后，在 Project 视窗下的 Assets 文件夹中会看到场景文件，如图 9.3 所示。

图 9.3　新建一个场景文件

步骤 2： 在 Project 视窗中 Assets 文件夹下单击鼠标右键，在快捷菜单中选择"Create"→"C# Script"创建一个新的 C#脚本，并将脚本命名为"HelloWorld"，如图 9.4 所示。在"Assets"窗口就生成一个以 HelloWorld 命名的脚本文件，如图 9.5 所示。

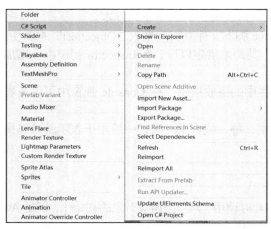

图 9.4　建立 C#脚本的过程

图 9.5　"HelloWorld"脚本文件

步骤 3： 在"Assets"窗口中，双击刚创建的 HelloWorld 脚本文件，打开 Visual Studio 脚本编辑器窗口，会发现里面被自动填充了一些基本代码，如图 9.6 所示。

图 9.6　Visual Studio 脚本编辑器窗口

图 9.6 中的代码是 Unity 自建的，相当于程序的模板。

① C#脚本文件的基本结构如图 9.6 所示。

② 其含义如下。

● "using…"：引入指令，后面跟命名空间。作用是引用命名空间，简化代码表示形式。

● "public class NewBehaviourScript : MonoBehaviour {}"：创建以脚本文件名为名的类，"NewBehaviourScript" 是类名，和脚本文件名必须相同，编写脚本时不用修改。如创建的 C#脚本文件名是 HelloWorld，NewBehaviourScript 类名必须是 HelloWorld。换句话说，我们创建一个 C#脚本文件，也就是创建一个 C#类。因此要特别注意"类名"和"脚本文件名"必须相同。其中":"表示继承；"MonoBehaviour"是基类。所有的 Unity 脚本都继承自"MonoBehaviour"类。如人类就是一个基类，用人类这个基类可以创建一个男人，也可以创建一个女人。

● void Start(){}：初始化游戏对象，也是整个程序的入口。Unity 脚本没有 Main()入口方法。

● void Update(){}：循环调用。循环调用的代码都写在这里。在制作游戏的时候很多反复执行的动作都要写到这里面。

● Unity 脚本不能使用关键字 new 创建，因此也没有构造函数。

步骤 4：添加代码，实现在屏幕上显示 "Hello World"，如图 9.7 所示。

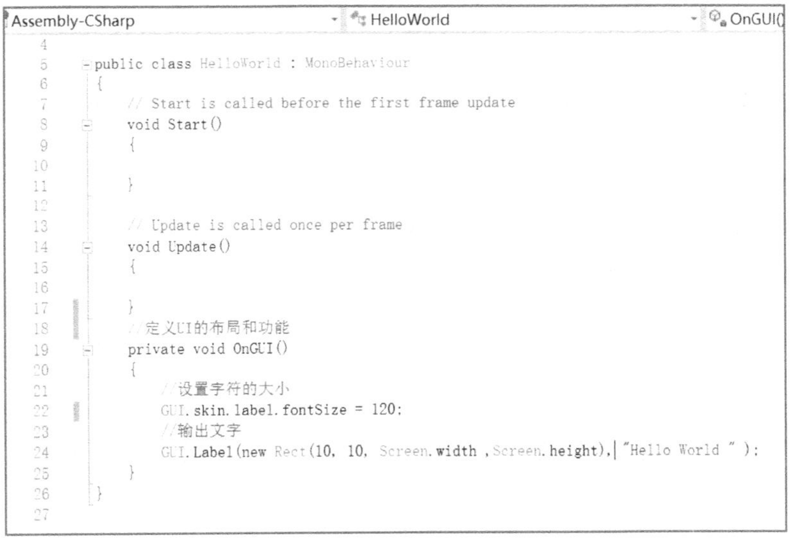

```
Assembly-CSharp                              HelloWorld                           OnGUI()
4
5       public class HelloWorld : MonoBehaviour
6       {
7           // Start is called before the first frame update
8           void Start()
9
10          {
11          }
12
13          // Update is called once per frame
14          void Update()
15          {
16
17          }
18          // 定义UI的布局和功能
19          private void OnGUI()
20          {
21              // 设置字符的大小
22              GUI.skin.label.fontSize = 120;
23              // 输出文字
24              GUI.Label(new Rect(10, 10, Screen.width, Screen.height), "Hello World ");
25          }
26      }
27
```

图 9.7　编写脚本窗口

OnGUI 方法是专门用来绘制 UI 界面的。

具体代码如下：

```
1 using System.Collections;
2 using System.Collections.Generic;
3 using UnityEngine;
4 //注意脚本的类名与文件名一定要一致
5 public class HelloWorld : MonoBehaviour
6 {
7     // 在这里初始化
8     void Start(){
9     }
10    // 在这里更新逻辑（每帧）
```

```
11      void Update(){
12      }
13     //定义 UI 的布局和功能
14  private void OnGUI()
15    {
16     //改变字体的大小
17     GUI.skin.label.fontSize = 100;
18   //输出文字
19     GUI.Label(new Rect(10, 10, Screen.width, Screen.height), "Hello World");
20    }
21  }
```

步骤 5：回到 Unity 编辑器，在 Hierarchy 视窗中选择 Main Camera，选中摄像机，在菜单栏中选择"Component"→"Scripts"→"Hello World"，将脚本指定给摄像机（或者直接将脚本拖曳到摄像机的 Hierarchy 视窗的 Main Camera 上）。

步骤 6：运行脚本，即可看到"Hello World"显示在屏幕上，如图 9.8 所示。

图 9.8　运行结果

2. 编译输出

需要把程序编译输出为一个标准的 Windows 程序。

步骤 1：在菜单栏中选择"File"→"Build Settings"，打开"Build Settings"对话框，如图 9.9 所示。

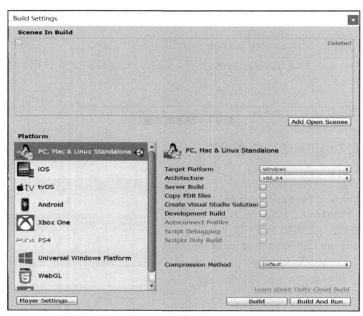

图 9.9　"Build Settings"对话框

步骤 2：单击"Add Open Scenes"，将当前打开的场景文件添加到"Scenes In Build"列表框中（也可以直接将场景文件拖入框），只有将新建项目时保存的场景添加到这里，它才能被集成到最后创建的游戏中，如图 9.10 所示。

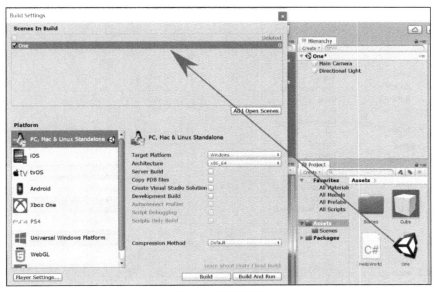

图 9.10　添加场景

步骤 3：最后还需要进行很多设置，这里我们只设置游戏的名称（如 Hello World）。在"Build Settings"对话框中选择"Player Settings"，在 Inspector 视窗中将"Product Name"设为"Hello World"，如图 9.11 所示。

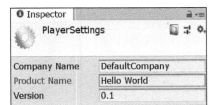

图 9.11　设置游戏名称

步骤 4：在"Build Settings"对话框中选择"Build"，打开"Build Windows"对话框，如图 9.12 所示。选择保存游戏的文件夹（如 OneExample1 文件夹），即可将程序编译成独立的标准 Windows 程序。

图 9.12　"Build Windows"对话框

步骤 5：在 Windows 资源管理器中的 OneExample1 文件夹下，找到刚保存的游戏文件 Hello World，如图 9.13 所示。双击 Hello World 游戏文件即可打开游戏运行对话框，如图 9.14 所示。单击"Play!"按钮，就可运行程序。

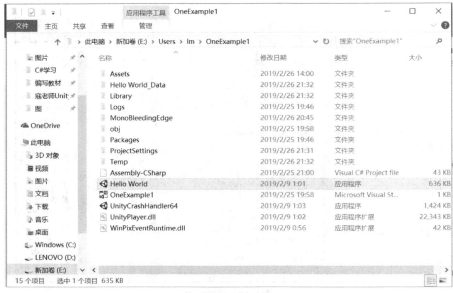

图 9.13　游戏文件窗口

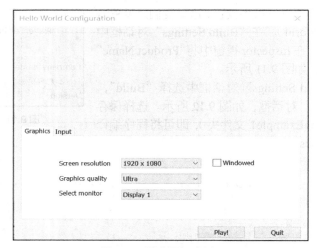

图 9.14　游戏运行对话框

9.5　常用组件

9.5.1　访问绑定对象的组件

Unity 中的脚本是用来定义或者控制游戏对象行为的一种特定的组件，因此需要经常访问游戏对象和各种组件并设置相关的参数，例如，与位置有关的 Position、与旋转角度有关的 Rotation、与物体刚体有关的 Rigidbody 等物理属性。对于 Unity 系统内置的常用组件，Unity

提供了快捷访问的方式，只需要在脚本中直接对游戏对象的组件或者组件的某一个属性进行访问即可。

1．常用的组件

（1）Transform：访问对象的位置、旋转或者缩放比例等。例如 Transform.Position.x 是访问游戏对象位置上的 X 轴坐标。

（2）Rigidbody：访问游戏对象的刚体组件。

（3）Collider：用来设置碰撞体属性等。

（4）Animation：用来设置游戏对象的动画属性。

（5）Audio：用来设置游戏对象的声音属性。

2．访问方法

在访问组件时首先应该获取游戏对象的相应组件的引用，方法为：

GetComponent<组件名称>().属性名字

例如，在 Update 中增加如下语句：

this.GetComponent<Transform>().position = new Vector3(3,3,3);

上述语句用来修改访问对象的位置属性。注意，**this** 代表被绑定的对象，因此该语句用来表示获取绑定对象的 **Transform** 组件的 **Position** 属性，并赋值为一个新的 **Vector3** 变量，因此可以将 Move 脚本改为：

```
1  Public class Move : MonoBehaviour{
2  //Use this for initialization
3  Void Start() {
4    Debug.Log("Project Initinal.");
5  }
6   //Update is called once per frame
7  Void Update() {
8
9    this.GetComponent<Transform>().position = new Vector3(3,3,3);
10
11   }
12  }
```

3．后续操作

（1）从刚体中删除刚才的空对象，因为空对象不能明确地反映位置的变化。

（2）在场景中导入一些材质和天空盒的素材以备用。

（3）把天空盒拖入场景，实现天空盒的更新。

（4）在场景中创建一个 Plane（平面），位置 Reset（复位）初始化，并设置 y=-0.5，应用一个材质。

（5）在场景中创建一个 Cube（立方体），位置 Reset 初始化，并应用一个不同于 Plane 的材质。

（6）给 Cube 绑定脚本 Move。

播放游戏后会发现原本在平面上的立方体，在游戏启动后跑到了平面上方的一个位置，这就是 Cube 所绑定脚本的作用，脚本中设置了绑定对象的位置定位为（3,3,3）。同时因为还保留了刚才 Start()中的 Debug 的输出，所以在控制台中还会输出提示信息。

9.5.2 访问外部对象的组件

在 Unity 中，当需要在脚本中访问除了绑定对象之外的游戏对象的组件或者游戏对象的其他属性时，有一种方便的方法，即通过访问权限为 Public 的变量，然后在绑定的对象脚本中指定所需要的其他资源。

假设在上面的场景中增加一个 Sphere（球体），已有的 Cube 已经添加了 Move 脚本 Move.cs，现要在脚本中访问 Sphere 对象，以及 Sphere 对象的 Transform 组件。这主要根据 Cube 的位置来重置 Sphere 的位置属性。

更新 Move 脚本信息，添加权限为 Public 的 GameObject 成员变量，更新 Start()方法内容为：

```
1   Public class Move : MonoBehaviour{
2   Public GameGbject SphereObject;
3   Void Start() {
4   Int x,y,z;
5   //定义 X、Y、Z 坐标在某一个范围内的随机数
6   x = Random.Range(-4,4);
7   y=0;              //注意 Y 控制的垂直坐标，设置为 0，即对象没有离开 Plane
8   z=Random.Range(-4,4);
9   this.GetComponent<Transform>().position = new Vector3(x,y,z);
10  SphereObject.GetComponent<Transform>().Position = new.Vector3(x-1,y,z-2);
11  }
12  }
```

在上述脚本中，首先利用随机函数 Random 中的 Range 定义一个范围内的随机数，用来生成一个随机的位置，并且保存脚本。

Random.Range 是数学中的一个随机函数，格式为 Random.Range(min,max)，产生一个包含 min 但不包含 max 的随机数，即[min,max)范围内的一个随机数。该函数在游戏对象实例化时会被经常用到。

9.5.3 Transform 组件

Transform 组件是控制游戏对象在 Unity 中的位置、缩放比例和旋转角度的基本组件。每个游戏对象都会包含一个相应的 Transform 组件，因此，要想控制游戏对象的物理属性就必须访问对象的 Transform 组件。其相应的属性如下。

- Position：具体的位置，包括 X 轴坐标、Y 轴坐标和 Z 轴坐标。
- Rotation：旋转的角度。
- Right：右方向，即 X 轴上的正方向。
- Left：左方向，在 X 轴上的负方向。
- Up：上方向，即 Y 轴的正方向。
- Down：下方向，即 Y 轴的负方向。
- Forward：前进方向，即 Z 轴上的正方向。
- Back：后退方向，即 Z 轴上的负方向。
- Parent：父对象的 Transform 组件。

Transform 中的一些常用方法如下。

- Translate：移动，按指定方向进行移动。
- Rotate：旋转，按照指定方向进行旋转。
- Find：查找，按照 Tag 或者 Name 等方式查找子对象。

【例 9.1】 利用 Transform 组件的属性和方法进行物体的移动和旋转。

（1）物体的移动

步骤 1：新建一个游戏对象 Cube。

步骤 2：创建脚本文件 Move.cs，编写代码如图 9.15 所示。

```
Move.cs*  ✕
1    using System.Collections;
2    using System.Collections.Generic;
3    using UnityEngine;
4
5    public class Move : MonoBehaviour
6  ┌ {
7        // Start is called before the first frame update
8        void Start()
9        {
10
11       }
12
13       // Update is called once per frame
14       void Update()
15  ┌    {
16          float MoveSpeed=0.2f;
17          this.GetComponent<Transform>().Translate(Vector3.right *Time.deltaTime* MoveSpeed);
18       }
19   }
20
```

图 9.15　脚本文件 Move.cs 的代码

说明　　Time 类表示获取和时间有关的类，用来计算帧运行的速度；deltaTime 表示上一帧所耗费的时间；在移动中调用 Time 类的 deltaTime 成员，表示在单位时间内逐帧移动。

步骤 3：把代码绑定到 Cube 上，单击播放按钮，Cube 会逐帧不停地向右侧移动。MoveSpeed 表示移动的方向和速度，值越大表示移动得越快，正数表示向右移动，负数表示向左移动。

物体的移动也可以使用 Transform 的 Position 直接赋值，还可以使用 Position 加上一个固定的偏移量，同时可以使用 Translate()方法。代码如下：

```
1  void Update()
2  {
3    float MoveSpeed=0.2f;
4    this.GetComponent<Transform>().position +=new Vector3(MoveSpeed,0,0);
5  }
```

（2）物体的旋转

步骤 1：新建一个游戏对象 Cube。

步骤 2：创建脚本文件 Rotate.cs，编写代码如图 9.16 所示。

```
Rotate.cs  ✕
1    using System.Collections;
2    using System.Collections.Generic;
3    using UnityEngine;
4
5    public class Rotate : MonoBehaviour
6  ┌ {
7        float rotatespeed= 2f;
8        // Start is called before the first frame update
9        void Start()
10       {
11
12       }
13
14       // Update is called once per frame
15       void Update()
16  ┌    {
17          this.GetComponent<Transform>().Rotate(Vector3.up, rotatespeed);
18
19       }
20   }
21
```

图 9.16　脚本文件 Rotate.cs 的代码

步骤 3：把代码绑定到 Cube 上，单击播放按钮，Cube 会沿着 Y 轴正方向做顺时针旋转。说明如下。

① Rotate()方法的原型：Rotate(Vector3 Axis 方向,float angle 角度)。

② rotatespeed：代表旋转的速度，数字越大表示旋转的速度越快。

③ Vector 中 up、down、right、left、forward、back 分别代表 Y 轴正方向、Y 轴负方向、X 轴正方向、X 轴负方向、Z 轴正方向、Z 轴负方向。

（3）对象绕某一个物体旋转

实现球体绕中心点的 Cube 旋转。

步骤 1：在 Inspector 视窗，选择脚本选项右边的小齿轮，在下拉菜单中选择 Remove Component，去掉 Cube 上的 Move 和 Rotate 脚本，并且 Reset 到中心点(0,0,0)。

步骤 2：创建一个 Sphere 对象，位置设置为(2,0,0)。

步骤 3：创建一个 Empty 空对象，并 Reset 到中心点(0,0,0)。

步骤 4：设置 Sphere 为 Empty 空对象的子对象。

步骤 5：把 Rotate 脚本关联到空对象 Empty 上，即球体的父对象上。

步骤 6：单击播放按钮，会发现球体绕着立方体旋转。

其实质是 Empty 对象在 Cube 位置，而 Sphere 又是 Empty 对象的子对象，当 Empty 对象绕着 Y 轴旋转时，Sphere 自然也会绕着 Y 轴即 Cube 转动。

9.6 Time 类

Unity 中的 Time 类可以获取和事件相关的信息，用来计算帧速率，调整事件流逝速度。Time 类包含一个重要的类变量 deltaTime，它表示距上一次调用所用的时间，成员变量如下所示。

- Time：游戏从开始到现在所经历的时间（单位为 s，只读）。
- timeSinceLevelLoad：从关卡加载完成开始计算的当前帧的开始时间（单位为 s，只读）。
- deltaTime：上一帧耗费的时间（单位为 s，只读）。
- fixedTime：最近 FixedUpdate 的时间。
- fixedDeltaTime：物理引擎和 FixedUpdate 的更新时间间隔。
- maximumDeltaTime：一帧的最大耗费时间。
- smoothDeltaTime：Time.deltaTime 的平滑淡出时间。
- timescale：时间流逝速度的比例。可以用来制作动作特效。
- frameCount：已渲染的帧的总数（只读）。
- realtimeSinceStartup：游戏从开始到现在所经历的真实时间（单位为 s），该时间不会受 TimeScale 影响。
- captureFramerate：固定帧率设置。

---

deltaTime 表示从上一帧开始到当前帧结束的时间间隔。游戏刷新速度一般是每秒 60 帧，但不总是 60 帧，具体刷新的帧速率与计算机的硬件相关，硬件性能好一些的计算机，帧速率刷新得就快一些。

【例 9.2】按 P 键，输出 deltaTime 值。

步骤 1：新建一个游戏对象 Cube。

步骤 2：创建脚本 DeltaP.cs，编写代码如下。

```
1  void Start () {}
2  void Update ()
3  {
4    if (Input.GetKeyDown(KeyCode.P))
5    {
6        float d=Time.deltaTime;
```

```
7        print(d);
8    }
9  }
```

步骤 3：保存代码，返回 Unity 运行。按 P 键（可多次按），结果如图 9.17 所示。每次的 deltaTime 值不完全相同。

【**例 9.3**】　新建一游戏对象 Cube，使其绕 Y 轴按每秒 30° 顺时针旋转。

步骤 1：新建一个游戏对象 Cube。

步骤 2：创建脚本 DeltaC.cs，编写代码如下。

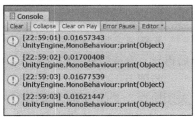

图 9.17　deltaTime 的值

```
1  void Start () { }
2  void Update ()
3  {
4    //游戏对象绕 Y 轴每秒旋转 30°
5    transform.Rotate(Vector3.up,Time.deltaTime*30);
6  }
```

步骤 3：保存代码，返回 Unity 运行。Cube 以每秒 30° 顺时针旋转。

9.7　协程

在游戏编写中，有的时候执行函数需要延迟执行，这个时候就需要用到协程。协程类似多线程，但不是多线程，它能方便代码的编写。协程需要用关键字 Ienumerator 来定义，必须用 Yield 关键字返回。协程函数不能直接调用，需要使用 StartCoroutine() 将协程函数作为参数传入。关闭协程时使用 StopCoroutine() 或者使用 StopAllCoroutine() 来关闭脚本中所有协程。

- yield break：表示中断协程。
- yield return null 或者 yield return 0（或者更大的数字）：都是表示暂缓一帧，在下一帧接着往下处理。

【**例 9.4**】　协程的开启与关闭。

步骤 1：新建一个 C# 脚本，命名为 Test1。

步骤 2：添加一个协程，编写代码如下。

```
1  void Start () {}
2  void Update () {}
3
4  IEnumerator Test1()
5  {
6        Debug.Log("开始等待");
7        //这里的意思是当代码运行到这里的时候会等待 5s 再运行后面的代码
8        yield return new WaitForSeconds(5);
9        Debug.Log("等待结束");
10  }
```

步骤 3：在 Start() 方法中添加开启协程的函数，开启协程的方法有如下两种。

① 方法 1：直接使用字符串输入协程名称，代码如下。

```
1  void Start ()
2  {
3      //第一种方法,使用字符串输入所需开启的协程名称
4    StartCoroutine("Test1");
5  }
```

② 方法 2：直接传入协程，代码如下。

```
1  void Start ()
2  {
3      //第二种方法，直接传入协程
4      StartCoroutine(Test1());
5  }
```

步骤 4：将 Test 脚本挂载到 Main Camera 上，然后运行。在控制台里，开始等待显示 5s 之后再显示等待结束，如图 9.18 所示。

步骤 5：关闭协程。可以使用 StopAllCoroutine()关闭脚本中所有协程，使用 StopCoroutine() 关闭协程。关闭协程同样有两种方法，每种方法都要与开启协程的方法一样。

① 方法 1：使用字符串停止协程，代码如下。

```
1  void Start ()
2      {
3          //第一种方法,使用字符串输入所需开启、关闭的协程名称
4          StartCoroutine("Test1");
5          StopCoroutine("Test1");
6      }
```

② 方法 2：直接传入协程，代码如下。

```
1  void Start ()
2  {
3      //第二种方法，直接传入协程
4      Coroutine coroutine = StartCoroutine(Test1());
5      StopCoroutine(coroutine);
6  }
```

运行结果将不会显示等待结束，如图 9.19 所示。

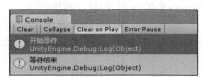

图 9.18　等待 5s 后出现等待结束

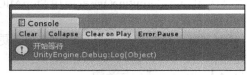

图 9.19　结果不显示等待结束

9.8　实验二　用 C#脚本语言编写小游戏

【实验目的】

掌握在 Unity 中用 C#脚本语言编写游戏代码的基本方法，熟悉本章所学的内容。

【实验内容】

用 C#脚本语言编写一个分别用键盘上 A、D、W、X 键使立方体上、下、左、右旋转的小游戏。

【实验环境】

Unity 2018.3.5f1。

实验说明：使用 C#编写脚本时需注意以下规则。

1. 继承来自 MonoBehaviour 类

Unity 所有挂载到游戏对象上的脚本中的类必须继承自 MonoBehaviour 类（直接地或间接地），MonoBehaviour 类定义了各种回调的方法，如 Start()、Update()。

2. 类名必须和文件名相同

C#的类名需要手动编写，而且类名必须和文件名相同，否则当脚本被挂载到游戏对象时，控制台会报错。

3．使用 Awake()方法和 Start()方法初始化

用于初始化脚本的代码必须置于 Awake()方法或 Start()方法中。两者不同之处在于：Awake()方法在加载场景时运行，运行在所有 Start()方法之前；Start()方法在第一次调用 Update()方法或 FixedUpdate()方法之前调用。

4．Unity 脚本中的协同程序有不同的语法规则

（1）协程的返回值必须是 Enumerator。

（2）协程的参数不能加关键字 ref 或 out。

（3）在 C#脚本中必须通过 StartCoroutine 来启动协程。

（4）yield 语句要用 yield return 来代替。

（5）在 Update()方法和 FixedUpdate()方法中，不能使用 yield 语句，但可以启动协程。

5．只有满足特定情况的变量才能显示在属性查看器中

只有序列化的成员才能显示在属性查看器中，如果想在属性查看器中显示属性，该属性必须是 Public 类型。

6．尽量避免使用构造函数

不要在构造函数中初始化任何变量，可用 Awake()方法或 Start()方法实现变量初始化。即便是在编辑模式，Unity 也会自动调用构造函数。

7．调试

Unity 中 C#代码的调试与传统 C#代码的调试不同。Unity 自带了完善的调试功能，在 Unity 的控制台中包含了代码当前的全部错误，双击这个错误，可以自动跳转到默认的脚本编辑器中，然后光标会在所对应的错误代码行首跳动。

【实验步骤】

步骤 1：打开 Unity，新建一个"Cube Rotation"项目。

步骤 2：选择"File"→"Save As"命令，保存其场景文件为 Cbr。

步骤 3：在 Assets 文件夹下单击鼠标右键，选择"Create"→"C# Script"命令创建一个名为 Cube Rotation 的 C#脚本文件。

步骤 4：双击 Cube Rotation 脚本文件，打开 Visual Studio，在 void Update()方法中输入代码如下。

```
1 void Update()
2     {
3         if (Input.GetKey(KeyCode.A))   //如果从键盘输入一个键值码为 A 的事件
4         {
5             //向上转
6             transform.Rotate(Vector3.right * Time.deltaTime *30);
7         }
8         if (Input.GetKey(KeyCode.D))
9         {
10             //向下转
11             transform.Rotate(Vector3.left * Time.deltaTime * 30);
12         }
13         if (Input.GetKey(KeyCode.W))
14         {
15             //向左转
16             transform.Rotate(Vector3.up * Time.deltaTime * 30);
17         }
18         if (Input.GetKey(KeyCode.X))
```

```
19          {
20              //向右转
21              transform.Rotate(Vector3.down * Time.deltaTime * 30);
22          }
23      }
```

代码解释如下。

（1）if (Input.GetKey(KeyCode.A))：如果从键盘输入一个键值码为 A 的一个事件。

（2）transform.Rotate(Vector3.right * Time.deltaTime *30)：基于三维坐标顺时针旋转（Unity 中的旋转基于左手定则），按照机器日历时间每次旋转 30°。

transform 即变化；Rotate 是 transform 的一个方法（旋转）；Vector3 是三维坐标；deltaTime 是 Time 的一个属性，是基于机器的日历时间；30 是 30°。

步骤 5：按 Ctrl+S 组合键保存。

步骤 6：回到 Unity 编辑器，选择"GameObject"→"3D Object"→"Cube"，创建一个 Cube 对象。

步骤 7：选择"Component"→"Scripts"→"Cube Rotation"，将脚本指定给 Cube（或者直接将脚本拖动到 Hierarchy 视窗的 Cube 上）。

步骤 8：单击"Play"按钮运行游戏，分别按 A、D、W、X 键，看立方体旋转的效果。

步骤 9：选择"File"→"Build Settings"，打开"Build Settings"对话框。单击"Add Open Scenes"，将当前打开的场景文件添加到"Scenes In Build"列表框中（也可以直接将场景文件拖入框）。

步骤 10：在"Build Settings"对话框中选择"Player Settings"，在 Inspector 视窗中将"Product Name"设为"Cube Rotation"。

步骤 11：在"Build Settings"对话框中单击"Build"按钮，打开"Build Windows"对话框，选择保存游戏的文件夹（如\lm\Game 文件夹），即可将程序编译成独立的标准 Windows 程序"Cube Rotation"。

步骤 12：打开 Windows 资源管理器，找到文件夹下的游戏文件，双击即可打开游戏运行对话框，单击"Play!"按钮就可以运行游戏。

本章小结

本章主要讲解了什么是脚本语言，C#脚本语言，脚本编辑器，常用组件、事件方法以及协程，并用典型的实例和详细的步骤讲解了 Unity 中应用 C#脚本语言编写小游戏的方法。

习题

一、简答题

1. 与高级语言相比，脚本语言有什么优势？
2. 如何使用脚本语言获取一个 Cube 上的 Transform 组件上的 position 属性？
3. 协程的定义关键字是什么？开启协程、关闭协程的关键字是什么？返回协程要用什么关键字？

二、编程题

创建一个名为 Test 的 C#脚本，将它挂载到 Main Camera 上，并且在里面创建一个协程，实现当启动协程时在控制台显示"协程已启动"。

第 10 章　交互和物理引擎

【学习目的】

- 掌握交互的基本处理形式。
- 熟练掌握 Input 中的 GetKey 和 GetKeyDown 等键盘操作处理的方法。
- 熟练掌握 Input 中的 GetMouseButton 和 GetMouseDown 等鼠标操作处理的方法。
- 理解刚体常用方法的基本格式以及应用环境。

任何一款游戏都必须能和用户进行交互，最常用的交互方式就是通过键盘和鼠标进行交互。在 Unity 中想要获得键盘和鼠标的输入信息，必须使用 Input 类来获取。本章主要介绍如何通过键盘、鼠标和游戏进行交互的基本过程以及物理引擎中刚体相关方法的定义及使用，最后通过实践案例综合应用本章的知识点。

10.1　Input 输入管理

Input 是 Unity 在输入过程中的基本入口，Input 中的 Key 与按键是一一对应的。

10.1.1　获取键盘输入

Input 中和键盘有关的输入事件有：按键按下、按键释放、按键长按。具体如下。

- GetKey：按键按下期间一直返回 true。
- GetKeyDown：按键按下的第一帧返回 true，按下按键执行，执行一次。
- GetKeyUp：按键释放的第一帧返回 true，按下后释放按键执行，执行一次。

这些输入事件通过传入按键名称字符串或者按照按键 KeyCode 编码指定要判断的按键。在编写处理输入的脚本时，需要注意 Unity 中所有输入信息更新是在 Update()方法中完成的，因此处理输入相关的脚本都应该放在 Update()方法中。

常用按键键名如表 10.1 所示。

表 10.1   常用按键键名

键盘按键	KeyCode 编码
字母键 A~Z	A~Z
数字键 0~9	Alpha0~Alpha9
功能键 F1~F12	F1~F12
Backspace 键	Backspace
Enter 键	Return
Space 键	Space
Esc 键	Esc
Tab 键	Tab
上、下、左、右方向键	UpArrow、DownArrow、LeftArrow、RightArrow
左、右 Shift 键	LeftShift、RightShift
左、右 Alt 键	LeftAlt、RightAlt
左、右 Ctrl 键	LeftCtrl、RightCtrl

【例 10.1】 创建一个游戏对象，为其添加脚本 TestInput。

步骤 1：新建一个游戏对象 Cube。

步骤 2：为其添加以下脚本。

```
1   void Update()
2   {
3       if (Input.GetKey(KeyCode.W))
4       print("按下了 W 键");
5       if (Input.GetKeyDown(KeyCode.Space))
6       print("按下了空格键");
7       if (Input.GetKeyUp(KeyCode.Space))
8       print("释放了空格键");
9   }
```

步骤 3：保存代码，回到 Unity 中运行，按相应的键输出结果，如图 10.1 所示。

【例 10.2】通过 GetKeyDown()实现棋盘上棋子的移动过程。

分析：通过 GetKeyDown()获取按键。具体的操作：按上方向键，Z 增加；按下方向键，Z 减少；按左方向键，X 减小；按右方向键，X 增加。

操作步骤如下。

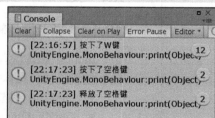

图 10.1　键盘输入的输出结果

步骤 1：创建一个游戏对象 Cube。

步骤 2：新建一脚本文件 GetKD.cs，代码如下。

```
1   using System.Collections;
2   using System.Collections.Generic;
3   using UnityEngine;
4
5   public class GetKD : MonoBehaviour
6   {
7       // Start() is called before the first frame update
8       void Start()
9       {
10
```

```
11    }
12    // Update() is called once per frame
13    void Update()
14    {
15      float moverange=0.5f;
16      float h,v;
17       if (Input.GetKeyDown(KeyCode.LeftArrow))
18       {
19       h=-moverange;
20        v=0;
21       }
22        else if (Input.GetKeyDown(KeyCode.RightArrow))
23        {
24           h = moverange;
25           v=0;
26        }
27        else if(Input.GetKeyDown(KeyCode.UpArrow))
28        {
29           v=moverange;
30           h=0;
31      }
32        else if(Input.GetKeyDown(KeyCode.DownArrow))
33        {
34           v=-moverange ;
35           h=0;
36        }
37        else
38        {
39        h=0;
40         v=0;
41      }
42       Vector3 direction = new Vector3(h,0,v);
43       this.GetComponent<Transform>().Translate(direction);
44    }
45  }
```

步骤 3：保存代码，回到 Unity 中，把 GetKD.cs 关联到 Cube 上。

步骤 4：运行代码，按键盘的上、下、左、右方向键，实现 Cube 相应方向的移动。

10.1.2　获取鼠标输入

和鼠标输入相关的事件包括鼠标移动、鼠标单击等，有关的方法和变量如下。

- mousePosition：获取当前鼠标位置。
- GetMouseButton：按住鼠标按键期间一直返回 true。
- GetMouseButtonDown：按鼠标按键的第一帧返回 true，按下执行，执行一次。
- GetMouseButtonUp：松开鼠标按键的第一帧返回 true，松开按键执行，执行一次。
- GetAxis("Mouse X")：得到一帧内鼠标在水平方向的移动距离。
- GetAxis("Mouse Y")：得到一帧内鼠标在垂直方向的移动距离。

其中：0 为鼠标左键，1 为鼠标右键，2 为鼠标中键，它们的返回值都是 bool 值。

【例 10.3】　创建一个游戏对象 Cube，为其添加脚本 TestIM.cs。

步骤 1：新建一个游戏对象 Cube，新建一个脚本文件 TestIM.cs。

步骤 2：为脚本文件添加以下内容。

```
1 using System.Collections;
```

```
2  using System.Collections.Generic;
3  using UnityEngine;
4  public class TestIM : MonoBehaviour
5  {
6      // Start() is called before the first frame update
7      void Start()
8      {
9          Vector3 pos =Input.mousePosition;
10         print("当前鼠标位置为"+pos);
11     }
12
13     // Update() is called once per frame
14     void Update()
15     {
16         if(Input.GetMouseButton(0))
17         print("按下鼠标左键");
18         if(Input.GetMouseButtonDown(1))
19         print("按下了鼠标右键");
20         if(Input.GetMouseButtonUp(1))
21         print("松开了鼠标右键");
22
23     }
24  }
```

步骤 3：保存代码，回到 Unity 中运行，按鼠标输出结果，如图 10.2 所示。

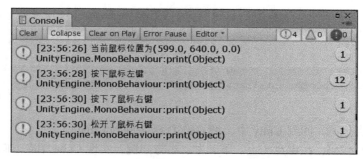

图 10.2　按鼠标输入的输出结果

10.1.3　GetAxis()方法

GetAxis()方法用于根据名字得到输入值。在 Unity 中选择"Edit"→"Project Setting"→"Input"，可以看到 GetAxis()的各种名称所代表的虚拟按键，如图 10.3 所示。

从图 10.3 可以看出，水平方向是左、右方向键和 A、D 键。

使用方法如下。

● 用 Input.GetAxis("按键名称")获取输入的内容并执行其功能。

如 Input.GetAxis("horizontal")表示左、右方向键，Input.GetAxis("Vertical")表示上、下方向键。

● 返回值：Input.GetAxis（"方向键名称"）方法用于返回-1~1 的一个值。如左方向键返回-1，右方向键返回 1，通过返回值的正负实现其方向上的变化。

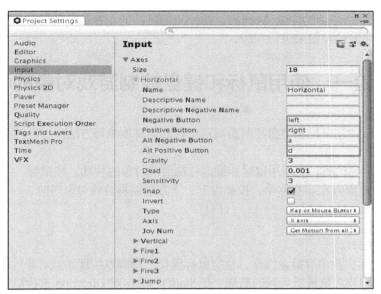

图 10.3　Input 管理器

【例 10.4】　通过 GetAxis()获取按键，用来控制棋盘上棋子的移动。

分析：首先定义一个速度变量（float 类型）；其次定义一个 X 轴和 Z 轴上通过按键改变的方向值；再定义一个 Vector3 的变量，赋初值为上一步的方向值；最后 Translate 移动。

步骤如下。

步骤 1：新建一个游戏对象 Cube。

步骤 2：新建脚本文件 GetA.cs 如下。

```
1  using System.Collections;
2  using System.Collections.Generic;
3  using UnityEngine;
4
5  public class GetA : MonoBehaviour
6  {
7      // Start is called before the first frame update
8      void Start()
9      {
10
11     }
12     // Update is called once per frame
13     void Update()
14     {
15         float moverange=0.5f;
16         float h=Input.GetAxis("Horizontal") * Time.deltaTime *moverange;
17         float v=Input.GetAxis("Vertical")*Time.deltaTime*moverange;
18
19         Vector3 direction = new Vector3(h,0,v);
20         this.GetComponent<Transform>().Translate(direction);
21     }
22  }
```

步骤 3：保存代码，回到 Unity 中，把 GetA.cs 关联到 Cube 上。

步骤 4：运行代码，按键盘的上、下、左、右方向键，实现 Cube 相应方向的移动。

比较 GetAxis()和 GetKey()，不管使用哪种方法，原则都是要先确定方向，然后确定移动的距离，从而生成一个移动的向量 Vector3。GetAxis()可以把左右和上下用正负来同时获取，而GetKey()必须用不同的按键来进行判断。

10.2 实验一 使用鼠标和键盘控制游戏对象的移动

【实验目的】

掌握在 Unity 中用鼠标和键盘控制游戏对象移动的脚本编写方法。

【实验内容】

用 C#脚本编写代码，实现用鼠标和键盘控制游戏对象的移动，按鼠标左、右键将游戏对象向左、右移动，按键盘上、下方向键将游戏对象向前、向后移动。

【实验环境】

Unity 2018.3.5f1。

实验说明：此实验中有键盘操作，也有鼠标操作。用脚本实现游戏对象的持续移动，默认值向左，需要把游戏对象置于场景的右侧。在 Start()方法中对 Direction 进行赋值，用 GetAxis()获取前后方向的按键操作，用 GetMouseButton()获取左右方向的鼠标操作，设置不同的运动Vector3 变量。

【实验步骤】

步骤 1：新建游戏对象 Cube。

步骤 2：创建脚本文件 GetMB.cs 如下。

```
1  using System.Collections;
2  using System.Collections.Generic;
3  using UnityEngine;
4
5  public class GetMB : MonoBehaviour
6  {
7    float h,v;
8    float MoveSpeed = 1f;
9    Vector3 direction;
10
11   // Start() is called before the first frame update
12   void Start()
13   {
14    h=Time.deltaTime*(-MoveSpeed) ;
15    v=0;
16    direction = new Vector3(h,0,v);
17   }
18
19   // Update() is called once per frame
20   void Update()
21   {
22      if (Input.GetMouseButtonDown(0))
23      {
24       h=Time.deltaTime*(-MoveSpeed);
25      }
26      else if (Input.GetMouseButtonDown(1))
27   {
28       h=Time.deltaTime*(MoveSpeed);
29      }
30      v = Input.GetAxis("Vertical")* Time.deltaTime* MoveSpeed;
```

```
31
32          direction = new Vector3(h,0,v);
33          this.GetComponent<Transform>().Translate(direction);
34      }
35  }
```

步骤 3：保存代码，返回 Unity，把 GetMB.cs 关联到 Cube 上。

步骤 4：运行，默认游戏对象向左移动。按鼠标右键，游戏对象向右移动；按键盘上、下方向键，游戏对象向前、向后移动。

在以上脚本中，在 Start()方法中对 Direction 赋一个非 0 的值，在 Update()中执行 Translate 才能够保证 Cube 能持续运动。在 Update()中可以通过按键和鼠标分别改变 Direction 的赋值从而改变 Cube 运动的方向。

10.3　实验二　用键盘和鼠标控制棋子运动

【实验目的】

掌握在 Unity 中用鼠标和键盘控制游戏对象运动的脚本编写方法。

【实验内容】

用 C#脚本编写代码实现棋盘上棋子始终沿着棋盘的边缘运动，单击后运动停止，并用上下方向键改变主摄像机的位置从而控制主摄像机，实现游戏场景视角的变化。

【实验环境】

Unity 2018.3.5f1。

实验说明：此实验需新建一个场景，将天空盒应用到场景。场景中布置一个棋盘和两个棋子，其中一个棋子在中心点，一个棋子在边缘。首先确定棋盘所决定的外侧棋子的运行范围为(-4，4)，创建一个 C#脚本文件，命名为 GetCM.cs。

【实验步骤】

步骤 1：在项目中新建一个场景，命名为 GetCM。

步骤 2：把天空盒应用到场景中。

步骤 3：选择"GameObject"→"3D Object"→"Plane"，在场景中添加一个平面对象 Plane 作为棋盘，并在 Inspector 视窗的 Transform 区域，设置 Position 的值为(0,-0.5,0)。

步骤 4：选择"GameObject"→"3D Object"→"Cube"，在场景中添加两个立方体 Cube 对象作为棋子。

步骤 5：在 Project 视窗的 Assecs 文件夹下新建 material（材质）文件夹。右键单击 material，在快捷菜单中选择"Create"→"Material"命令，新建两个材质球 plane 和 Cube，并设置不同的材质，分别应用于棋盘和棋子，如图 10.4 所示。

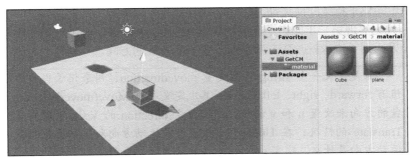

图 10.4　棋盘和棋子应用材质

步骤 6：调整一个棋子在中心点，一个棋子在左边缘。调整好效果后，选中 Camera，并选择"GameObject"→"Align With View"命令，调整 Game 视窗与 Scene 视窗对齐，如图 10.5 所示。

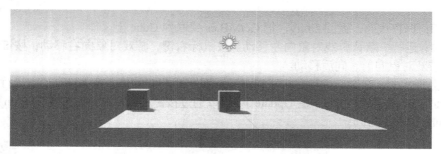

图 10.5　Game 视窗与 Scene 视窗对齐效果

步骤 7：确定此时棋盘所决定的外侧棋子的运动范围：$X \in [-4,4], Z \in [-4,4]$。这也是外侧棋子的运动范围的边缘值。

步骤 8：新建一个 C# 脚本文件 GetCM.cs，代码如图 10.6 所示。

```
GetCM.cs
1    using System.Collections;
2    using System.Collections.Generic;
3    using UnityEngine;
4
5    public class GetCM : MonoBehaviour
6    {
7        float h,v;
8        float MoveSpeed =1f;
9        Vector3 direction;
10
11       // Start is called before the first frame update
12       void Start()
13       {
14           v= Time.deltaTime  * (-MoveSpeed);
15           h=0;
16           direction = new Vector3(h, 0, v);   //设置了初始移动Vector3的值, 保证能够持续运动
17       }
18       // Update is called once per frame
19       void Update()
20       {
21           this.GetComponent<Transform>().Translate(direction);
22       }
23   }
24
```

图 10.6　棋子持续向前运动的代码

步骤 9：保存文件，返回 Unity，把脚本绑定到外侧的 Cube1 上，按"Play"键，可以看到代码实现第一步即棋子持续向前运动。

步骤 10：代码实现第二步即棋子在运动中自动改变方向。方法是随时判断棋子的运动是否达到边缘，如果达到了边缘就改变方向，即改变 direction 的方向。

提示

首先定义一个 string 类型变量 movedirection，用来记录当前运动的方向，其值有 forward、right、left、back；其次定义一个 Move(movedirection)，根据传递参数的方向来改变 h 和 v 的值，从而改变 direction 的 Vector3 的内容，也就改变了 Translate 的情况；在 Update() 中根据当前运动方向和逐渐变化的值来决定下一个运动方向是什么，改变 movedirection 的内容，并调用 Move() 方法实现该运动。添加对运动停止的控制，即鼠标的检查。具体代码如下。

```
1 using System.Collections;
2 using System.Collections.Generic;
3 using UnityEngine;
4
5 public class GetCM : MonoBehaviour
6 {
7     public float h,v;
8     float MoveSpeed =2f;
9     Vector3 direction;
10    bool IsSport = true; //判断是否继续运动的开关
11    string movedirection = "back"; //运动的方向记录
12
13  // Use  this for initialization
14  void Start()
15  {
16    v= Time.deltaTime  * (-MoveSpeed);
17    h=0;
18    direction = new Vector3(h,0,v);  //设置了初始移动Vector3的值,
保证能够持续运动
19  }
20
21  void Move(string movedirection)
22  {
23   if (movedirection == "right")
24   {
25    v=0;
26    h=Time.deltaTime * MoveSpeed;
27   }
28   else if (movedirection=="back")
29   {
30    v=Time.deltaTime * MoveSpeed;
31    h=0;
32   }
33   else if (movedirection=="left")
34   {
35    v=0;
36    h= -Time.deltaTime * MoveSpeed;
37    }
38   else if (movedirection=="forward")
39   {
40    v= -Time.deltaTime * MoveSpeed;
41    h=0;
42   }
43   direction = new Vector3(h,0,v);
44  }
45  // Update() is called once per frame
46  void Update()
47  {
48   if (Input.GetMouseButtonDown(0))   //鼠标是否按下
49   {
50     IsSport =!IsSport;
51    }
52   if (IsSport)
```

223

```
53  {
54      //获取当前位置
55      float x,z;
56   x = this.GetComponent<Transform>().position.x;
57   z = this.GetComponent<Transform>().position.z;
58  //固定棋子的初始位置在左前方，下一步应该在右后方
59  if (movedirection == "forward" && z<-4)
60   {
61   movedirection = "right" ;
62   }
63   else  if (movedirection == "right" && x>4)
64   {
65    movedirection = "back" ;
66   }
67   else  if (movedirection == "back" && z>4)
68   {
69   movedirection = "left" ;
70   }
71   else  if (movedirection == "left"  && x<-4)
72   {
73   movedirection = "forward" ;
74   }
75  Move(movedirection);
76  this.GetComponent<Transform>().Translate(direction);
77  }
78  }
79  }
80
```

代码说明。

- 在添加对运动停止的控制时，在脚本上增加 bool 类型变量 IsSport，初始值为 true，即 IsSport=true，用来判断棋子是否在运动。
- 把 Update()控制运动的代码完全复制到 IsSport=true 的判断语句中。
- 在 Update()的起始位置，增加对按键的检测判断，如果按鼠标左键 IsSport 的值就会变为 false。

步骤 11：最后用 C#脚本控制摄像机的移动过程。创建一个 C#脚本文件，命名为 GameController。

步骤 12：具体代码如图 10.7 所示。

步骤 13：保存文件，返回 unity，将脚本关联到 Main Camera 上，用来控制摄像机的移动。

步骤 14：运行代码，可以看到棋子自动沿着棋盘边缘运动，当按下鼠标左键时运动停止，再次按下鼠标左键时则运动继续，并且上下和左右方向键各控制摄像机在 X、Y 轴上的运动。

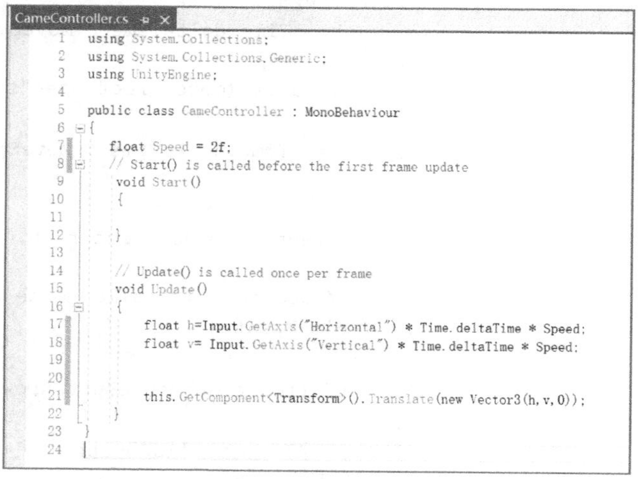

图 10.7 控制摄像机代码

10.4　刚体及其常用方法

物理系统中的主要组件为 Rigidbody 刚体组件，只有给对象增加了 Rigidbody 刚体组件之后，才能实现该对象在场景中的交互、增加仿真效果、接受碰撞等外力的作用，才能有真实动作的效果。

刚体的常用方法有 3 个，分别如下。

（1）AddForce()：用于给刚体添加一个力，让刚体按照"世界坐标系"进行运动。

（2）AddRelativeForce()：用于给刚体添加一个力，让刚体按照"自身坐标系"进行运动。

（3）FixedUpdate()：是固定时间调用的更新方法，包含所有与物理有关的更新方法。

10.4.1　AddForce()方法

AddForce()方法用于给对象添加一个力，让刚体按照"世界坐标系"运动。格式如下：

`Rigidbody.AddForce(Vector3,ForceMode);`

（1）Vector3：力的大小和方向，有上、下、左、右、前和后 6 个方向，代码如下。

```
1  Vector3 direction;
2  Direction =Vector3.up;            // Y 轴的正方向
3  Vector3 direction;
4  Direction =Vector3.down;          // Y 轴的负方向
5  Vector3 direction;
6  Direction =Vector3.left;          // X 轴的负方向
7  Vector3 direction;
8  Direction =Vector3.right;         // X 轴的正方向
9  Vector3 direction;
10 Direction =Vector3.forward;       // Z 轴的正方向
11 Vector3 direction;
12 Direction =Vector3.back;          // Z 轴的负方向
```

（2）ForceMode：力的模式为[enum 枚举]类型，有以下几种。

- Acceleration：加速度模式。
- Force：外加力，通常用于设置真实的物理效果。
- Impulse：冲击力，通常用于添加一种瞬间的力。
- VelocityChange：速度的变化。

例如，在脚本中给物体一个向前的力。具体过程如下。

首先需要获取对象的 Rigidbody 组件，然后给获取到的对象 Rigidbody 组件使用 AddForce()，增加定义的力。使用力时需要有特定的触发点，如单击，或者按键盘上某一个键的时刻。如果始终增加力的话，对象就会失去控制，超出实现范围。

【例 10.5】　在给平面上的球体一个向前的力时球体向前滚动。

步骤 1：在场景中添加一个 Plane 和一个 Sphere，设置 Plane 的 y=-0.5，并赋予材质。

步骤 2：新建一个 C#脚本文件 AddF1.cs，添加代码如图 10.8 所示。

步骤 3：保存文件，返回 Unity，把脚本绑定到 Sphere 上。

步骤 4：在 Hierarchy 视窗中选择 Sphere，在 Inspector 视窗中选择"Add Component"→"Physics"→"Rigidbody"命令，给 Sphere 添加一个刚体。为了使 Sphere 不掉落，取消选中"Use Gravity"复选框。

```
AddF1.cs
1    using System.Collections;
2    using System.Collections.Generic;
3    using UnityEngine;
4
5    public class AddF1 : MonoBehaviour
6    {
7        private Rigidbody m_rigidbody;
8        // Start() is called before the first frame update
9        void Start()
10       {
11           m_rigidbody = gameObject.GetComponent<Rigidbody>();//获取对象自身的刚体
12       }
13
14       // Update() is called once per frame
15       void Update()
16       {
17           if (Input.GetMouseButton(0))
18           {
19           m_rigidbody.AddForce(Vector3.forward,ForceMode.Acceleration);//向前运动，包括方向和力量
20           }
21       }
22   }
23
```

图 10.8　用 AddForce() 方法实现代码

步骤 5：单击运行按钮，可以看到平面上的球体在开始时静止，当按鼠标左键时（给它一个向前的力），球体会向前滚动。实现结果。

10.4.2　AddRelativeForce() 方法

AddRelativeForce() 方法的功能是给刚体添加一个力，让刚体沿着"自身坐标系"进行运动，施加力时它以"自身坐标系"为基准，保证力的方向与自身方向一致。

格式：

`Rigidbody.AddRelativeForce(Vector3,ForceMode)`

【例 10.6】　用 AddRelativeForce() 方法，实现例 10.5 的结果。

步骤 1：在例 10.5 的场景中，新建脚本文件 AddRF1.cs。

步骤 2：把例 10.5 中的 AddForce() 方法改为 AddRelativeForce() 方法，代码如图 10.9 所示。

```
AddRF1.cs*
1    using System.Collections;
2    using System.Collections.Generic;
3    using UnityEngine;
4
5    public class AddRF1 : MonoBehaviour
6    { private Rigidbody m_rigidbody;
7        // Start() is called before the first frame update
8        void Start()
9        {
10           m_rigidbody = gameObject.GetComponent<Rigidbody>();//获取对象自身的刚体
11       }
12
13       // Update() is called once per frame
14       void Update()
15       {
16           if (Input.GetMouseButton(0))
17           {
18           m_rigidbody.AddRelativeForce(Vector3.forward*10,ForceMode.Force);
19           }
20       }
21   }
22
```

图 10.9　用 AddRelativeForce() 方法实现代码

步骤 3：保存文件，返回 Unity，解除 AddF1.cs 和 Sphere 的绑定，把 AddRF1.cs 绑定到 Sphere 上，运行代码，可以看到和例 10.5 相似的效果。

注意

在例 10.5 的场景中，保留对 Sphere 刚体的设置。

10.4.3 FixedUpdate()方法

FixedUpdate()是固定更新的方法，所有和物理有关的更新方法都写到此方法中，默认的更新时间间隔是 0.02s。

可以通过选择"Edit"→"project Setting"→"Time"面板中的 Fixed TimeStep 设置其默认的间隔时间。

FixedUpdate()与 Update()的区别是 Update()每帧只会执行一次。

10.5 综合实验：打砖块游戏

本节主要应用 Rigidbody 以及 AddForce()等方法实现"打砖块"的经典案例，包括场景构建、对象实例化、球体发射等内容。

步骤 1：新建 3D Porject，并应用 Skybox 等资源，保存场景文件。

步骤 2：在 Project 视窗的 Assest 文件夹中新建 Material、Prefabs、Scripts 文件夹分别存放材质、预制件和脚本文件。

步骤 3：在新的场景中创建一个 Plane，并应用其设置的材质，同时在 X 轴和 Z 轴上放大两倍，设置 y=-0.5。

步骤 4：用代码生成墙体。这就是一个循环过程，即不断实例化 Cube 对象并重置位置信息。在 Script 中新建一个 C#脚本，并命名为 Will。代码如下：

```
1  using System.Collections;
2  using System.Collections.Generic;
3  using UnityEngine;
4
5  public class Will : MonoBehaviour
6  {
7    public GameObject will;     //砖块对象
8    private int columnNum =8;  //列数
9    private int rowNum=6;   //行数
10   // Start() is called before the first frame update
11   void Start()
12   {
13      for (int i=0;i<rowNum;i++)
14      {
15       for (int j=0;j<columnNum;j++)
16       {
17          //实例化每一个砖块，注意相对位置，每个砖块是 1×1 见方的
18        Instantiate(will,new Vector3(j-3,i,0),Quaternion.identity);
19       }
20     }
21   }
22
```

```
23    // Update() is called once per frame
24    void Update()
25    {
26
27    }
28 }
```

步骤 5：在 Hierarchy 中添加一个空对象，命名为 Wall。绑定脚本 Will.cs，以实现脚本功能。在属性面板中指定其外部变量为 Prefabs 中的 Cube，如图 10.10 所示。

步骤 6：调整摄像机的位置和角度，以对准 Plane 的中心位置。运行游戏，墙体的生成效果如图 10.11 所示。

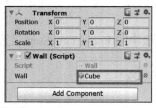

图 10.10　指定外部变量

图 10.11　Wall 的生成效果

步骤 7：发射球体。在 Script 中新建一个 C#脚本文件 Shoot.cs，功能是获取发射的位置即摄像机的位置。在摄像机的位置处实例化球体，实例化的同时添加一个向前的力作为发射的原动力，脚本代码如下：

```
1  using System.Collections;
2  using System.Collections.Generic;
3  using UnityEngine;
4
5  public class Shoot : MonoBehaviour
6  {
7   public GameObject shootpos;   //发射位置，后面可以指定到摄像机上
8   private float force=1000;     //投射力度
9   public Rigidbady shootball;   //投射球体对象
10   private float speed = 0.1f;  //摄像机移动速度
11
12    // Start() is called before the first frame update
13    void Start()
14    {
15
16    }
17
18    // Update() is called once per frame
19    void Update()
20    {
21        Rigidbady ball;    //因为有力，所以定义刚体对象
22        if(Input.GetKeyDown(KeyCode.Space))   //空格发射
23        {
24         //实例化一个球体
25    ball =Instantiate(shootball,shootpos.transform.position,Quaternion.
identity) as Rigidbady;
26
27        ball.AddForce(force*ball.transform.forward);
28     }
29   }
30 }
```

用向前的力投射球，从摄像机的位置射出。因此第一个对象是摄像机，第二个对象是球体预制体。

步骤 8：绑定脚本到摄像机，并指定外部对象变量。Shootpos 为摄像机位置，即以摄像机的位置为球发射的位置。Shootball 取 Prefabs 中的球体预制体即发射球体，如图 10.12 所示。

图 10.12　Shoot 脚本外部对象指定

步骤 9：运行游戏，按 Space 键会发射球体。但是此时的发射位置不会发生变化，因为没有控制摄像机的移动等功能，而球体的发射位置主要取决于摄像机的位置。

步骤 10：控制摄像机的移动。在 Shoot 脚本中增加通过按键控制摄像机位置变化的脚本，即通过键盘的上、下、左、右方向键控制摄像机在 X 轴和 Y 轴上的移动变化，注意 Z 轴不变。增加代码如下：

```
1  if (Input.GetKey (KeyCode.LeftArrow))
2    {
3      transform.Translate(Vector3.left*speed);
4    }
5    else if (Input.GetKey (KeyCode.RightArrow))
6   {
7    transform.Translate(Vector3.right*speed);
8   }
9    else if (Input.GetKey (KeyCode.UpArrow))
10  {
11    transform.Translate(Vector3.up*speed);
12  }
13    else if (Input.GetKey (KeyCode.DownArrow))
14   {
15    transform.Translate(Vector3.down*speed);
16   }
```

步骤 11：销毁发射球。运行游戏可以通过键盘的上、下、左、右方向键控制摄像机位置的移动，即令发射点不同，但是发射的球体并不能自动销毁，都在场景中存在。在 Script 文件夹中新建一个 C#脚本文件 BallDestroy.cs，目的是在球体实例化一定时间之后自动销毁自身对象。具体代码如下：

```
1  using System.Collections;
2  using System.Collections.Generic;
3  using UnityEngine;
4
5  public class BallDestroy: MonoBehaviour
6  {
```

```
7        // Start() is called before the first frame update
8        void Start()
9        {
10
11   }
12    // Update() is called once per frame
13    void Update()
14    {
15          Destroy(this.gameObject,2f);
16   }
17   }
```

步骤 12：关联脚本到 Ball 的预制体上。选定 Prefabs 中的 Ball，在属性面板中依次选择 "Add Component" → "Scripts" → "BallDestroy"。此时运行游戏会看到发射出去的球体能够在 2s 后自动销毁。

步骤 13：重新加载场景。游戏运行一段时间，在墙体被打击后，如果需要 Esc 键控制重新加载场景，则需要在脚本中增加对 Esc 键的判断，并加载场景。

（1）在 "File" 菜单的 "Build Settings" 中加载当前的场景，Index 为 0。

（2）在 Wall 脚本中增加场景管理方法所在的命名空间，在脚本的开始引入其命名空间，代码为 using UnityEngine.SceneManagement。

（3）在 Wall 脚本的 Update()事件中增加对 Esc 键的控制。Update()事件中的代码如下：

```
1   void Update()
2   {
3       if (Input.GetKeyDown(Keycode.Escape))
4       {
5           SceneManager.LoadScene(0);
6       }
7   }
```

（4）到目前为止，所编写的脚本实现打砖块游戏的主要功能包括墙体的生成、球体的实例化和发射、摄像机的移动、场景的重新加载等。

本章小结

本章主要介绍了交互的基本处理形式：键盘操作处理和鼠标操作处理。还讲解了刚体常用方法的基本格式及应用环境，并用实际案例讲解了交互和刚体的应用。

习题

一、简答题

1. Input 中与键盘有关的事件有哪些？
2. Input 中与鼠标有关的事件有哪些？
3. 刚体的常用方法有哪些？

二、编程题

创建一个名为 Test 的 C#脚本，将它挂载到 Main Camera 上，并且实现按 A 键在控制台显示 "按下了 A"，按 D 键在控制台显示 "按下了 D"。

11 第 11 章 动画与 UGUI

【学习目的】

* 掌握 Unity 的动画系统的使用方法。
* 熟练运用 Unity 动画系统的基本操作。
* 掌握 UGUI 系统的使用方法。
* 熟练使用 UGUI。

任何游戏都会有角色的动画，例如角色往前走动就会播放走路的动画，这个就需要依靠 Unity 的动画系统实现。除了动画系统还有 UI 系统，每一款游戏都离不开 UI 的交互，缺少 UI 交互的游戏并不完整。本章主要介绍 Animation、Animator 和 UGUI 的初步使用。

11.1　Animation

现版本的 Unity 中提供了两种制作动画的方法，一种是 Animation，另一种是 Animator。Animation 主要用于创建角色的动作动画，它可以看作 Unity 动画系统最小的单位。接下来通过一个简单的案例介绍 Animation 的使用。

【例 11.1】 创建 Animation。

步骤 1：新建一个场景，在场景上新建一个 Cube。

步骤 2：选中 Cube，选择 Window→Animation，打开 Animation 窗口，如图 11.1 所示。

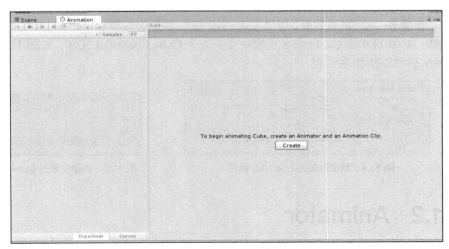

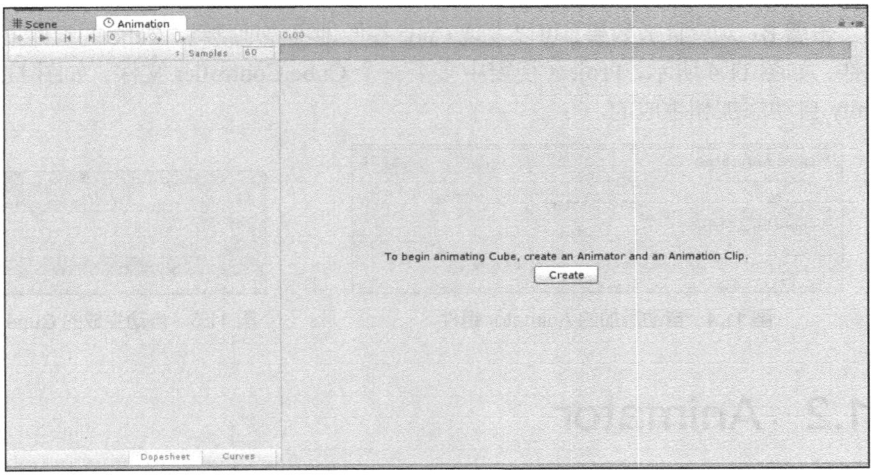

图 11.1　Animation 窗口

步骤 3：单击 Animation 窗口中的"Create"按钮，创建新的动画，命名为 Cube.anim。必须以.anim 为扩展名保存 Animation 文件，一般默认保存在 Asset 文件夹下。

步骤 4：单击"Add Property"添加想要实现的动画，例如移动、缩放、大小等。这里添加一个移动的动画，如图 11.2 所示。

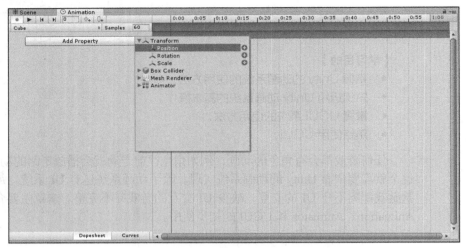

图 11.2　添加移动的动画

步骤 5：在 Animation 中有编辑模式和普通模式，需要单击左上角的小红点才能进入编辑模式。进入编辑模式后，右边 Inspector 视窗中要编辑的动画的属性会显示为红色，如图 11.3 所示。在时间轴中，1s 有 60 个采样点。在第 30 个采样点中将 Transform 组件中的 Position 的 Y 值改为 1。

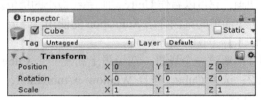

图 11.3　编辑模式

步骤 6：观察播放效果，可以发现 Cube 在原地不停地跳动。Cube 的组件上多了一个 Animator 组件，如图 11.4 所示，Project 视窗中多了一个 Cube.Controller 文件，如图 11.5 所示。这些都是 Unity 自动添加和生成的。

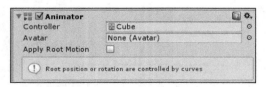

图 11.4　自动添加的 Animator 组件

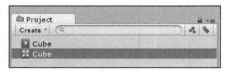

图 11.5　自动生成的 Cube.Controller 文件

11.2　Animator

　　Animator 是在 Animation 的基础上改进的，它是 Unity Mecanim 动画系统中为了使开发者更方便地完成动画的制作而引入的一种工具，它能够把大部分动画的开发和代码分离出来。开发人员只需要通过单击和拖曳就能独立完成动画控制器的创建。

11.2.1　Animator 组件

任何一个拥有 Avatar 的 GameObject 都同时需要有一个 Animator 组件，它是关联角色及其行为的纽带。组件中还引用了一个 Animator Controller，它被用于设置角色的行为，包括状态机、混合树以及通过脚本控制的事件。

11.2.2　Animator Controller

Animator Controller 视图用来显示和控制角色的行为，通过在 Project 视窗下创建 Animator Controller 创建一个动画控制器。双击进入 Animator Controller 的编辑窗口，如图 11.6 所示。

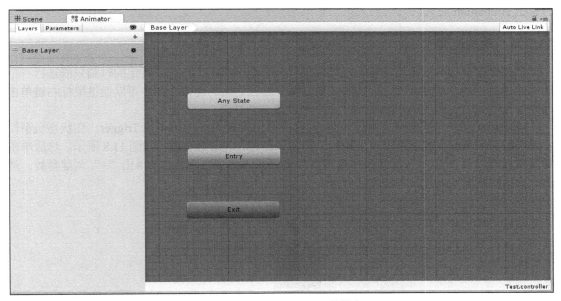

图 11.6　Animator Controller 编辑窗口

Animator Controller 视图包含 Animator Layer 组件、事件参数组件及状态机的可视化表达。

11.2.3　动画状态机

Mecanim 动画系统借用状态机简单地控制和序列化角色动画。一个角色在特定的时刻执行特定的动作称为状态。通常来说，角色进入下一个状态时会被限制，而不是可以从任意一个状态跳转到另一个任意状态。让角色正确跳转状态的选项称为状态转移，而将这些选项整合起来的就是状态机。

状态机提供了一种预览角色所有相关动画剪辑集合的方式，并允许通过不同事件触发不同的动作。动画状态机可以通过 Animator Controller 视图来创建，一般包含动画状态、动画过渡和动画事件，如图 11.7 所示。

状态及其过渡条件可以通过 Animator Controller 的视图来表达，其中节点表示状态，节点中间的箭头表示状态过渡。状态机最重要的意义就是用户可以通过很少的代码对状态机进行设计和升级。

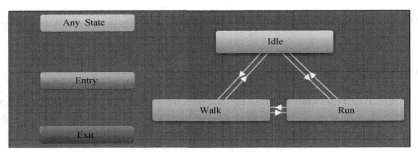

图 11.7　创建动画状态机

Animation 控制一个动画播放的各类方法和数据（可以通过修改目标动画进行动画切换）；Animator 则可以实现控制多个动画的播放、切换、叠加以及控制骨骼动画等复杂的效果，是一个动画状态机。除了必要的动画文件，Animator 还会生成一个.controller 结尾的文件，因此它占内存比 Animation 更大。

11.2.4　动画过渡

动画过渡是指从一个动画状态过渡到另外一个动画状态，在一个特定的时刻只能进行一个动画的过渡。两个动画状态之间的箭头表示两个动画之间的连接。用户可以通过鼠标右键单击动画状态单元，选择 Make Transition 命令来创建动画过渡。

Mecanim 动画系统支持 4 种过渡参数，分别是 Float、Int、Bool 和 Trigger。在状态机窗口左侧中的 Parameters 视窗单击右上角的"+"，添加对应的参数类型，如图 11.8 所示。然后单击想要添加的动画过渡，在 Inspector 视窗中的 Conditions 下拉列表右侧单击"+"创建参数，然后为参数添加对比条件，如图 11.9 所示。

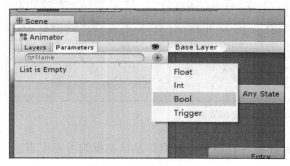

图 11.8　添加参数类型

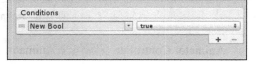

图 11.9　添加参数条件

【例 11.2】　状态机的使用。

步骤 1：导入人形角色动画资源包。资源包可以从 Windows 菜单下的 Asset Store 中下载，如图 11.10 所示。

步骤 2：将资源包的角色导入场景中。在 Project 视窗下创建文件夹，命名为 AniControllers，然后在 AniControllers 文件夹中创建新的 Animation Controller，命名为 PlayerController，将其挂载到角色上，将角色的 Avatar 挂载到 Animator 组件中的 Avatar 上。

步骤 3：打开 PlayerController，在状态机面板中右键单击选择"Create State"→"Empty"命令添加一个新的状态并命名为 Idle。选中 Idle，在 Inspector 视窗的 Motion 中添加该角色的等待动画（没有等待动画可以用其他动画代替），如图 11.11 所示。

图 11.10　Asset Store

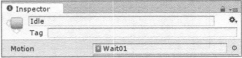

图 11.11　添加等待动画

步骤 4:同步骤 3 一致,添加两个状态,一个命名为 Walk,另一个命名为 Run,并在 Motion 中添加对应的动画。

步骤 5:添加动画过渡,选中 Idle 状态。右键单击选择 "Make Transition" 命令添加过渡,其他状态的添加操作也一样,如图 11.12 所示。

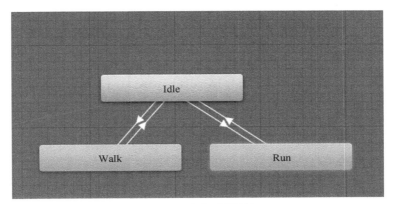

图 11.12　添加动画过渡

步骤 6:选中 Idle→Walk 过渡,在 Inspector 视窗中有一个 Has Exit Time,如图 11.13 所示,它表示播放完当前动画才切换到下一个动画,案例中的动画不需要播放完就切换,所以取消选中,其他状态过渡的操作也一样。这里要注意动画是否需要循环播放,找到该角色的动画,在 Inspector 视窗中选中 Animation 的 Loop Time 复选框就表示会循环播放,未选中就表示没有循环播放,如图 11.14 所示。

步骤 7:在 Animator Controller 面板的 Parameters 中添加两个 Bool 参数,分别命名为 isWalk 和 isRun,如图 11.15 所示。选中 Idle→Walk 的过渡,在 Inspector 视窗的 Conditions 中添加过渡条件,条件为 isWalk,true,如图 11.16 所示。Walk→Idle 过渡条件设置为 isWalk,false。其他过渡操作相同。

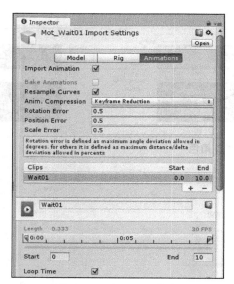

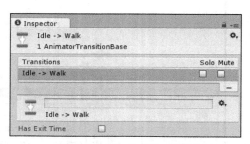

图 11.13　Has Exit Time 选项

图 11.14　Loop Time 选项

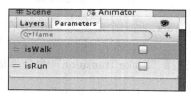

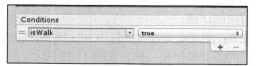

图 11.15　添加 Parameters 选项

图 11.16　添加过渡条件

步骤 8：在 Project 视窗中新建一个 C#脚本，命名为 PlayerController，将其挂载到角色上。双击打开脚本，添加代码，代码如下：

```
1  public class PlayerController : MonoBehaviour {
2
3      //获取角色上的 Animator 组件
4      Animator anim;
5  void Start ()
6    {
7        //获取 Animator 组件
8        anim = GetComponent<Animator>();
9  }
10 void Update ()
11   {
12       //按 W 键的时候状态为 Walk
13       if (Input .GetKey(KeyCode.W))
14       {
15            anim.SetBool("isWalk", true);
16       }
17       //松开 W 键的时候状态回到 Idle
18       if (Input.GetKeyUp(KeyCode.W))
19       {
20            anim.SetBool("isWalk", false);
21       }
22       //同时按 W 键和 Shift 键时状态为 Run
23       if (Input .GetKey(KeyCode.W)&&Input.GetKey(KeyCode.LeftShift))
```

```
24        {
25              anim.SetBool("isRun", true);
26              anim.SetBool("isWalk", false);
27        }
28        //松开 Shift 键时状态不再为 Run
29        if (Input.GetKeyUp(KeyCode.LeftShift))
30        {
31              anim.SetBool("isRun", false);
32        }
33    }
34 }
```

运行脚本发现，什么键都不按的时候角色状态为等待，当按 W 键时角色变为走路状态，同时按左 Shift 键和 W 键时，角色状态变成跑步。

11.3　UGUI

UGUI 是 Unity Technologies 公司自己开发的一套图形用户界面。在没有 UGUI 之前，Unity 使用 NGUI 插件进行 GUI 绘制。目前 Unity UGUI 系统已经相当成熟。UGUI 允许快速直观地创建 UI 界面，它有强大的可视化编辑器，大大提高了 GUI 开发效率。

11.3.1　Sprite

在使用 UGUI 创建 Button 或者 Image 的时候，它们的图源只支持 Sprite 类型。在 2D 中的所有图像都称为 Sprite，Sprite 和标准纹理几乎一样，但是 Sprite 采用了特殊技术用来组合并管理 Sprite 纹理，进而提高开发效率。Sprite 可以在一张大图中截取一部分，也可以使用 Sprite 做动画。

若工程创建时是 2D，则导入图片类型默认为 Sprite。如果工程是 3D，那么导入图像类型默认为 Texture，这时就要在 Inspector 视窗中把 Texture Type 设置为 Sprite，如图 11.17 所示，然后单击"Apply"按钮。

有时，一个 Texture 只包含一个 Sprite 元素，但是更常见的是一张图里面包含多个 Sprite 元素。这时候需要用到 Unity 提供的 Sprite 编辑器。选中 Sprite，在 Inspector 视窗中将 Sprite Mode 改成 Multiple，然后单击"Sprite Editor"按钮进行编辑，如图 11.18 所示。编辑器里有两种模式，一种是 Automatic（自动切割），另一种是 Grid（网格切割），一般选择第一种。

图 11.17　设置 Sprite

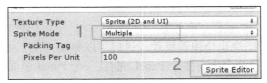

图 11.18　打开 Sprite Editor

11.3.2　Canvas

　　Canvas 是画布，所有 UI 组件都绘制在这个画布里，如果 UI 组件不在画布里，其将不可以使用。在创建 UI 组件的同时会自动创建 Canvas，并且还会多创建一个 EventSystem，这是 UI 事件系统。Canvas 和 EventSystem 缺一不可。

　　Canvas 有 3 个渲染模式，分别是 Screen Space-Overlay、Screen Space-Camera、World Space。

　　（1）Screen Space-Overlay：拉伸画布以适应全屏大小，并且使 GUI 空间在场景中渲染其他物体前方。如果屏幕大小或分辨率改变，画布也会自适应。

　　（2）Screen Space-Camera：画布以特定的距离放置在指定相机前。

　　（3）World Space：此模式下画布就是一个游戏对象，也就是把 UI 变成一个 3D 对象。

　　Canvas Scale 组件中的 Rander Mode 也有 3 个模式，分别是 Constant Pixel Size（固定像素尺寸）、Scale with Screen Size（屏幕自适应）、Constant Physical Size（固定物理尺寸）。

11.3.3　Image 和 Raw Image

　　Image 用来显示非交互式图像，一般用于显示装饰、图标，可以选择 GameObject→UI→Image 创建或者直接在 Hierarchy 里单击鼠标右键后选择"UI"→"Image"进行创建。创建 Image 的同时会自动创建 Canvas。创建完 Image 之后将 Sprite 直接拖入 Inspector 视窗 Image 组件的 Source Image 一栏即可，如图 11.19 所示。

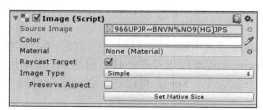

图 11.19　有 Sprite 的 Image 组件

　　Raw Image 与 Image 的功能相似，用于显示不可交互的图片信息，常用于场景装饰。但是，Raw Image 的属性与 Image 的属性并不完全一致，如图 11.20 所示。

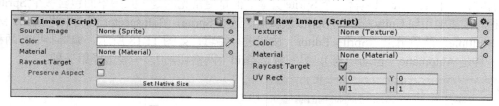

图 11.20　Image 与 Raw Image 属性的区别

　　Raw Image 组件中的 UV Rect 可以让图片的一部分显示在 Raw Image 组件中，X、Y 用于控制 UV 进行上、下、左、右编辑，W、H 用于控制 UV 的重复次数。

11.3.4　Panel

　　Panel 实际上是一个容器，在其上可放置其他 UI 控件。当移动 Panel 时，放在 Panel 里的 UI 组件也会跟着移动，这样可以更加方便、更加合理地处理一组控件。一个功能完整的 UI 界面往往会含有多个 Panel，而且一个 Panel 里面还可以套用多个 Panel。初次创建 Panel 时，它会充满整个 Canvas，Panel 面板及其属性如图 11.21 所示。拖动 4 个角可调节 Panel 的大小。

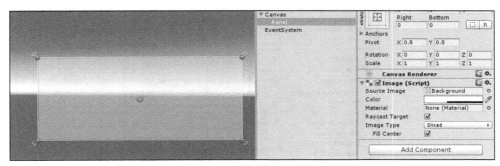

图 11.21 Panel 面板及其属性

11.3.5 Text

Text 可显示非交互文本，可以用于做标题或者标签，也可以用于显示指令或者其他文本。创建一个 Text，它在 Inspector 视窗中的属性如图 11.22 所示。

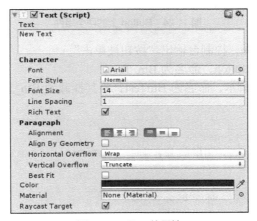

图 11.22 Text 的属性

选中 Rich Text 复选框可以接受在 Text 输入框中编写 HTML 语言。常用的有粗体、<i>斜体</i>、<size=12>字体大小</size>、<color=red>颜色</color>，如图 11.23 所示。

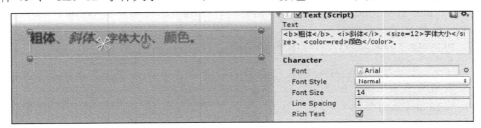

图 11.23 Text 输入框中常用 HTML 语言

11.3.6 Button

Button 用于响应来自用户的单击事件、启动或者确认某项操作。创建完Button 之后，在 Hierarchy 视窗中展开 Button，它内部自带一个 Text，默认内容为 Button。

选中 Button，可以在 Inspector 视窗中看到一个 Image 组件和 Button 组件，如图 11.24 所示。

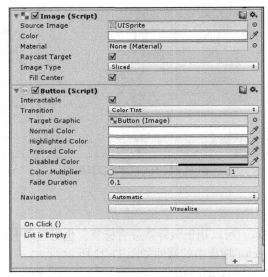

图 11.24　Button 上的两个组件

【例 11.3】　单击 Button，控制台输出"按钮被单击"。

步骤 1：新建一个 UI Button，命名为 Btn_Test。

步骤 2：新建一个 C#脚本，命名为 BtnTest，将其挂载到 Btn_Test 上。双击打开脚本，输入代码如下：

```
1 using UnityEngine;
2 using System.Collections;
3 using UnityEngine.UI;//引用 UI 命名空间
4 using System;
5
6 public class BtnTest : MonoBehaviour
7 {
8   Button btn_Test;//获取按钮
9   void Start()
10  {
11     btn_Test =GetComponent<Button>();//定义按钮
12     btn_Test.onClick.AddListener(Show);//添加监听，单击按钮执行被单击的方法
13  }
14  private void Show()//按钮被单击的方法
15  {
16      Debug.Log("按钮被单击");
17  }
18  void Update() {  }
19 }
```

步骤 3：单击按钮，发现控制台中显示"按钮被单击"，如图 11.25 所示。

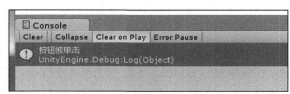

图 11.25　按钮被单击

11.3.7　Toggle

Toggle 是一个允许用户选中或取消选中的复选框。创建 Toggle 之后，可以看到里面有 Background（Image）、Checkmark（Image）和 Label（Text），如图 11.26 所示。

当场景上存在多个 Toggle 时，每个 Toggle 都是独立的、互不关联的，这个时候可以用于实现复选功能。如果想实现单选功能，就需要用到 Toggle Group 控件。首先在场景中创建多个 Toggle，然后在 Canvas 上创建一个空对象，命名为 ToggleGroup，给空对象添加 ToggleGroup 组件。最后把所有创建好的 Toggle 拖入空对象，将空对象拖入 Toggle 的属性 Group，如图 11.27 所示。

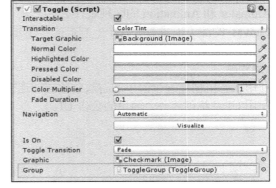

图 11.26　Toggle 展开　　　　　　　图 11.27　添加 ToggleGroup

11.3.8　Slider 和 ScrollBar

Slider 是用于拖动以改变目标值的控件，例如在游戏中调整音量、调整物品大小等。创建 Slider 之后，打开控件，可以发现它是由多个控件组成的，如图 11.28 所示。Background 是背景，Fill Area 是填充区域，里面有一个子控件 Fill 是 Image，Handle Slide Area 是手柄，子控件 Handle 是 Image。

图 11.28　Slider 的结构

当图像或者物体过大以致无法完全查看时，就要用到 ScrollBar。ScrollBar 与 Slider 的区别在于前者主要用于滚动视图而后者用于调整数值。创建 ScrollBar 之后，查看 Inspector 视窗可以发现，它的属性与 Slider 类似，如图 11.29 所示。

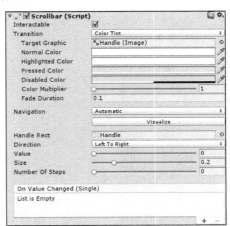

图 11.29　Slider 属性与 ScrollBar 属性对比

本章小结

本章主要介绍了两种制作动画的方法 Animation 和 Animator，动画状态机的创建方法和应用，以及 UGUI 系统的应用，包含 Sprite、Canvas、Image、Text、Button、Toggle、Panel、Slider 和 ScrollBar 等。

习题

一、简答题

1. Animator 和 Animation 的区别是什么？
2. Canvas 的渲染模式有哪几个？它们的作用是什么？如果要自适应拉伸，应选用哪一种模式？

二、编程题

1. 利用状态机创建一个简单的游戏角色技能连招（例如，出拳→踢腿）。
2. 利用 UI 系统创建一个简单的公告 UI。

第 12 章　Unity 游戏开发综合案例

【学习目的】
- 掌握 Unity 游戏开发的流程。
- 熟练运用 Unity 开发贪吃蛇游戏。
- 掌握游戏的发布方法。
- 掌握游戏界面动画设计方法。
- 掌握游戏场景加载的方法。

要想实现好的 VR 效果，关键的部分还是 3D 技术的开发。Unity 游戏开发综合案例利用 C#脚本语言和 Unity 的光照系统、物理系统、音效系统、坐标系、游戏组件、预制体等，让读者快速掌握 Unity 游戏开发的流程。

12.1　贪吃蛇游戏开发

贪吃蛇游戏在本书的 C#程序设计基础部分，已作为游戏开发案例进行了讲解。本节利用 C#脚本语言和 Unity 游戏引擎进行贪吃蛇 3D 游戏开发，重点介绍游戏开发的控制技术和开发流程，希望读者前后对照学习。

12.1.1　游戏场景搭建

搭建相对比较简单的贪吃蛇游戏场景，用 Cube 充当游戏对象蛇头、蛇身和食物，用 Plane 充当游戏场地。步骤如下。

步骤 1：创建一个新的工程项目 SnakeEat。在 Project 视窗中 Assest 文件夹下新建文件夹 Scripts、Prefabs、Materials，分别用于保存创建的 C#脚本文件、预制件和材质。

步骤 2：创建 Plane 对象。在 Inspector 视窗中 Reset（复位）Transform 组件，在 Materials 文件夹中创建新的材质球 floor，在 Inspector 视窗中选择 Shader 下拉列表中的 Unlit/Texture，设置一种预先导入的地面贴图，如图 12.1 所示，将材质拖曳应用到 Plane 对象上。

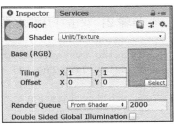

图 12.1　设置地板材质

步骤 3：创建蛇头。创建一个 Cube 对象，将其命名为 Head。设置 Inspector 面板上 Transform 组件中 Scale 的 X、Y、Z 均为 0.2。在 Materials 文件夹中创建新的材质球 head，参照步骤 2 设置材质贴图并应用到 Head 上。

　　步骤 4：创建围墙。创建一个空对象 GameObject，命名为 Walls。选中 Walls，创建第一个子物体 Cube，命名为 wall，将其放置到地面的最边缘，设置 Transform 组件属性值如图 12.2 所示，并参数前面的方法设置材质球并应用在 wall1 上。

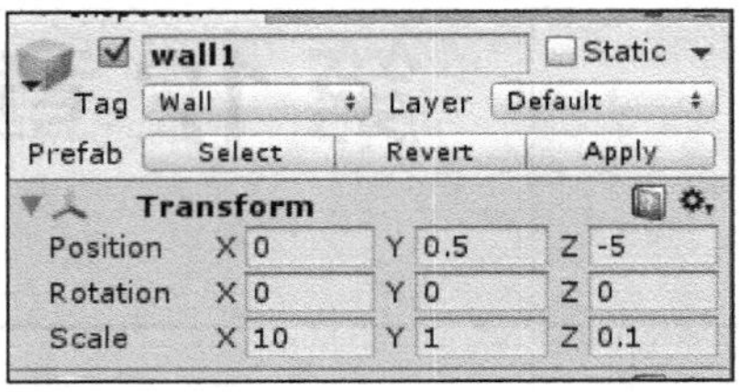

　　步骤 5：用 Ctrl+D 组合键在 Walls 对象下创建其他围墙。

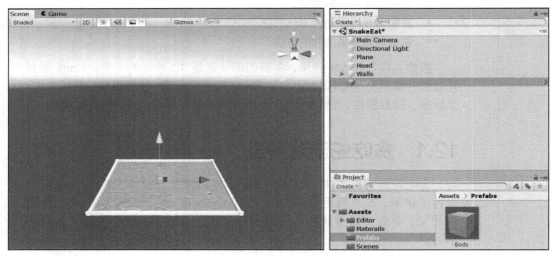

图 12.2　Transform 组件属性值

　　步骤 6：创建蛇身。创建 Cube，命名为 Body，调整位置使其在蛇头后面。创建新的 Material，添加新的贴图。把 Body 对象拖曳到 Prefabs 文件夹中，使其成为预制体，如图 12.3 所示。游戏场景搭建完成。

图 12.3　创建蛇身的预制体

12.1.2　游戏主体控制

1. 控制蛇移动

　　通过鼠标或键盘按键来改变蛇的坐标值从而实现蛇的移动。首先要实现蛇的移动控制，具体步骤如下。

　　步骤 1：让蛇头移动。在 Scripts 文件夹中创建 MoveC.cs 脚本文件，并将其拖曳应用到 Head 对象上。

　　步骤 2：双击打开脚本文件，添加以下代码。

```
1  using System.Collections;
2  using System.Collections.Generic;
3  using UnityEngine;
4
5  public class MoveC : MonoBehaviour
6  {
7      private float timer =0f;//定义计时器
8      void Start()
9      {
10
11     }
12     void Update()
```

```
13      {
14         timer+=Time.deltaTime;//记录当前游戏刷新的时间
15         if(timer>0.5f)
16         {
17          transform.position+=Vector3.forward*0.2f;//沿 Z 轴移动 1 个自身长度
18          timer = 0f; //计时器清零
19        }
20      }
21  }
```

步骤 3：保存脚本文件，返回场景中运行，发现蛇头可以沿着 Z 轴移动。

2. 优化蛇头移动

实际游戏过程中，需要游戏玩家来控制蛇的移动方向，以便蛇吃到食物而且不撞到墙或障碍物等。因此需要加上键盘或鼠标的控制，具体实现步骤如下。

步骤 1：双击打开前面的脚本文件 MoveC.cs，修改其代码如下。

```
1  using System.Collections;
2  using System.Collections.Generic;
3  using UnityEngine;
4
5  public class MoveC : MonoBehaviour
6  {
7      private float timer =0f;//定义计时器
8      private Vector3 direction = Vector3.forward*0.2f;定义蛇头移动的方向，默认沿 Z 轴
移动
9    void Start(){
10   }
11     void Update() {
12         currentDirection();
13         timer+=Time.deltaTime;//记录当前游戏刷新的时间
14         if(timer>0.5f){
15         transform.position += dir;//移动
16         timer = 0f; //计时器清零
17          }
18     }
19     void currentDirection(){
20     if(Input.GetKeyDown(KeyCode.W)){
21     direction=Vector3.forward*0.2f;
22      }
23     else if(Input.GetKeyDown(KeyCode.S)){
24     direction=Vector3.back*0.2f;
25      }
26     else if(Input.GetKeyDown(KeyCode.A)){
27     direction=Vector3.left*0.2f;
28      }
29    else if(Input.GetKeyDown(KeyCode.D)){
30     direction=Vector3.right*0.2f;
31     }
32   }
33  }
```

步骤 2：保存脚本文件，返回场景并运行。在蛇头运动过程中，按键盘上的 W、S、A、D 键可以控制蛇头的运动方向。至此，完成了蛇移动的基本控制。

3. 控制蛇身跟随

在游戏运行过程中蛇身要和蛇头一起运动。基本原理是先记录下蛇头部的坐标位置，等蛇头部分移动后，蛇身运动到头部原来的位置，如此循环下去。本案例中采用数组列表的形式来存储蛇头及蛇身各个部分的坐标值，具体实现步骤如下。

步骤 1： 双击打开 MoveC.cs 脚本文件，在里面添加以下代码。

```
1  using System.Collections;
2  using System.Collections.Generic;
3  using UnityEngine;
4
5  public class MoveC : MonoBehaviour
6  {
7      GameObject preBody;//记录场景中已存在的预制体 Body
8      GameObject[] bodys;//定义数组，用于记录蛇身的坐标位置
9      private int  count;//记录蛇身的长度
10     private float timer =0f;//定义计时器
11     private Vector3 direction = Vector3.forward*0.2f;//定义蛇头移动的方向，默认沿 Z 轴移动
12     void Start(){preBody = GameObject.Find("Body");
13     bodys = new GameObject[100];//初始化数组
14     bodys[0]=gameObject;         //让数组的第一个元素是 Head
15     bodys[1]=preBody;            //让数组的第二个元素是蛇身
16     count=2;
17  }
18     void Update() {
19        currentDirection();
20        timer+=Time.deltaTime;//记录当前游戏刷新的时间
21        if(timer>0.5f){
22        followHead();//调用身体跟随方法
23         transform.position+=direction;//沿 Z 轴移动 1 个自身长度
24         timer = 0f; //计时器清零
25       }
26    }
27   void currentDirection(){
28    if(Input.GetKeyDown(KeyCode.W)){
29      direction=Vector3.forward*0.2f;
30    }
31    else if(Input.GetKeyDown(KeyCode.S)){
32     direction=Vector3.back*0.2f;
33    }
34    else if(Input.GetKeyDown(KeyCode.A)){
35     direction=Vector3.left*0.2f;
36    }
37    else if(Input.GetKeyDown(KeyCode.D)){
38     direction=Vector3.right*0.2f;
39    }
40  }
41   //身体跟随移动的方法
42   void followHead(){
43     for(int i = count-1;i>0;i--){
44       bodys[i].transform.position = bodys[i-1].transform.position;
45      //前面一个身体的坐标作为后面身体的新坐标
```

```
46        }
47    }
48 }
```

步骤 2：运行代码，按键盘上的 W、S、A、D 键发现蛇身跟随蛇头一起移动。至此，蛇身跟随蛇头移动完成。

12.1.3 摄像机跟随

由于游戏场景较大，摄像机没有办法把场景都包含进来，为了看清楚蛇身体的变化，在游戏过程中，随着蛇的移动，摄像机也应该跟随它移动，以保证蛇处在视角范围内。这里是做到摄像机和蛇头的相对位置保持不变，具体步骤如下。

步骤 1：在 Scripts 文件夹中创建脚本文件 FollowST.cs，并将其拖曳应用到 Main Camera 上。

步骤 2：双击打开该脚本文件，编写代码如图 12.4 所示。

```
using UnityEngine;
using System.Collections;

public class FollowHead : MonoBehaviour
{

    GameObject head;//蛇头
    Vector3 offset;//记录摄像机和蛇头相对位置

    void Start ()
    {
        head = GameObject.Find("Head");
        offset = transform.position - head.transform.position;//初始化相对位置
    }


    void Update ()
    {
        transform.position = Vector3.Lerp((transform.position), head.transform.position + offset, 0.02f);
    }
}
```

图 12.4　摄像机跟随代码

步骤 3：保存脚本文件。返回场景，选中 Main Camera，将 Head 对象拖曳到其 Script 组件中的 Head 属性面板。

步骤 4：运行代码，再移动蛇身体时，摄像机也跟随着蛇一起移动视角。至此，摄像机跟随部分完成。

12.1.4 控制蛇吃食物

首先需要创建蛇吃的食物。基本思路是每当蛇吃掉游戏场景中的一个食物后，在有效范围内随机再生成一个食物对象；然后实现每当蛇移动到一个随机生成的食物位置上时，该食物就被吃掉并消失，再在其他地方随机生成一个食物，玩家继续控制蛇的移动，去吃掉该食物。游戏就这样一直进行下去，实现步骤如下。

1. 创建食物

步骤 1：创建食物。创建新的 Cube 对象，取名 Food，并在 Inspector 视窗的 Transform 组件中修改其位置。

步骤 2：在 Materials 文件夹中创建材质球 food，参照前面的方法添加材质贴图，并应用在 Food 对象上。将完成后的 Food 对象拖曳到 Resources 文件夹中，生成预制体 Food。

步骤 3：在 Scripts 文件夹中创建脚本文件 FoodC.cs，并将其拖曳应用到 Food 对象上。

步骤 4：双击打开该脚本文件，在其中编写以下代码。

```
1  using System.Collections;
2  using System.Collections.Generic;
3  using UnityEngine;
4
5  public class FoodC : MonoBehaviour{
6      GameObject food;    //外部引用对象
7      private float timer =0f;
8      void Start(){food = (GameObject)Resources.Load("Food");}
9      void Update() {
10      /*测试代码*/
11      timer +=Time.deltaTime;
12      if(timer>1){
13      RandomPosition();
14  }
15  }
16  //实现有效范围内随机生成 Food 对象
17  void RandomPosition(){
18      GameObject newFood =GameObject.Instantiate(food); //复制一个新的 food
19      float X = UnityEngine.Random.Range(-4f,4f);
20      float Z = UnityEngine.Random.Range(-4f,4f);
21      newFood.transform.position = new Vector3(X,0.02f,Z);
22  }
23  }
```

步骤 5：运行代码，可以发现在场景中会生成很多食物对象，如图 12.5 所示。

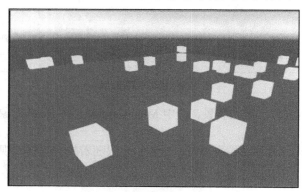

图 12.5　随机生成食物对象

2. 处理蛇头与食物碰撞

实现蛇头碰到食物后能够吃掉食物，需要添加碰撞检测，并且要满足碰撞的条件。这需要修改食物的控制程序，以检测碰到食物的对象是不是蛇头，如果是，就刷新生成食物的脚本，同时销毁当前食物。具体实现步骤如下。

步骤 1：选中 Food 对象，选中 Inspector 视窗中 Box Collider 组件里的 Is Trigger，使其能成为触发器。

步骤 2：选中 Head 对象，添加 Rigidbody 组件。

步骤 3：双击打开 FoodC.cs 文件，修改其代码如下。

```
1  using System.Collections;
2  using System.Collections.Generic;
3  using UnityEngine;
```

```
4
5  public class FoodC : MonoBehaviour{
6      GameObject food;     //外部引用对象
7      private float timer =0f;
8      void Start(){food = (GameObject)Resources.Load("Food")
9      void Update() {
10         //删除前面测试相关的代码
11         }
12      //添加触发事件
13      private void OnTriggerEnter(Collider other){
14        if(other.gameObject.name =="Head"){
15        Destroy(gameObject);  //销毁当前 food
16        RandomPosition();      //随机生成其他 food
17          }
18  }
19  //实现有效范围内随机生成 Food 对象
20  void RandomPosition(){
21      GameObject newFood =GameObject.Instantiate(food); //复制一个新的 food
22      float X = Random.Range(-4f,4f);
23      float Z = Random.Range(-4f,4f);
24      newFood.transform.position = new Vector3(X,0.5f,Z);
25  }
26  }
```

步骤 4：保存脚本文件，返回场景中，选中 Food 对象，单击 Inspector 视窗中的 Prefabs 选项组里的 "Apply" 按钮，将 Food 对象修改应用到预制体中，使其保持一致。

步骤 5：运行代码。按键盘上的 W、S、A、D 键控制蛇的移动，发现蛇头碰到食物后食物立刻消失，同时在其他地方又随机生成了食物。

至此，蛇移动去吃掉食物，同时又随机生成食物的功能已经实现。

12.1.5　控制蛇身体变化

前面已经实现了移动蛇头去吃掉食物，但是蛇身长度并没有变化。下面实现随着蛇头每吃掉一个食物，蛇身会增长一段的功能。同时检测是否碰到围墙等障碍物，如果碰到，则会结束游戏。由于是对蛇进行控制和处理，因此需要对蛇自带的脚本文件 MoveC.cs 进行修改。具体步骤如下。

1. 蛇吃到食物身体变长

步骤 1：选中 Food 对象，给其添加 Tag 标签 Food，然后单击 Prefab 选项组中的 "Apply" 按钮，应用其改变，使其与预制体保持一致，如图 12.6 所示。

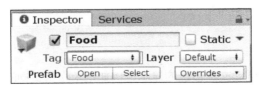

图 12.6　添加 Food 标签

步骤 2：双击打开 MoveC.cs 脚本文件，在里面添加如下代码。

```
1  //添加碰撞检测
2  private void OnTriggerEnter(Collider other){
```

```
3          if (other.gameObject.tag=="Food"){
4           AddLength();
5        }
6    }
7    //加长蛇身方法
8    void AddLength(){
9     GameObject newBody =GameObject.Instantiate(preBody);//复制一个新的bodys
10    bodys[count] = newBody;
11    count++;
12   }
```

步骤 3：保存脚本文件，返回场景中，运行代码，移动蛇身体吃掉食物后，发现蛇身会变长。至此，蛇吃到食物后身体会变长的功能已经实现。

2. 蛇碰到障碍物死亡

如果希望蛇碰到围墙等障碍物能够被检测到的话，需要将围墙等设置成触发器。具体操作步骤如下。

步骤 1：选中 Walls 的子对象，选中 Inspector 视窗中的 Box Collider 组件中的 Is Trigger，同时给围墙对象添加 Tag 标签 Wall。

步骤 2：检测围墙。双击打开脚本文件 MoveC.cs，在其中添加如下代码。

```
1    private isOver=false;    //用于记录蛇是否死亡
2    private void OnTriggerEnter(Collections other){
3      …
4    //添加围墙的碰撞检测
5      if(other.gameObject.tag=="Wall"){
6        direction = Vector3.zero; //蛇死亡,停止移动
7        isOver=true;
8      }
9    }
10   …
11   void FollowHead(){
12      if(!isOver){
13         for(int i = count-1;i>0;i--){
14          bodys[i].transform.position= bodys[i-1].transform.position;
15      }
16      }
17   }
```

步骤 3：保存脚本文件，返回场景，运行代码，发现当蛇头碰到围墙后，停止移动，游戏结束。至此，蛇身体部分的变化控制已经全部完成。

12.2 添加其他元素

12.2.1 显示积分

本小节中将实现一些辅助文字信息的显示，例如记录吃到食物的个数，并以积分的形式显示出来；如果撞到围墙，屏幕显示 GameOver。具体实现步骤如下。

步骤 1：添加 UI→Text 标签，命名为 ScoreLabel，修改其 Inspector 视窗中的各项属性值，如图 12.7 所示。

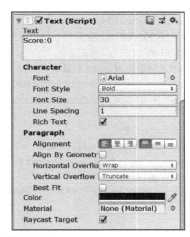

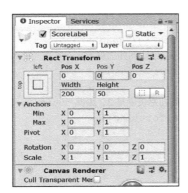

图 12.7　显示积分的标签属性设置

步骤 2：设置完成后，能在游戏视窗中看到相应的显示效果。

步骤 3：创建 Text 文本标签，命名为 OverLabel，修改其 Inspector 视窗中的属性值，如图 12.8 所示。

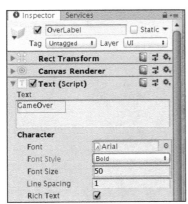

图 12.8　显示游戏结束标签属性设置

步骤 4：选中 Head 对象，给其添加 Tag 标签 Head，如图 12.9 所示。

步骤 5：打开 MoveC.cs 脚本文件，修改 count 和 isOver 字段的访问权限为 public，以便在别的文件中能够访问它们。

步骤 6：在 Scripts 文件夹中创建脚本文件 GameC.cs，并将其挂载到 Main Camera 上。双击打开该脚本文件，在其中添加以下代码。

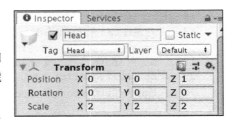

图 12.9　给 Head 添加标签的属性设置

```
1  using System.Collections;
2  using System.Collections.Generic;
3  using UnityEngine;
4  using UnityEngine.UI;
5  public class GameC : MonoBehaviour{
6      public Text scoreLabel; //引用外部对象
7      public Text overLabel;
```

```
8    private GameObject snake; //引用外部对象
9    private MoveC moveC;     //引用外部脚本文件
10   void Start(){
11    //通过标签访问 Head 对象
12    snake = GameObject.FindGameObjectWithTag("Head");
13   moveC = snake.GetComponent<MoveC>(); //访问外部脚本文件
14   }
15   void Update(){
16     int score = moveC.count - 2; //蛇的初始长度是2，因此count-2
17     scoreLabel.text = "Score:" + score.ToString();
18     if (moveC.isOver){
19         overLabel.text = "GameOver";
20     }
21   }
22 }
```

步骤7：保存脚本文件，返回场景中，运行代码。移动蛇吃掉一个食物，积分会增加一分；如果蛇撞到墙，会停止移动，同时游戏界面显示 GameOver。

步骤8：添加 Button 控件 Exit，实现真正的结束应用程序。

步骤9：为"Exit"按钮添加退出应用程序的脚本。打开 GameC.cs 脚本文件，添加如下代码。

```
1  using UnityEngine;
2  using System.Collections;
3  using UnityEngine.UI;
4  using System;
5
6  public class GameC : MonoBehaviour
7  {
8   public Text scoreLabel;
9   public Text overLabel;
10  public Button btn_Exit;
11  GameObject snake;
12  MoveC mc;
13  public AudioClip overClip;
14  AudioSource Bgm;
15  void Start ()
16  {
17    //通过 tag 来访问 Head
18    snake = GameObject.FindGameObjectWithTag("Head");
19    mc = snake.GetComponent<MoveC>();
20    btn_Exit.onClick.AddListener(ExitGame);
21    Bgm = GetComponent<AudioSource>();//获取摄像机的 AudioSource
22  }
23
24  private void ExitGame()
25  {
26      Application.Quit();
27  }
28
29  void Update ()
30  {
31    int score = mc.count - 2;//蛇初始长度是2，所以要减2
32    scoreLabel.text = "分数: " + score.ToString();//更新分数
```

```
33   if (mc.isOver)
34   {
35     overLabel.text = "Gameover!";
36     btn_Exit.gameObject.SetActive(true);
37     if (Bgm.isPlaying)
38     {
39       Bgm.Stop();//停掉背景音乐
40       AudioSource.PlayClipAtPoint(overClip, transform.position);//播放死亡的音效
41     }
42   }
43 }
44 }
```

步骤 10：将该方法添加到按钮的触发事件中。至此，游戏的整个脚本控制部分基本完成。

12.2.2　添加音效

本小节中给游戏添加一些音效，支持 MP3、WAV 等格式文件。具体步骤如下。

步骤 1：在 Project 视窗的 Assets 文件夹中新建文件夹 Audios，将下载好的音效文件拖曳到该文件夹中，如图 12.10 所示。

步骤 2：首先添加背景音效。选中 Main Camera 主摄像机，添加音频组件 Audio Source，并在该组件中添加导入的 Background 音频剪辑，如图 12.11 所示。

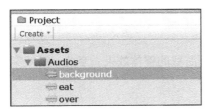

图 12.10　Audios 文件夹

图 12.11　给摄像机添加 Audios Source 组件

步骤 3：添加蛇吃掉食物时的音效。选中 Head 对象，给其添加音频组件 Audio Source，并将 AudioClip 属性值设为导入的音频资源 eat。取消选中 "Play On Awake"，该音频并不需要游戏一开始就播放，如图 12.12 所示。

步骤 4：处理该音频的相关逻辑。双击打开 MoveC.cs 脚本文件，为其添加以下代码。

```
1 public class MoveC : MonoBehaviour{
2 …
3 private AudioSource eatSource; //用于获取 Head
上的音频组件
4 void Start(){
5 …
6 eatSource= GetComponent<AudioSource>(); //访问该对象上的音频组件
```

图 12.12　为 Head 添加音频组件

```
7    }
8    …
9  //添加碰撞检测
10   private void OnTriggerEnter(Collider other){
11      if (other.gameObject.tag == "Food"){
12          AddLength();
13          eatSource.Play(); //吃到蛇时，播放该音频
14      }
15   }
16   …
17   }
```

步骤 5： 添加蛇死亡时的音效。因为死亡只有一次，这里就不需要再添加一个音频组件，可以直接在脚本里面添加音频剪辑进行控制。打开 GameC.cs 脚本文件，在里面添加以下代码。

```
1  public class GameC : MonoBehaviour{
2  …
3  public AudioClip overClip; //创建音频剪辑
4  private AudioSource backgroundMusic; //用于获取背景音乐
5  void Start(){
6  …
7   backgroundMusic = GetComponent<AudioSource>();//获取该对象上的音频组件
8  }
9  void Update(){
10  …
11    if (moveC.isOver){
12        overLabel.text = "GameOver";
13    if (backgroundMusic.isPlaying){
14      backgroundMusic.Stop(); //游戏结束时停止播放背景音乐
15    //在摄像机的位置播放该音频剪辑
16     AudioSource.PlayClipAtPoint(overClip, transForm.position);
17   }
18   }
19  }
```

步骤 6： 返回场景，运行代码，可以看到、听到游戏的整体效果。至此，游戏案例所有的逻辑都处理完成。

12.3 发布游戏

12.3.1 应用程序打包

如果想要打包发布应用程序，需要做一些必要的设置。

步骤 1： 保存项目和场景文件，选择"File"→"Build Settings"命令，打开图 12.13 所示的对话框。

步骤 2： 单击"Add Open Scenes"按钮，打开场景文件。在 Platform 选项组里面选择要发布的平台。默认为 PC 端，其他的则需要下载安装相应的组件，以支持相应平台的发布。

步骤 3： 单击"Build"按钮，选择路径，创建文件名称，开始打包。完成后生成一个 EXE 格式的可执行文件。

步骤 4： 运行该文件。初次运行时，会弹出一个对话框，用于设置分辨率等选项，设置完成后，单击"Play!"按钮即可开始玩游戏了。

图 12.13　"Build Settings"对话框

12.3.2　发布到 Android 平台

在发布 Android 项目之前，需先下载并安装 Java SDK 和 Android SDK。

1. Java SDK 的环境配置

步骤 1：鼠标右键单击"计算机"（Windows 7）或"此电脑"（Windows 10）图标，选择"属性"→"高级系统设置"→"环境变量"命令，进入"环境变量"对话框。

步骤 2：检查系统变量下是否有 JAVA_HOME、Path、CLASSPATH 这 3 个环境变量，如果没有则需新建。其中 JAVA_HOME 的设置值就是 JDK 所在的安装路径，设置 Path 值为 %JAVA_HOME%\bin;（若值中原来有内容，用分号与之隔开）；设置 CLASSPATH 值为 %JAVA_HOME%\jre\lib\rt.jar;，表示 lib 文件夹下的执行文件。

步骤 3：设置完成后，验证配置是否成功。打开系统的命令提示符窗口，在 DOS 命令行状态下输入 javac 命令，如果能显示相关内容，则说明环境变量已经配置成功。

2. Android SDK 的环境配置

步骤与 Java SDK 的环境配置类似。首先在"环境变量"对话框中新建变量，名称为 ANDROID_SDK_HOME，变量值输入 Android_SDK_HOME%\platform-tools 与%ANDROID_ SDK_HOME%\tools，要注意两个不同的路径需要用分号来分隔。配置完后，进入命令提示符窗口，输入 adb，能显示正确内容就说明 Android SDK 环境变量配置成功。

3. 项目发布

步骤 1：在 Unity 中打开前面创建的工程文件 SnakeEat，找到场景文件，打开游戏场景。

步骤 2：选择"Edit"→"Preferences"命令，在弹出的对话框中选择 External Tools。

步骤 3：单击 Android 中 SDK 后的"Browse"按钮，在弹出的对话框中定位 Android SDK 所在的安装路径，将 Unity 与 Android SDK 进行关联。同样将 Unity 与 JDK 进行关联。

步骤 4：选择"File"→"Build Settings"命令，在弹出的对话框中选择 Platform 里的

Android，然后单击"Player Settings"按钮，如图 12.13 所示，弹出 PlayerSetting 属性面板。

步骤 5：在属性面板中完成公司名称、产品名称、默认图标、鼠标样式等的设置。Resolution and Presentation 模块主要用于设置设备默认方向以及状态栏、加载进度类型等。Icon 模块为 Android 项目自定义图标，可以选中相应的不同尺寸的图片填入方框中。

步骤 6：其他设置完成后，在图 12.13 所示的"Build Settings"对话框中，单击"Build"按钮进行发布。此时会弹出 APK 项目"保存"对话框，在对话框中选择发布的目录，输入发布的名称，单击"保存"按钮，即可将游戏场景发布为 APK 文件。用户可以将发布成功的 APK 文件部署到 Android 设备上查看运行效果。

12.4　游戏场景的修饰

在贪吃蛇游戏开发中，还缺少一些基本的 UI 元素以及场景加载。在本节中，将会利用 UI 系统制作简单的 UI，以及场景跳转。（本案例只做一关）

12.4.1　Logo 动画制作

每个游戏都有自己的 Logo 动画，本小节将利用动画系统，制作贪吃蛇的 Logo 动画。

1.　整体 LogoUI 搭建

步骤 1：打开第 12 章 SnakeEat 的项目工程文件，在 Project 视窗 Assets 文件夹下新建一个命名为 Scene 的文件夹，在文件夹内新建一个 Scene 并命名为 LogoScene，如图 12.14 所示。

步骤 2：在 Hierarchy 视窗下新建一个 Panel，命名为 LogoUI。选中自动创建的 Canvas，在 Inspector 视窗中，将 Canvas Scaler 组件 UI Scale Mode 改为屏幕自适应（Scale With Screen Size），如图 12.15 所示。

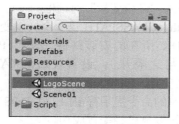

图 12.14　新建 LogoScene

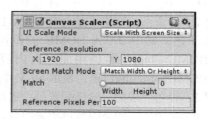

图 12.15　改为屏幕自适应

步骤 3：导入一张与贪吃蛇相关的图片（本书使用的是案例运行时的截图），并命名为 Bg。在 Project 视窗 Assets 文件夹下新建一个文件夹，命名为 Sprite，将导入的图片放进去，注意导入的图片是否为 Sprite，如果不是则修改其 Texture Type，如图 12.16 所示。

步骤 4：选中 LogoUI，在 Inspector 视窗 Image 组件中有一个属性是 Source Image，将 Bg 文件拖曳到这个属性中。

步骤 5：调整 LogoUI 的不透明度。在其 Image 组件的 Color 属性中，将 A（不透明度）调成 255，如图 12.17 所示。

步骤 6：导入一张贪吃蛇 Logo 的 PNG 图片（本书使用的图片是在 PS 中简单制作出来的），并放入 Sprite 文件夹（留意 Texture Type 是否为 Sprite）。在 LogoUI 下新建一个 Image 控件，命名为 Logo，将 Inspector 视窗中 Image 组件的 Source Image 属性设置为刚刚导入的贪吃蛇 Logo。调整 Logo 大小和位置。

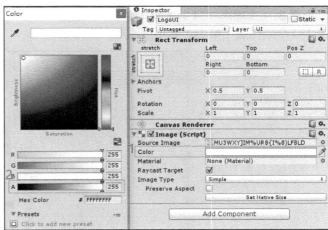

图 12.16　修改 Texture Type

图 12.17　调整 LogoUI 的不透明度

步骤 7：在 Logo 下新建一个 Text 控件，命名为 GameName。将文本内容改成 SnakeEat，调整文本大小和位置。LogoUI 整体搭建完成，如图 12.18 所示。

图 12.18　搭建完成的 LogoUI

2. 给 Logo 添加动画

步骤 1：选择 "Window" → "Animation"，打开 Animation 编辑窗口。

步骤 2：选中 LogoUI 下的 Logo，然后单击 Animation 编辑窗口中的 "Create" 按钮制作 Logo 的动画，将动画命名为 Logoanim.anim。单击 "Add Property" 按钮，选择 "Image" → "Color"，如图 12.19 所示。

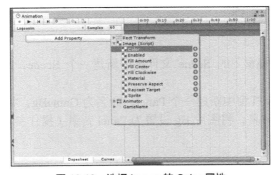

图 12.19　选择 Image 的 Color 属性

步骤 3：在编辑模式下，在最开始的采样点把 Image 的不透明度调整为 0，如图 12.20 所示，在第 180 个采样点（第 3s）将不透明度调整为 255。

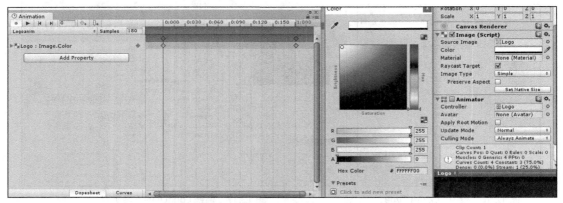

图 12.20　在最开始的采样点调整不透明度为 0

步骤 4：单击"Add Property"按钮，选择"GameName"→"Text"→"Color"，如图 12.21 所示，同步骤 3 设置 GameName 的不透明度。

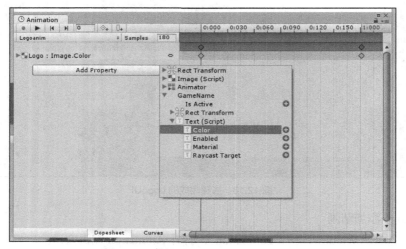

图 12.21　选择 GameName 的 Color 属性

这样，Logo 就会有一个从透明到显示出来的动画了。

12.4.2　MainScene 制作

1. 背景制作

步骤 1：在 Project 视窗下的 Scene 文件夹中新建一个 Scene，命名为 MainScene。

步骤 2：在 Hierarchy 视窗中新建一个 Panel，命名为 GameBg，将其不透明度设置为 255，将 Canvas 设置为自适应屏幕，将图片 Bg 设置为 Panel 背景（操作参考 12.4.1 小节的步骤 2 和步骤 4）。

2. 添加关卡按钮

步骤 1：在 Hierarchy 视窗的 GameBg 下新建一个 Scroll View，调整其大小和位置，将 Scroll

View 下的 Scrollbar Vertical 删除，如图 12.22 所示。

步骤 2：选中 Scroll View，在 Inspector 视窗的 Scroll Rect 组件中，将 Vertical Scrollbar 设置为 None (Scrollbar)，取消选中 Vertical 复选框，如图 12.23 所示。

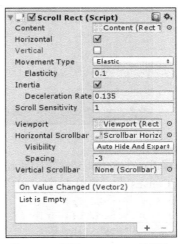

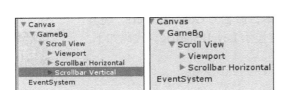

图 12.22　删除 Scrollbar Vertical　　　　图 12.23　设置 Scroll Rect 的属性

步骤 3：选中 Scroll View 下的 Viewport 的子控件 Content，调整其大小，如图 12.24 所示（具体参数按照实际设置），然后在 Content 下添加两个按钮，分别命名为 Btn_Level1、Btn_Level2，将两个按钮内的 Text 分别改成 Level1 和 Level2，调整两个按钮位置，如图 12.25 所示（具体参数按照实际设置）。

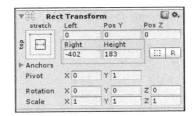

图 12.24　调整 Content 控件的大小　　　图 12.25　调整两个按钮的位置（左为 Btn_Level1，右为 Btn_Level2）

步骤 4：运行当前代码，可以发现移动滑条会显示 Level1 和 Level2，如图 12.26 所示。

图 12.26　左右滑动显示 Level1 和 Level2

步骤 5：在 Canvas 下创建一个新的 Panel，命名为 Level1StartBg，将不透明度调整为 255，调整大小为 Canvas 的一半，放置在屏幕中间。在 Panel 下创建两个按钮，分别命名为 Btn_Start 和 Btn_Close，将按钮下的文本分别改成开始和关闭，如图 12.27 所示。隐藏 Level1StartBg。

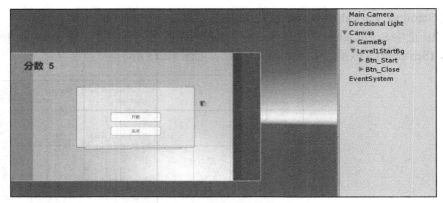

图 12.27　开始游戏菜单 UI

步骤 6： 在 Script 文件夹中新建一个脚本，命名为 GoStartLevel1，将其挂载到 Canvas 上，当单击"Level1"按钮时显示 Level1StartBg。代码如下。

```
1 using UnityEngine;
2 using System.Collections;
3 using UnityEngine.UI;
4 using System;
5
6 public class GoStartLevel1 : MonoBehaviour {
7    Button btn_Level1;//获取按钮关卡
8    GameObject level1StartBg;//获取 Level1StartBg
9    void Start ()
10   {
11       //定义 Btn_Level1 按钮
12       btn_Level1 = GameObject.Find("Btn_Level1").GetComponent<Button>();
13       //定义 Level1StartBg
14      level1StartBg = this.transform.Find("Level1StartBg").gameObject;
15       //单击按钮时显示 Level1StartBg
16       btn_Level1.onClick.AddListener(ShowLevel1StartBg);
17    }
18    //Level1StartBg 显示的方法
19    private void ShowLevel1StartBg()
20    {
21        level1StartBg.SetActive(true);
22    }
23
24    void Update () {
25
26   }
27 }
```

步骤 7： 在 Script 文件夹中新建一个脚本，命名为 CloseLevel1StartBg，将其挂载到 Btn_Close 上，用于关闭 Level1StartBg。代码如下。

```
1 using UnityEngine;
2 using System.Collections;
3 using UnityEngine.UI;
4 using System;
5
6 public class CloseLevel1StartBg : MonoBehaviour {
```

```
7    Button btn_Close;//获取 Btn_Close
8    GameObject level1StartBg;//获取 Level1StartBg
9    void Start ()
10   {
11       //定义 level1StartBg
12       level1StartBg = GameObject.Find("Level1StartBg");
13       //定义 btn_Close
14       btn_Close = GetComponent<Button>();
15       //单击按钮时执行隐藏 Level1StartBg 的方法
16       btn_Close.onClick.AddListener(HideUI);
17   }
18   //隐藏 Level1StartBg 的方法
19   private void HideUI()
20   {
21       level1StartBg.SetActive(false);
22   }
23   void Update ()
24   {
25   }
26   }
```

12.4.3　场景加载

1. 将 LogoScene 加载到 MainScene

步骤 1：在 LogoScene 中新建一个空对象，命名为 GameStart。

步骤 2：选择"File"→"Build Settings"，将所有场景添加到 Scenes In Build 里，如图 12.28 所示。

图 12.28　添加场景

步骤 3：在 Project 视窗下的 Script 文件夹新建一个 C#脚本，命名为 LoadMainScene，将其挂载到 GameStart 上。双击打开脚本文件，编写代码如下。

```
1  using UnityEngine;
2  using System.Collections;
3  using UnityEngine.SceneManagement;
4
5  public class LoadMainScene : MonoBehaviour {
6      //Logo 播放完所需时间
7      float showTime = 3;
8      //计时器
9      float time = 0;
10      //异步加载的对象
11     AsyncOperation asyn;
12     void Start ()
13     {
14         StartCoroutine(GoLoadMainScene("MainScene"));
15     }
16     IEnumerator GoLoadMainScene(string sceneName)
17     {
18         asyn = SceneManager.LoadSceneAsync(sceneName);
19         asyn.allowSceneActivation = false;
20         yield return asyn;
21     }
22     void Update ()
23     {
24         time += Time.deltaTime;
25         if (time>=showTime&&asyn.progress>=0.9f)
26         {
27             asyn.allowSceneActivation = true;
28         }
29     }
30  }
```

步骤 4：运行之后发现，Logo 画面播放完之后跳转到 MainScene。

2. Level1 异步加载

步骤 1：在 Project 视窗下的 Scene 文件夹中新建一个 Scene，命名为 LoadingScene，双击打开。

步骤 2：在 Hierarchy 视窗下新建一个 Panel，将 Canvas 调整为屏幕自适应，将 Panel 不透明度调整为 255；在 Panel 下新建一个 Slider，调整其大小，并放在屏幕底部；在 Panel 下新建一个 Text，输入文字为加载中，调整其大小，放在屏幕中间；新建一个 Text，命名为 Txt_Load，放在 Slider 上方，如图 12.29 所示。

图 12.29 LoadingScene

步骤 3：选择 "File" → "Build Settings"，将 LoadingScene 添加到 Scenes In Build 里。

步骤 4：回到 MainScene，在 Project 视窗下的 Script 文件夹下新建一个 C#脚本，命名为 GoLoadingScene，并挂载到 Btn_Start 上，用于跳转场景。单击 Btn_Start 发现跳转到加载场景。代码如下：

```
1  using UnityEngine;
2  using System.Collections;
3  using UnityEngine.UI;
4  using System;
5  using UnityEngine.SceneManagement;
6
7  public class GoLoadingScene : MonoBehaviour
8  {
9      //获取 Btn_Start
10     Button btn_Start;
11     void Start ()
12     {
13         //定义 Btn_Start
14         btn_Start = GetComponent<Button>();
15         //当按下按钮时执行加载场景的方法
16         btn_Start.onClick.AddListener(LoadLoadingScene);
17     }
18     private void LoadLoadingScene()
19     {
20         SceneManager.LoadScene("LoadingScene");
21     }
22     void Update ()
23     {
24
25     }
26  }
```

步骤 5：回到 LoadingScene 中，在 Project 视窗下的 Script 文件夹下新建一个 C#脚本，命名为 LoadingScene，并将其挂载到 Main Camera 上，用于实现异步加载。运行后显示进行读条然后跳转到游戏场景。代码如下：

```
1  using UnityEngine;
2  using System.Collections;
3  using UnityEngine.UI;
4  using UnityEngine.SceneManagement;
5  using System;
6
7  public class LoadingScene : MonoBehaviour {
8      //将要异步加载的场景
9      string levelName = "Scene01";
10     //显示加载的进度条
11     Slider progessSlider;
12     //异步加载对象
13     AsyncOperation asyn;
14     //场景加载实际进度
15     int infactProgess = 0;
16     //显示进度
17     int showProgess = 0;
18     //显示进度的 Text
```

```
19      Text txt_Load;
20    void Start ()
21    {
22        txt_Load = GameObject.Find("Txt_Load").GetComponent<Text>();
23       progessSlider = GameObject.Find("Slider").GetComponent<Slider>();
24       progessSlider.onValueChanged.AddListener(ChangeProgess);
25       //异步加载
26       StartCoroutine(LoadAsyn(levelName));
27
28    }
29    //更改进度
30    void ChangeProgess(float value)
31    {
32        int theValue =(int)( value * 100);
33      txt_Load.text = theValue + "%";
34    }
35    //异步加载场景
36    IEnumerator LoadAsyn(string SceneName)
37    {
38        asyn = SceneManager.LoadSceneAsync(SceneName);
39        asyn.allowSceneActivation = false;
40        yield return asyn;
41    }
42 void Update ()
43    {
44        if (asyn==null)
45        {
46            return;
47        }
48        //asyn.progress 场景加载实际进度，范围 0~1，但是这个值最多检测到 0.9
49        if (asyn.progress<0.9f)
50        {
51            //场景没加载完
52            infactProgess = (int)asyn.progress * 100;
53        }
54        else
55        {
56            //场景加载完
57            infactProgess = 100;
58        }
59        if (showProgess<infactProgess)
60        {
61            showProgess++;
62        }
63        progessSlider.value = showProgess / 100f;
64        if (progessSlider.value==1)
65        {
66            asyn.allowSceneActivation = true;
67            //清理内存
68            asyn = null;
79            progessSlider.value = 0;
70            GC.Collect();
71            Resources.UnloadUnusedAssets();
72        }
```

```
73    }
74  }
```

步骤 6：发布游戏。注意 Scenes In Build 中的顺序，如图 12.30 所示。

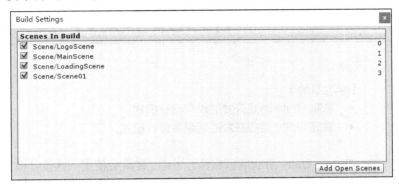

图 12.30　Scenes In Build 中的顺序

本章小结

　　本章以贪吃蛇游戏开发为例，讲解了从游戏场景搭建到各个环节的实现、发布，简单 UI 的搭建，场景的加载和异步加载等。每个环节都体现了用 Unity 进行游戏开发的处理方法和思路。读者在此基础上可以更深入地学习 C#编程语言和更高级的 Unity 的内容。

习题

　　一、简答题
　　什么是异步加载?
　　二、游戏设计题
　　1. 飞翔的小鸟游戏设计
　　要求：此游戏是 2D 游戏，主要部件有背景、小鸟以及所有通过的管道等；小鸟的飞翔过程需要通过鼠标左键控制其上升的高度以调整位置，使其顺利通过管道的缺口；根据通过管道的数量来设定当前游戏的分值，同时场景中要搭配背景音乐、振动翅膀、碰撞以及通过管道时的声音等提升游戏的品质。
　　2. 坦克大战游戏设计
　　要求：所实现的场景为 3D 游戏场景，在场景中有一些具体的 3D 物体作为场景的细节；要通过两个不同方式控制灵活运转的坦克；通过相应的方式发射子弹，如果子弹打中另一个坦克，被打中的坦克生命值就会减少，当生命值减为 0 时，则坦克爆炸消失。
　　3. 为 1、2 题添加异步加载。

13 第13章　Unity 游戏开发中常见的设计模式

【学习目的】
- 掌握 Unity 游戏开发的单例设计模式。
- 掌握 Unity 游戏开发的观察者设计模式。

在一些 Unity 游戏或者软件开发中，经常会使用一些设计模式去优化代码。在本章中，主要介绍两种在游戏开发中比较常见的设计模式，一种是单例模式，它能够减少代码的冗余；另一种是观察者模式，它能够运用于消息的监听与发送。

13.1　单例模式

单例模式（Singleton Pattern）是 Unity 中最简单的设计模式之一。在我们平时的游戏开发或者软件开发中，代码非常多，这种情况下往往会出现代码的冗余，如图 13.1 所示。代码出现冗余对后期的维护是极其不利的，使用单例模式能够有效地减少相关实例代码的冗余。这种类型的设计模式属于创建型模式，它提供了一种创建对象的最佳方式。

```
public class UIData
{
    private static UIData instance = null;
    public static UIData Instance
    {
        get
        {
            if (instance==null)
            {
                instance = new UIData();
            }
            return instance;
        }
    }
}
```

```
1  using UnityEngine;
2  using System.Collections;
3
4  public class PlayerData
5  {
6
7      private static PlayerData instance = null;
8      public static PlayerData Instance
9      {
10         get
11         {
12             if (instance == null)
13             {
14                 instance = new PlayerData();
15             }
16             return instance;
17         }
18     }
19 }
20
```

图 13.1　代码冗余

单例模式涉及一个单一的类。该类负责创建自己的对象，同时确保只有单个对象被创建。这个类提供一种访问其唯一的对象的方式，可以直接访问，不需要实例化该类的对象。

需要注意的是，单例类只能有一个实例，单例类必须创建自己的唯一实例，单例类必须给所有其他对象提供这一实例。

【例 13.1】　封装不继承 MonoBehaviour 的单例模式。

步骤 1：创建一个 C#脚本，命名为 Singleton。

步骤 2：打开 Singleton 脚本文件，将类名中继承 MonoBehaviour 删除，把 Start()方法和 Update()方法删除。

步骤 3：编写不继承 MonoBehaviour 的单例模式，代码如下。

```
1  using UnityEngine;
2  using System.Collections;
3
4  //T是泛型，可以代表任何类型，后面的 where 是对泛型的限制
5  public class Singleton<T> where T :new ()
6  {
7          private static T instance;
8          public static T Instance
9          {
10             get
11             {
12                 if (instance== null)
13                 {
14                     instance = new T();
15                 }
16                 return instance;
17             }
18         }
19      Protected Singleton()
20     {
21      }
22  }
```

步骤 4：使用 Singleton 新建一个新的 C#脚本，命名为 TestData，代码如下。

```
1  using UnityEngine;
2  using System.Collections;
3
4  public class TestData:Singleton<TestData>
5  {
6  public void Test()
7  {
8          Debug.Log("不继承 MonoBehaviour 的 Singleton");
9      }
10  }
```

步骤 5：新建一个 C#脚本，命名为 Test，并将其挂载到 Main Camera，在 Start()方法中添加 TestData.Instance.Test();的代码。然后运行，在控制台会输出"不继承 MonoBehaviour 的 Singleton"，如图 13.2 所示。

图 13.2　输出"不继承 MonoBehaviour 的 Singleton"

【**例 13.2**】 封装继承 MonoBehaviour 的单例模式。

继承 MonoBehaviour 的单例模式和不继承 MonoBehaviour 的单例模式的区别在于是否能够使用 Unity 的生命函数。

步骤 1：打开 Singleton 脚本文件，封装继承 MonoBehaviour 的单例模式代码如下。

```
1    //T 是泛型，可以代表任何类型，后面的 where 是对泛型的限制，限制为只能是组件才能继承
2    public class UnitySingleton<T> : MonoBehaviour where T : Component
3    {
4        private static GameObject go;
5        protected static T instance;
6       public static T Instance
7       {
8          get
9          {
10             if (instance==null)
11             {
12                if (go ==null)
13                {
14                    go = GameObject.Find("UnitySingletonObj");
15                    if (go == null)
16                    {
17                        Debug.Log("场景中找不到 UnitySingletonObj");
18                        return null;
19                    }
20                }
21                instance = go.GetComponent<T>();
22             }
23             return instance;
24          }
25       }
26
27       protected UnitySingleton()
28       {
29
30       }
31   }
```

步骤 2：在场景中创建一个名为"UnitySingletonObj"的空对象。

步骤 3：创建一个新的 C#脚本，命名为 TestData2，并将其挂载到 UnitySingletonObj 上，然后添加代码，代码如下。

```
1   using UnityEngine;
2   using System.Collections;
3
4   public class TestData2 : UnitySingleton<TestData2>
5   {
6     void Start () {}
7     void Update () {}
8     public void Test()
9     {
10         Debug.Log("继承 MonoBehaviour 的单例模式");
11     }
12  }
```

步骤 4：在例 13.1 的 Test 脚本的 Start()方法中添加代码 TestData2.Instance.Test()，然后运行，控制台会显示"继承 MonoBehaviour 的单例模式"，如图 13.3 所示。

图 13.3　显示"继承 MonoBehaviour 的单例模式"

13.2　观察者模式

在 Unity 游戏或者软件开发中，观察者模式是最常见、最重要的一种设计模式。它一般用于消息的监听与发送。观察者模式定义了一种一对多的依赖关系，可让多个观察者对象同时监听某一个主题对象。这个主题对象在状态发生变化时会通知所有观察者对象，使它们能够自动更新自己。

在编写代码的时候将一个系统分割成多个类相互协作有一个"副作用"，那就是需要维护相关对象间的一致性。我们不希望为了维持一致性而使各类紧密耦合，这样会给维护、扩展和重用都带来不便。观察者模式就是用于解决这类的耦合关系的。

13.2.1　观察者模式中的角色

抽象主题（Subject）：它把所有观察者对象的引用保存到一个聚集里，每个主题都可以有任何数量的观察者。抽象主题提供一个接口，可以增加和删除观察者对象。

具体主题（ConcreteSubject）：将有关状态存入具体观察者对象。在具体主题内部状态改变时，给所有登记过的观察者发出通知。

抽象观察者（Observer）：为所有的具体观察者定义一个接口，在得到主题通知时更新自己。

具体观察者（ConcreteObserver）：实现抽象观察者角色所要求的更新接口，以便使本身的状态与主题状态协调。

13.2.2　观察者模式的优缺点

优点：观察者模式解除了主题和具体观察者的耦合，让耦合的双方都依赖于抽象，而不是依赖具体，从而使得各自的变化都不会影响对方的变化。

缺点：依赖关系并未完全解除，抽象通知者依旧依赖抽象观察者。

【例 13.3】 封装观察者模式。

步骤 1：新建一个 C# 脚本，命名为 MessageCenter。

步骤 2：在脚本中添加代码，代码如下。

```
1 public enum E_MessageType
2     {
3         Message1,
4         Message2
5     }
6     public class MessageCenter
7     {
8         //定义一个委托用于存放监听到的消息后处理的逻辑
9         public delegate void DelCallBack(object obj);
10        //定义一个存放监听的字典<消息类型，逻辑>
11        public static Dictionary<E_MessageType, DelCallBack> dicMessageType = new
Dictionary<E_MessageType, DelCallBack>();
12        //添加监听的方法
13        public static void AddMessageListener(E_MessageType eMessageType,
DelCallBack handler)
14        {
15            if (!dicMessageType.ContainsKey(eMessageType))
16            {
17                dicMessageType.Add(eMessageType, null);
18            }
```

```
19              dicMessageType[eMessageType] += handler;
20          }
21      //移除监听的方法
22      public static void RemoveMessageListener(E_MessageType eMessageType,
        DelCallBack handler)
23          {
24              if (dicMessageType.ContainsKey(eMessageType))
25              {
26                  dicMessageType[eMessageType] -= handler;
27              }
28          }
29      //移除指定监听
30      public static void RemoveTheMessageListener(E_MessageType eMessageType,
        DelCallBack handler)
31      {
32          if (dicMessageType.ContainsKey(eMessageType))
33          {
34              dicMessageType.Remove(eMessageType);
35          }
36      }
37      //取消所有监听
38      public static void RemoveAllMessageListener()
39      {
40          dicMessageType.Clear();
41      }
42      //广播消息
43      public static void SendMessage(E_MessageType eMessageType,object value=null)
44      {
45          DelCallBack del;
46          if (dicMessageType.TryGetValue(eMessageType,out del))
47          {
48              if (del != null)
49              {
50                  del(value);
51              }
52          }
53      }
54  }
```

步骤 3： 在场景中新建 UI，将 Text 命名为 Txt_Test，将 Button 命名为
Btn_Test，如图 13.4 所示。

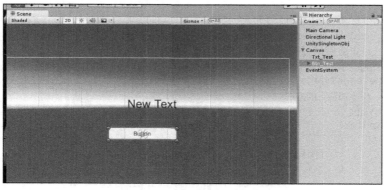

图 13.4　新建 Txt_Test 和 Btn_Test

步骤 4：新建一个 C#脚本，命名为 Test2，将其挂载到 Canvas 上，并添加代码，代码如下。

```
1 using UnityEngine;
2 using System.Collections;
3 using UnityEngine.UI;
4 using System;
5
6 public class Test2 : MonoBehaviour {
7     Button btn;
8     Text txt;
9   void Start ()
10    {
11       //定义btn
12       btn = GameObject.Find("Btn_Test").GetComponent<Button>();
13        //定义txt
14       txt = GameObject.Find("Txt_Test").GetComponent<Text>();
15        btn.onClick.AddListener(Send);
16       MessageCenter.AddMessageListener(E_MessageType.Message1, show);
17   }
18   private void show(object obj)
19   {
20       txt.text = "收到消息";
21   }
22   private void Send()
23   {
24       MessageCenter.SendMessage(E_MessageType.Message1);
25   }
26   void Update ()
27   {
28    }
29 }
```

步骤 5：按下按钮之后，画面中的 New Text 会转变为"收到消息"。

本章小结

本章主要讲解了游戏开发过程中常见的设计模式：单例模式和观察者模式，分析了两种模式的优缺点，最后用一个实例讲解了封装观察者模式的应用。

习题

一、简答题
1. Unity 中的单例模式有哪几种？它们的区别是什么？
2. 观察者模式的优缺点是什么？
二、编程题
利用观察者模式编写一个 Unity 小程序。

参考文献

[1] 本杰明·帕金斯. C#入门经典[M]. 8 版. 乔立博，译. 北京：清华大学出版社，2018.

[2] Christian Nagel. Professional C#7 and .NET Core 2.0[M]. New Jersey：Wiley，2018.

[3] 刘春茂，李琪. C#程序开发案例课堂[M]. 北京：清华大学出版社，2018.

[4] 刘秋香，王云，姜桂洪，等. Visual C#.NET 程序设计 [M]. 2 版. 北京：清华大学出版社，2017.

[5] 向燕飞. C#程序设计案例教程[M]. 北京：清华大学出版社，2018.

[6] 马骏. C#程序设计及应用教程[M]. 北京：人民邮电出版社，2014.

[7] 杨秀杰，杨丽芳. 虚拟现实（VR）交互程序设计[M]. 北京：中国水利水电出版社，2019.

[8] Christian Nagel. C#高级编程 C# 6 & .NET Core 1.0[M]. 10 版. 李铭，译. 北京：清华大学出版社，2019.

[9] 明日科技. ASP. NET 项目开发实战入门[M]. 长春：吉林大学出版社，2017.

[10] 甘勇，尚展垒. C#程序设计（慕课版）[M]. 北京：人民邮电出版社，2016.

[11] 王维花. Unity 实践案例分析与实现[M]. 北京：中国铁道出版社，2019.

[12] 聚慕课教育研发中心. C#从入门到项目实践（超值版）[M]. 北京：清华大学出版社，2019.

[13] 付强. C#编程实战宝典[M]. 北京：清华大学出版社，2014.

[14] 李鑫，祝惠娟. C#编程入门与应用[M]. 北京：清华大学出版社，2017.

[15] 孙博文. Unity 5.x 游戏设计微课堂（入门篇）[M]. 北京：中国铁道出版社，2016.

[16] 刘瑞新. 面向对象程序设计教程（C#版）[M]. 北京：机械工业出版社，2018.

[17] 赵鲁涛，李晔. ASP.NET MVC 实训教程[M]. 北京：机械工业出版社，2018.

[18] 郑阿奇，梁敬东. C#程序设计教程[M]. 3 版. 北京：机械工业出版社，2019.

[19] 程杰. 大话设计模式[M]. 北京：清华大学出版社，2007.